小家庭大理财

会算计才能过上好日子

郑 健 著

百花洲文艺出版社
BAIHUAZHOU LITERATURE AND ART PRESS

图书在版编目(CIP)数据

小家庭 大理财 / 郑健著. —— 南昌：百花洲文艺出版社, 2014.1

ISBN 978-7-5500-0859-5

Ⅰ.①小… Ⅱ.①郑… Ⅲ.①财务管理–青年读物

Ⅳ.①TS976.15–49

中国版本图书馆 CIP 数据核字(2013)第 318359 号

小家庭 大理财

郑健 著

出 版 人	姚雪雪
责任编辑	郑　骏
美术编辑	大红花
制　　作	董　运
出版发行	百花洲文艺出版社
社　　址	江西省南昌市红谷滩世贸路 898 号博能中心 9 楼
邮　　编	330038
经　　销	全国新华书店
印　　刷	北京市凯鑫彩色印刷有限公司
开　　本	787mm×1092mm　1/16　　印张　15.25
版　　次	2014 年 5 月第 1 版第 1 次印刷
字　　数	300 千字
书　　号	ISBN 978-7-5500-0859-5
定　　价	25.90 元

赣版权登字 05-2013-413

邮购联系　0791-86895108

网　　址　http://www.bhzwy.com

图书若有印装错误，影响阅读，可向承印厂联系调换。

引　言

　　"等咱有了钱,喝豆浆吃油条,想蘸白糖蘸白糖,想蘸红糖蘸红糖,豆浆买两碗,喝一碗,倒一碗!"

　　"等咱有了钱,买高档汽车,想买奔驰买奔驰,想买宝马买宝马,一次买两辆,前面开一辆,后面拖一辆!"

　　"等咱有了钱,买高级别墅,想买城里买城里,想买郊区买郊区,一次买两栋,自己住一栋,养猪一栋……"

　　类似版本的段子曾风行一时,其实,这些不过是对财富的一种不当想象和意淫。

　　澳大利亚企业家汉斯·雅格比经常向人们讲述一个故事:某年的一个假日,一艘豪华游艇正驶离港口,甲板上有一群欢乐的人们,很明显他们正翘首期盼着即将到来的深海垂钓之旅的一天。然而,附近一位钓鱼的老人神情疲惫地说道:"当我有钱的时候,我没有时间。现在我彻底有时间了,可我又没钱再像他们这样去钓鱼了。"

　　无论你喜欢与否,钱在你的日常生活中都占据着非常重要的地位,如果你忽视这样一个事实,那么你也就很难变富有了。当然,谈论金钱的重要,并不是想让金钱来主导我们的生活。你可以享受金钱——尊重它并使用它,合理地规划你的花销,还可以梦想拥有更多金钱,但你要记住,金钱仅仅是一种工具,一种交换方式,千万不要为金钱而活着。当然,拥有金钱总比永远为金钱苦苦挣扎奋斗要快乐。

　　创造财富的方法应该是让你的钱为你工作,而不是你为钱工作。大多数靠上班挣钱的人从不敢奢望进行任何形式的投资计划。其实,你越早将收入用于投资,你的工作就会越轻松,同时你也就能尽早地让钱为你工作。现在就检查你的家庭财务计划吧。你不一定要成为一位税务专家,但你需要了解这个体系是如何运作的。知识可以赋予你自由,而且如果你能够将知识运用自如的话,知识还能赋予你财富。

目 录

第一章 念好理财经 家庭生活甜又美

第二章 让理财成为一种习惯

第三章　明明白白消费　理财行为的开始

第四章　理财要有大智慧

第五章　家庭投资分类：收益最大化

第六章　找到适合自己的理财方法

第七章 会花钱才会省钱

第一章 念好理财经 家庭生活甜又美

幸福的家庭离不开丰富的休闲生活，想要让自己的休闲生活更加的丰富，理财是一种必要的手段。也只有善于理财，才能让自己的家庭更加幸福。

第一节 理财是家庭生活不可或缺的角色

就家庭理财目标而言，最重要的并不是价值最大化（追求收益），而是使家庭财务状况稳健合理，即规划一个适合自己的财务组合，包含必要的现金流、合理的消费支出、完备的风险保障、稳健的晚年规划。这些组合除了需要根据家庭的生命周期外，还需要依据个人的风险偏好，支出习惯等做调整，与理财规划充分沟通，让其了解你的真正想法，以便设计出符合各个家庭需求的财务规划，保障财务安全。

能否通过理财规划达到预期的财务目标，与金钱多少的关联度并没有人们通常想象的那么大，却与时间长短有很直接的关系。

莫让家庭财务处于"亚健康"状态

在日常生活中，真正能过上幸福小康家庭生活的，其实并没有我们想象的那么多。金钱不是万能的，没有金钱却是万万不能的，其中理好财是决定你生活命运的一个非常至关重要的学问。现在有钱，不等于将来有钱，怎样科学地前瞻性地把自己仅有的钱最大化，这就需要我们合理安排，统筹计划，理性投资。比如要买房，先要计算自己的经济偿还能力，估算出一个合理的偿债比率；家里的现金备用最好是多少，以备急用，就要了解家庭的现金流动性比例；每个家庭都要消费，收入是有限的，而且又基本上是固定的，每个月消费多少才算合理，避免"月光族"的产生，心中就要有个大致的消费比例；至于储蓄和投资，要多元化理财，怎样使有限的本金利息最大化，就要精心制定净投资资产与净资产比。

我们都知道理财的重要性和紧迫性，但是怎样理财，掌握好一个合理的量化指标,也就是我们通常所说的"度",却不怎么说得清。

张霞今年刚结婚,为了实现居住条件的一步到位,她和老公一咬牙投资60万元买了一套房子。虽然首付是父母帮忙支付的,但他们每月还是要偿还三千多元的贷款本息,而小夫妻现在每月的总收入才4000元,这样,除了还贷款,他们几乎只能天天吃咸菜了。沉重的还贷压力让小夫妻寝食难安,于是他们专门找理财师咨询。

理财师经过计算,告诉他们的家庭财务处于严重的"亚健康"状态,因为其资产负债率以及债务偿还比率均大大高于正常值。理财师说,按照其家庭收入情况,适合的月偿还本息额最高为2000元,这样计算的话,买总价30万元的房子较为合适。理财师提醒,掌握好家庭理财的各项财务指标非常关键,否则就有可能和张霞一样使家庭财务进入"亚健康"状态。

那么,应该从哪些方面来预防家庭财务的"亚健康"状态呢?

1.贷多少款不会影响生活质量——债务偿还比率小于35%

偿债比率=每月债务偿还总额/每月扣税后的收入总额×100%

一个家庭适合负担多少债务应当根据家庭的收入情况而定,如果不顾家庭实际而盲目贷款,则会严重影响家庭生活质量,甚至有可能因收入减少影响还债,而被加收罚息直至被银行冻结或收回抵押房产。时下"房奴"一族越来越多,大家在贷款之前应根据自己的收入情况,好好算一下自己的债务偿还比率,并将这一比率控制在合理的范围之内。

2.家庭该留多少流动资金——流动性比率3~8为最好

流动性比率=流动性资产/每月支出。流动性资产是指在急用情况下能迅速变现而不会带来损失的资产,比如现金、活期存款、货币基金等。假如你家庭中有10000元活期存款,家庭每月支出为2000元,那你的流动性比率为五,也就是说一旦遇到意外情况,个人完全可以应付五个月的日常开支。但如果你的活期存款为10000元,而每月支出10000元,则流动比率为一,这样家庭的应急能力便大大下降了。另外,如果你的活期存款为40000元,每月开支为2000元,流动比率为20%,这时则应压缩活期存款。流动性比率过高的现象在很多高收入群体中较为普遍,很多人发了工资便不去管它,流动性比率太高了也不好,影响家庭理财收益的提高,家庭财务同样也会进入亚健康状态。

3.每月该攒多少钱——消费比率40%至60%为佳

消费比率=消费支出/收入总额×100%。这一指标主要反映家庭财务的收支情况是否合理,特别是对很多"月光族"家庭来说很有用处。如果你的家庭现在消费比率为100%,则说明你的家庭消费支出过大,应逐渐减少。从攒钱理财的角度来说,当然这个比率越小越好。不过现代人不提倡"月光",也不能只攒钱不消费,能挣会花,将这一比率控制在40%至60%,攒钱和享受生活兼顾,这才是真正的科学理财。

4.净投资资产与净资产比——等于或大于50%为理想指标

净投资资产与净资产比=投资资产总额(也叫生息资产/净资产)。除住宅投资外,个人还应该有国债、基金、储蓄等能够直接产生利息的资产,净投资资产与净资产比越高,说明家庭的投资越多元化,赚钱的渠道越多。不过,对于年轻人来说,这一比率低一点也无所谓,因为毕竟买房要倾其所有或者负债,但是随着年龄的增长,这一比率应当逐渐增大,特别是到了面临退休的时候,如果这时除了房子以外,其他生息资产仍然很少,那养老就会成为问题了。因此,让这一指标避免"亚健康"的办法是让自己的生息资产越来越多,晚年的生活才会有更好的保障。

5.财务自由度

财务自由度=投资性收入(非工资收入)/日常消费支出×100%

财务自由度是家庭理财中一项很重要的指标。一个人靠购买基金和炒股的收益完全可以应付家庭日常支出,工资可以基本不动,那这个的人的财务自由度就高, 即使以后失业了也不会对家庭生活带来太大影响;而如果一个人除了工资之外几乎没有任何理财收入,那则只能完全依赖工作吃饭了,人家休假你只能加班,没办法,谁让你财务自由度低了。因此,提高家庭财务自由度指标要及早树立理财意识,提高理财收入,同时要将消费支出控制在合理的范围内,这样,当你的理财收入已经远远超过了工资收入,你不单会财务自由,人生也会更加自由惬意。

家庭理财,就是学会有效、合理地处理和运用钱财,让自己的花费发挥最大的效用,以达到最大限度地满足日常生活需要的目的。简而言之,家庭理财就是利用企业理财和金融方法对家庭经济(主要指家庭收入和支出)进行计划和管理,增强家庭经济实力,提高抗风险能力,增大家庭效用。从广义的角度来讲,合理的家庭理财也会节省社会资源,提高社会福利,促进社会的稳定发展。

从技术的角度讲,家庭理财就是利用开源节流的原则,增加收入,节省支出, 用最合理的方式来达到一个家庭所希望达到的经济目标。这样的目标小到增添家电设备,外出旅游,大到买车、购房、储备子女的教育经费,直至安排退休后的晚年生活等等。

就家庭理财规划的整体来看,它包含三个层面的内容:首先是设定家庭理财目标;其次是掌握现时收支及资产债务状况;最后是如何利用投资渠道来增加家庭财富。

家庭理财不可不知的数字

我们都知道,人生中很多事情,都是"站在巨人的肩膀上"更容易成功。理财也是如此,因为理财没有标准答案,而是一种经验累积,投资理财中的常胜将军靠的往往是"反省与总结"式的智慧结晶。

那么,你是否又曾了解,在人一生不断地理财过程中,有一些数字是你必须了解,不能不烂熟于心的。

1.复利的魔力——"七二法则"

关于复利,美国早期的总统富兰克林还有一则轶事。1791年,富兰克林过世时,捐赠给波士顿和费城这两个他最喜爱的城市各5000美元。这项捐赠规定了提领日,提领日是捐款后的100年和200年:100年后,两个城市分别可以提50万美元,用于公共计划;200年后,才可以提领余额。1991年,200年期满时,两个城市分别得到将近2000万美元。

富兰克林以这个与众不同的方式,向我们显示了复利的神奇力量。富兰克林喜欢这样描述复利的好处:"钱赚的钱,会赚钱。"

而理财中最重要的数字又是多少呢?几乎所有的理财专家都会告诉我们,不是100%,而是"72"——也就是"七二法则",一个与复利息息相关的法则。

所谓"七二法则",就是一笔投资不拿回利息,利滚利,本金增值一倍所需的时间为72除以该投资年均回报率的商数。例如你投资30万元在一只每年平均收益率12%的基金上,约需6年(72除以年报酬率,亦即以72除以12)本金就可以增值一倍,变成60万元;如果基金的年均回报率为8%,则本金翻番需要9年时间。

掌握了这其中的奥妙,就能够帮助你快速计算出财富积累的时间与收益率关系,非常有利于你在进行不同时期的理财规划选择不同的投资工具。比如你现在有一笔10万元的初始投资资金,希望给12年后大学的女儿用作大学教育基金,同时考虑各种因素,估算出女儿的大学教育金到时候一共需要20万元。那么为了顺利实现这个目标,你应该选择长期年均收益率在6%左右的投资工具,比如平衡型基金。

再拿比较保守的国债投资者来说,年收益水平为3%。那么用72除以3得24,就可推算出投资国债要经过24年收益才能翻番。

当然,想要利用复利效应让你快速累积财富,前提就是要尽早开始储蓄或投资,让复利成为你的朋友。否则,你和别人财富累积速度的差距会越来越远。

2.高风险产品投资比重=100 年龄

曾有人说过,家庭理财的综合收益率,90%决定于你如何进行投资资产配置。进行合理的资产配置,就可以让你离自己的理财目标更进一步。

同时我们明白,投资工具的风险往往与投资收益率呈正相关的态势,比如单只股票投资等高风险工具,往往更容易带来高回报。那么,我们该如何进行不同风险品种的资产配置呢?

理论上来说,如何进行资产配置,怎样拿捏不同投资工具之间的比重,当然要看每个人、每个家庭不同的情况和风险偏好度。

但是,对于普通人群而言,也有一个简单的可仿效的"傻瓜方程式",那就是采用"高风险投资比例=100 自身年龄"的公式,看看你最多能配备多少比例在股票之类较高风险的投资工具上。

比如,对一个 30 岁的年轻人而言,追求的是成长和高收益,可以接受的股票投资比重是占所有资产配置的 70%(100 减 30);一名 70 岁的退休者,要的是稳定和安全收益,股票等风险大的投资不可超过三成。

当然,若你是特别追求安稳的人,可以改为 80 甚至 60 减去自己的年龄,来作为投资高风险金融工具的比重。基本上而言,每个人随着年龄的增长,家庭责任的增多,退休养老的日渐来临,是应该要逐渐减少高风险的投资,转而寻求比较稳定的收益。

3.家庭理财中形形色色的"3"

家庭理财生活中,我们还会碰到形形色色的"3"字,很多也都是要记牢的。

比如,对于普通家庭或个人而言,手中日常持有的备用金(包括现金和活期存款、货币市场基金)应为家庭平均月支出的"3"倍为宜。因为谁都会有个急事,比如一笔额外的大宗支出需求(生病住院的垫付费用),或是突然被公司炒鱿鱼需要一段时间来寻找新的工作机会。这个理论上的"3"就来自于人们对于短暂失业期一般为 3 个月的考虑。依靠日常备好的这笔资金,足以鼓励你找寻下一个更好的工作机会。若你本身的现金流是特别不稳定的,则可以将这个倍数提高到"6"。

还有就是每月的房屋贷款月供不要超过你家庭月收入的 1/3。这个我们可以从银行审核贷款额度的角度来看。银行在开展房贷业务时,除了考虑房产的价格多少,通常也会以每月房贷还款额不超过家庭所得的 1/3 作为重要的考量指标。对于个人而言,也应该运用这个数据来作为自己每月现金流入流出的安全警戒线。

再比如买股票,专业人士提醒别超过"30"。因为虽说不能把鸡蛋放在一个篮子里,但篮子太多也不利于财富的积累。有专家做过统计,如果想通过炒股票获得较高收益,买股票最好不要超过30只。因为超过30只的组合,其平均收益与大盘基本没有区别,还不如去买更便宜且不用费脑筋的指数基金。

当然,用理财专家的话讲,无论怎样的法则,都还是要因人而异。但是当你刚刚涉足理财、尚无方向和自己的主意时,不如就先遵循这些主流又简单的法则,直接仿效前人总结过的经验,就可以达到基本的财务安全,开始稳健地理财了。

第二节 家庭理财的主要内容

1.职业计划

选择职业首先应该正确评价自己的性格、能力、爱好、人生观,其次要收集大量有关工作机会、招聘条件等信息,最后要确定工作目标和实现这个目标的计划。

2.消费和储蓄计划

你必须决定一年的收入里多少用于当前消费,多少用于储蓄。与此计划有关的任务是编制资产负债表、年度收支表和预算表。

3.债务计划

我们对债务必须加以管理,使其控制在一个适当的水平上,并且债务成本要尽可能降低。

4.保险计划

随着事业的成功,拥有越来越多的固定资产,你需要财产保险和个人信用保险。为了子女在你离开后仍能生活幸福,你需要人寿保险。更重要的是,为了应付疾病和其他意外伤害,你需要医疗保险,因为住院医疗费用有可能将你的积蓄一扫而光。

5.投资计划

当我们的储蓄一天天增加的时候,最迫切的就是寻找一种投资组合,把收益性、安全性和流动性三者兼得。

6.退休计划

退休计划主要包括退休后的消费和其他需求及如何在不工作的情况下满足这些需求。光靠社会养老保险是不够的,必须在有工作能力时积累一笔退休基金作为补充。

7.遗产计划

遗产计划的主要目的是使人们在将财产留给继承人时缴税最低,主要内容是一份适当的遗嘱和一整套避税措施，比如提前将一部分财产作为礼物赠予继承人。

8.所得税计划

个人所得税是政府对个人成功的分享，在合法的基础上，你完全可以通过调整自己的行为达到合法避税的效果。

第三节 家庭理财的基本原则

1.保证应支原则

一般家庭的易变资产包括现金、银行存款、较易变现的黄金、股票等。这些款项的总和应以能够应对家庭4~6个月生活中的各项支出为宜，以便家庭在面临意外变故、发生收入危机时，仍有较为充实的资金面对适时困难。

2.风险忍受度原则

是指如果家庭收入支付发生伤、病、失业等突然变故时，所能维持正常家庭经济生活的时间长度。人寿保险是转移和化解这一风险的最好办法。

如果从明天起，如果作为家庭主要收入的你无法再拿一分钱回家，你的家庭所有资产能维持妻子和孩子以及父母目前的正常生活几年或几个月？或者是负债>资产？

3.未来需求原则

家庭理财的明确目标之一是针对未来的家庭理财需求预作规划，这些未来需求主要包括子女教育费用、购房费用、养老费用三大项。

4.熟知投资工具原则

家庭投资工具可依据保守、稳健、激进分为三类：

(1)最为保守的工具是银行储蓄。

(2)保守而稳健成长的"固定收益型"投资工具，包括债券、基金、保险等。

(3)回报高但风险也较大的投资工具，包括股票、期货、收藏等。

5.个性原则

不同收入、不同年龄、不同职业及不同心理承受能力的人，对抗风险能力各不相同。因此，家庭理财一定要从自身实际出发，选择适合自己的理财方案和理财工具，切忌盲目仿效。

第四节 家庭理财的重要作用

家庭收入不仅仅只是用于应付必要的支出,还可以利用节余,通过投资规划来创造更多的财富,使家庭的生活质量达到更高经济保障的层次,最大限度地追求财务自由。如果您能够掌握家庭理财的基本知识,将有利于家庭成员在财产的保护、积累、传承等各个方面有着良好的沟通,避免产生不必要的家庭矛盾,增强家庭抵御风险的能力,最终起到促进家庭和谐的作用,从而为追求幸福的婚姻目标奠定坚实的物质基础。

要达到上述目标和奠定家庭的物质基础,您需要了解并构建以下四大基本财务体系及其作用。

1.构建婚姻家庭的风险防控体系,为家庭的财产构筑防火墙

风险防控对于家庭理财来说主要体现为财富保护,具体的规划安排包括现金规划、保险规划、税收筹划以及退休养老规划。

2.构建婚姻家庭的消费管理体系

家庭的消费管理体系主要是安排家庭目前和未来的各项消费支出,尽量均匀地享受一生的财富。通常可以把这一体系分成两个部分,首先是家庭的日常生活消费支出规划;其次是大额消费支出规划,如购房或购车规划以及子女高等教育规划等。

3、构建婚姻家庭的投资获利体系

建立一个美满幸福的家庭,形成理性科学的消费习惯只是开始。如何在现有财富的基础上最大程度地实现财富的增值,是通向财务自由的必须之路。财富的增值主要通过投资规划来实现。投资规划是根据家庭的财务目标和可用投资额以及风险承受能力等实际情况来确定投资目标,并通过资产配置、投资组合、证券选择等技术,结合具体的投资策略来实现投资目标。投资规划是家庭理财规划中必不可少的内容,并且往往是最重要的内容。除了增加收入来源之外,投资几乎是家庭资产增值的唯一手段,因而投资也自然成为家庭实现多项财务目标的重要手段,比如对于子女教育金准备、养老金准备等。

4.构建婚姻家庭的财产传承体系

对家庭一代人创造的财富进行有效的代际传承安排,是促进家庭和睦的重要事项。面对中国每年高达百万起的婚姻家庭、继承纠纷案件,如何构建婚姻家庭的传承管理体系就显生尤为迫切。从财富的传承角度看,此管理体系愈发强调家庭成员之间的公平性和效率性。公平性体现在财富可以在继承人

之间进行分配，使每一个家庭成员得到安身立命所需资本，并体现其在创造财富和履行赡养老人家庭责任上。效率性则要求传承的安排可以让家庭成员更好地得到继续创造财富的机会。构建婚姻家庭财产传承管理体系，是从家庭理财提升到家族理财的关键步骤。

第五节 家庭理财的范围

房产

"买房子是人生理财目标中最重要、最复杂的大事。"首先要设定目标并计算所需资金，如5年后希望买一套总价100万元的房子，若预计贷款八成，须先准备约20万元的自备款。如何准备20万元，建议您采用定期定额投资基金的方式，每个月投资的金额约2583元，假设以年平均报酬率10%来计算，投资60个月(5年)，就可以攒够20万元。至于贷款部分，可视本身条件或能力而定，以免日后为了房贷支出过度而影响生活质量。

教育金

据调查，目前在一些大城市，培养一个孩子至大学毕业，至少需20万元至30万元。若善用投资的复利效果及早规划，让子女去理想学校的梦想并非遥不可及。虽然实际教育金随时间膨胀，但是，时间愈久，投资的复利效果也愈大，可帮助投资者累积财富，所以储备金应尽早开始。此外，除了定期存款、教育保险等风险较低相应收益也较小的投资工具，有能力承受一定风险的投资者也可以考虑基金等投资工具。基金定期定额方式积累教育基金是一个好办法，有强制储蓄的作用，又可分散入市时点，减少风险。

养老金

在中国老龄化的现实下，退休养老问题也日益显著，做好养老理财计划必须考虑六大因素：负担与责任(有无尚须偿付的贷款、是否需要抚养亲属或养育子女等)、住房条件(涉及生活费用的高低)、收入状况、劳保给付、通货膨胀、健康情形等。对退休人士而言，投资最好避免高风险，重在保值、稳健。当然，每个人在投资时，都应该选择适合自己的投资组合。投资组合也并非一成不变，可根据市场的变动做相应的调整。

第六节 如何做好家庭理财规划

成家立业肯定会涉及到家庭理财，而家庭理财要有详细规划，这样能使生活更美好。提到理财,人们往往简单理解为投资,让资产升值。其实,真正的理财规划包括现金规划、投资规划、风险管理和保险规划、子女教育规划、养老规划、遗产传承规划等八大内容。只有从家庭财务实际出发,走好这关键的"八大步",家庭理财规划才能真正有的放矢,做到科学统筹、心中有数。

1.必要的资产流动性

它包括活期存款,定期存款,国债以及货币型的市场基金。一般情况下,这些钱应该至少是收入的 3 倍,但一般家庭所持有的倍数都应比这个高,尤其是现下的中年人家庭,上有老下有小,所以这个倍数依据各家的情况自行决定,用以满足日常开支、预防突发事件及投机性的需要。

2.合理的消费支出

理财的首要目的是达到财务状况稳健合理。实际生活中,学会省钱有时比寻求高投资收益更容易达到理财目标。建议通过规划日常消费支出,使家庭收支结构大体平衡。一般来讲,家庭负债率不能超过 25%至 30%。

3.充足的教育储备

"再穷也不能穷教育",家长大多花掉毕生心血也要给孩子最好的教育。据统计,从孩子出生到大学毕业,所有消费基本在 40 万至 50 万之间(不包括出国费用)。最好在孩子出生前,就准备一定数量的专项教育款项,因这类规划是硬性的规划,实施过程中宜以稳健投资为主。

4.完备的风险保障

人的一生中,风险无处不在,应通过风险管理与保险规划,将意外事件带来的损失降到最低,更好地规避风险,保障生活。

5.合理的纳税安排

履行纳税这个法定义务的同时,纳税人往往希望将自己的税负减到最小。可以通过对纳税主体的经营、投资、理财等经济活动的事先筹划和安排,充分利用税法提供的优惠和差别待遇,适当减少或延缓税费支出。

6.稳健的投资规划

面对基金、股票、保证金、QDII 等等越来越多的投资工具,以及琳琅满目的投资项目,普通消费者很容易看花了眼,晕头转向。比较科学的办法是,交给专业的理财团队或人士打理,帮助自己根据自身理财目标以及风险承受能力,利用最合理的投资工具完成增值的过程,最终达到财务自由的层次。

7.长远的养老规划

随着人们生活质量以及医疗水平的提高,养老问题迫在眉睫。但多数人都是在 55 岁或 60 岁的时候退休,那停止工作之后的 20 年、30 年,甚至是 40 年怎么办?收入急剧减少,甚至没有,只能靠以前的积蓄来维持。因此,要提早规划个人养老,确保晚年的生活质量。

8.资产分配与传承

应尽量减少资产分配与传承过程中发生的支出,对资产进行合理分配,以满足家庭成员在家庭发展的不同阶段产生的各种需要;要选择遗产管理工具和制定遗产分配方案,确保在去世或丧失行为能力时能够实现家庭财产的世代相传。

家庭理财 5 个定律

4321 定律

这个定律是针对收入较高的家庭的支出比例:40%用用买房及股票、基金等方面的投资;30%用于家庭生活开支;20%用于银行存款,以备不时之需;10%用于保险。按照这个小定律来安排投资,既可以满足家庭生活的日常需要,又可以通过投资保值增值,还能够为家庭提供基本的保险保障。

72 定律

这个定律的意思是说,如果您存一笔款,利率是 X%年后,本金和利息之和就会翻一番。举个例子如果现在存入银行 10 万元,利率是每 2%,每年利滚利,36(=72/2)年后,银行存款总额会变成 20 万元。

80 定律

一般而言,随着年龄的增长,进行风险投资的比例的比例应该逐步降低。"80 定律"讲的就是随着年龄的增长,应该把总资产的多少比例投资于股票。这个比例等于 80 减去您的年龄再乘以 1%。比如,如果您现在 30 岁,那么您应该把总资产的 50%=(8030)×1%投资于股票;当您 50 岁时,这个比例应该是 30%。

100 定律

是指在 40%的家庭投资中股票适宜的比例。它等于 100 减去年龄后加上%号。比如 30 岁时股票可占 70%

如一个家庭年收入 20 万,其中 40%,即 5 万用于供房和投资。30 岁时,其中 70%即 3.5 万可用于股票投资,50 岁时 2.5 万用于股票投资。

保险"双十定律"

应该花多少钱买保险,买多少额度的保险比较合适呢?"双十定律"告诉我们,家庭保险设定的合理额度应该是家庭年收入的 10 倍,年保费支出应该是家庭收入的 10%。例如,您的家庭收入有 12 万元,那么总保险额度应该为120 万元,年保费支出应该为 12000 元。

房贷"三一定律"

按照"三一定律",每月的房贷金额以不超过家庭当月总收入的三分之一为宜,否则您会觉得手头很紧,一旦碰到意外支出,就会捉襟见肘。

家庭理财 7 个误区

1.过分担心损失

人们在投资时,看重的是现在的得失,而不是去评估将来的损失或收益,比如说投资股票的某些中小股民,当账面上亏损 10% 时,没有及时止损出局,只有到账面上亏损到 20% 时,才意识到在亏损 10% 时就应该斩仓出局的规则是多么得明智。过分地担心小的损失,可能会招致大的损失。

2.不考虑通货膨胀

许多家庭首选银行存款作为投资工具,然而只有存款利息等于或高于通货膨胀率时,才可使存款保值、增值来达到投资目的。若存款利息低于通货膨胀率,从表面上看,钱的数量在增多,实际上它的购买力却在降低。

3.随波逐流

我们周围有些人,看到别人炒股,他也去炒股;看到别人集邮,他也去集邮。反正看到别人干什么,不考虑自己的实际情况,盲目跟着别人干。到最后,他可能炒股,股票亏;集邮,邮票亏;干什么,亏什么。这种投资方式叫"随波逐流"方式,其实不同的人应选择不同的投资品种或投资组合,平时应注意积累理财知识,树立和坚持自己的投资理财原则。

4.过分自信

过分自信的人往往把过去一二次成功的经验认为是成功的秘诀,不问具体情况、条件是否发生变化,或者根据一些有限的小道消息作出投资决策,其结果是可想而知的。

5.只听爱听的话

相当多的人只听爱听的话,心理学家称为"优先性偏见",即人们在形成一个偏好时,他们往往不自觉地歪曲另外的信息来支持自己的偏好;甚至当别人告诉他上了骗子的当,他仍然会百般辩解,为自己上当受骗找理论根据。

6.认为某些钱比另外的钱值钱

有一位寿险营销员发现,在向个体户推销保险时,早上很难成交,而到晚上个体户收摊较容易成交。为什么?因为早上个体户从家里带了钱出来,认为这是自己的钱,舍不得花;到了快收摊时,他就会认为这些钱是今天赚的,把它花了就当作今天没有赚钱一样。很明显,人们认为早上从家里带来的钱,比当天赚的钱值钱,可是他们忘记了,无论哪里来的一块钱都是一块钱。

7.贪多嚼不烂

在生活中,我们会经常面临这样的选择,25元的套餐和35元的自助餐你选择那一种, 很多人都会选择35元的自助餐, 他们认为自助餐可以任意吃,想吃多少就可吃多少。但他们并没有考虑自己一顿到底能吃多少。许多人喜欢买便宜货,可是他们从不考虑这些东西自己是否需要,若不需要,再便宜的东西也成了不便宜。

第七节 家庭理财的基本步骤

步骤一 设定理财目标

理财开始的第一步就是设定理财目标。知道目标行动就成功一半。所以家庭理财成功的关键之一就是建立一个周密细致的目标。那么怎么设置自己的理财目标呢?

开始前,我们需区别目标与愿望的差别。日常生活中,我们有许多这样的愿望:我想退休后过舒适的生活、我想孩子到国外去读书、我想换一所大房子,等等。这些只是生活的愿望,不是理财目标。理财目标必须有两个具体特征:一是目标结果可以用货币精确计算;二是有实现目标的最后期限。简单来说就是理财目标需具有可度量性和时间性。如下例就是具体的理财目标:我想20年后成为百万富翁、我想5年后购置一套100万的大房子、我想每月给孩子存500元的学费。这些具体例子都是清晰的理财目标,具有现金度量和实现时间两个特征。

在了解愿望与目标的差别后,我们可以开始目标的设置了:

首先,列举所有愿望与目标。穷举目标的最好方法是使用"大脑风暴"。所谓大脑风暴就是把你能想到的所有愿望和目标全部写出来,包括短期目标和长期目标。穷举目标需包括家庭所有成员,大家座下来,把心中所愿写下来,这也是一个非常好的家庭交流融洽的机会。

其次,筛选并确立基本理财目标。审查每一项愿望,并将其转化为理财目标。其中有些愿望是不太可能实现的,就需筛选排除,例如:我想5年后达到比尔·盖茨的财富级别,这对许多人来说都是遥不可及的,所以也就不成其实际可行的理财目标。把筛选下来的理财目标转化为一定时间实现的、具体数量的资金量。并按时间长短、优先级别进行排序,确立基本理财目标。所谓基本理财目标,就是生活中比较重大的,时间较长的目标。如养老、购房、买车、子女教育等。

最后,目标分解和细化,使其具有实现的方向性。制定理财行动计划,即达到目标需要的详细计划,如每月需存入多少钱、每年需达到多少投资收益等。有些目标不可能一步实现,需要分解成若干个次级目标。设定次级目标后,你就可知道了每天努力的方向了。所以目标必须具有方向性,这可算是理财目标的第三个特征。

当然理财目标的设定还需与家庭的经济状况与风险承受能力等要素相适应,才能确保目标的可行性。

步骤二　审视财务状况

审视财务状况就是整理家庭的所有资产与负债,统计家庭的所有收入与支出,最后生成家庭资产负债表和家庭损益表。简单来说就是摸清家底、建立档案、形成账表。

理财资产负债的过程,对有些家庭来说可能极其简单,特别是单身家庭,可能所有资产一目了然;但对有些家庭来说,可能是一件繁杂无比的事情,需翻箱倒柜,东寻西找。不管是简单还是繁杂,都必须认真仔细地完成此项任务。这些工作是投资理财活动中必不可少的过程。只有完成了此项过程,您的投资理财活动才做到了知己知彼,有的放矢,否则就是漫无目的,不知所终。随时了解自己家庭的可用资源,是理财的基础之一。

首先我们先来介绍家庭资产、家庭负债、家庭收入、家庭支出等概念,最后介绍怎样产生您的家庭资产负债表和家庭损益表。

1.家庭资产

家庭资产是指家庭所拥有的能以货币计量的财产、债权和其他权利。

其中财产主要是指各种实物、金融产品等最明显的东西;债权就是家庭成员外其他人或机构欠您的金钱或财物,也就是您家庭借出去可到期收回的钱物;其他权利主要就是无形资产,如各种知识产权、股份等。能以货币计量的含义就是各种资产都是有价的,可估算出它们的价值或价格。不能估值的东西一般不算资产,如名誉、知识等无形的东西,虽然它们是财富的一种,但很难客观地评估其价格,所以在理财活动,它们不归属资产的范畴。另外就是家庭资产的合法性,即家庭资产是通过合法的手段或渠道取得,并从法律上来说拥有完全的所有权。

家庭资产怎么分类?

关于家庭资产的分类与内容,可能有多种方法来归类。如按财产的流动性分类:固定资产、流动资产。固定资产是指住房、汽车、物品等实物类资产;流动资产就是指现金、存款、证券、基金以及投资收益形成的利润等。所谓流动,是指可以适时应付紧急支付或投资机会的能力, 或者简单地说就是变现的能力。其中固定资产以可分成投资类固定资产、消费类固定资产。如房地产投资、黄金珠宝等可产生收益的实物;消费类固定资产是家庭生活所必须的生活用品,它们的主要目标就是供您家庭成员使用,一般不会产生收益(而且只能折旧贬值),如自用住房、汽车、服装、电脑等。

家庭资产也可按资产的属性分类:金融资产(财务资产)、实物资产、无形资产等。金融资产包括流动性资产和投资性资产,实物资产就是住房、汽车、家俱、电脑、收藏等。无形资产就是专利、商标、版权等知识产权。

根据家财通理财软件中的分类方法,资产分类如下:

现金及活期存款 (现金、活期存折、信用卡、个人支票等);

定期存款 (本外币存单);

投资资产 (股票、基金、外汇、债券、房地产、其他投资);

实物资产 (家居物品、住房、汽车);

债权资产 (债权、信托、委托贷款等);

保险资产 (社保中各基本保险、其他商业保险)。

在许多家庭理财的方法中,把保险归为投资类资产,虽然保险也可能为家庭或个人带来一定的收益,但它是意外收入,是不常见的且完全不可预测的,在一定时期大部分是不能确定其价值的, 所以我们仅把它作为一般的资产对待。

2.家庭负债

家庭负债就是指家庭的借贷资金,包括所有家庭成员欠非家庭成员的所有债务、银行贷款、应付账单等。

家庭负债根据到期时间长度分为短期负债(流动负债)和长期负债。区分标准到底是多长一般各有各的分法。可以把一个月内到期的负债认为是短期负债, 一个月以上或很多年内每个月要支付的负债认为是长期负债,如按揭贷款的每月还贷就是长期负债。另一种分法是以一年为限,一年内到期的负债为短期负债,一年以上的负债为长期负债。

实际上,具体区分流动负债和长期负债可以根据您自己的财务周期(付款周期)自行确定,如可以是以周、月、每两月、季、年等不同周期来区分。

家庭负债也可按负债的内容种类分类。家财通理财软件就是按以下方式分类,具体如下:

贷款 (住房贷款、汽车贷款、教育贷款、消费贷款等各种银行贷款)

债务（债务、应付账款）

税务（个人所得税、遗产税、营业税等所有应纳税额）

应付款（短期应付帐单，如应付房租、水电、应付利息等）

3.资产与负债的价值评估

理资产负债的过程中，需对每项资产负债进行价值的记录，也就是必须评估它们的价值。评估价值是一件非常容易产生争议的事情。但作为家庭来说，可以采用相对简单的方法，因为大部分资产您是不会出售的，所以只有您自己确信其价值即可。您就是自己的评估师。

评估价值必须依据两个原则。其一是参考市场价值。所谓市场价值就是在公平、宽松和从容的交易中别人愿意为资产支付的价格。其二是评估价值必须是确定在某个时间点上。如上个月底、去年底、或者任何一天都可，因为资产价值是会随着时间变化的。

按照上面介绍的资产负债分类，其中现金最容易评估其价值，直接统计家庭共用的及所有家庭成员手上的现金额即可。活期、定期存款的价值一般就是账户余额或存款额。当然这少算了部分利息，因为存款一般都存储了一段时间，产生了利息，但我们开始没必要精确这些，虽然我们可计算出它的值。股票的价值评估需参考当时的股票价格，一般就是您的股票数量乘以它当前的报价；其他如基金、外汇也采用类似的方法。股票、基金、外汇这些资产价值是变化最快的，在每个交易时间它实际上都在变化之中，但是我们同样没必要去计较一时的变化，只要关注它的收市价即可。债券的价值一般就是票面值或成本额，暂时不用关心它的利息。

实物资产中物品、汽车等的价值评估比较随意，您可参考其转让价，也可使用折旧的方式计算当前的价值。房屋的价值相对来说比较难评估，作为家庭可能最大的资产，您只能参考当地同类房屋的转让价格，以此为基准进行估值。如果得不到类似的转让价格，暂时就以购进价作为其价值再说，到时调整，不要因为某项资产的价值不能确定就影响您整理资产的进程。实际上房屋价值的评估不是最难的，最难的可能是其他投资中的部分投资项目，如珠宝、古玩、字画等收藏，因为这些资产的市场价值具有更大的弹性，如果您不是这方面的专家，就可能需要求助外人了。

保险价值的评估比较独特，需分两种情况进行分别处理。一种是保费作为支出是消费性的，到期是没有任何收益的，所以这种保险的价值我们作为0来处理；另一种是所缴保费可到期返还的，相当于储蓄的功能，针对此种保险，我们把其已缴保费额评估为此保险的价值。

负债中贷款的价值就是到评估时间为止剩余的欠款额。如果是按揭贷款，分期还贷,且时间比较长,如10年以上,可能贷款利息所占比例相当之高。是否把这些巨额的利息也计入负债呢?一般不用,因为它是以后发生的负债(利息),不用提前计算。

税务的价值怎么计算呢?作为家庭来说,个人所得税可能是最主要的税项。在中国,作为工薪收入的人士,一般是通过单位代缴个人所得税的,所以在您的负债中可能没有此项。如果您是自由职业者、小业主、店铺经营者等人士,则可能需自行纳税。这时,您就需以收入或利润计算出应纳税额,作为负债进行统计。

除以上提到的项目外,其他未说明的资产负债的评估,可自行确定价值。普通方法可参考以下顺序:市场参考价(转让价)、账户余额、成本价。

4.家庭收入

家庭收入是指整个家庭剔除所有税款和费用后的可自由支配的纯所得。

对普通家庭来说,家庭收入一般包括以下项目:

工作所得(全家所有成员的工资、奖金、补助、福利、红利等);

经营所得(自有产业的净收益,如生意、佣金、店铺等);

各种利息(存款、放贷、其他利息);

投资收益(租金、分红、资本收益、其他投资等);

偶然所得(中奖、礼金等)。

针对不同的家庭,其收入项目可能是不一样的。但理清家庭收入的所有项目并编排出适合自己家庭的收入类目,是家庭记账的基础。

5.家庭支出

家庭支出是指全家所有的现金支付。

家庭支出相对家庭收入来说要繁杂得多。如果家庭没有详细的记帐记录,可能大部分家庭都不一定能完全解自己的支出状况。要罗列所有家庭的开支项目确实比较困难,但针对普通家庭来说,我们可能归类为以下几种:

日常开支:每天、每周或每月生活中重复的必须开支。一般包括饮食、服饰、房租水电、交通、通讯、赡养、纳税、维修等。这些支出项目是家庭生活所必须的,一般为不可自行决定的开支。

投资支出:为了资产增值目的所投入的各种资金支出。如储蓄、保险、债券、股票、基金、外汇、房地产等各种投资项目的投入。

奢侈消费:学费、培训费、休闲、保健、旅游等。这些是休闲享受型支出,并不是家庭生活所必须的,一般为可自行决定的开支。

实际上,每个家庭都有自己不同的支出分类。原则上只要把您的支出分类清晰,便于了解资金流动状况即可。

步骤三 明确理财阶段

上一步主要是对家庭中的"物"资产负债进行了整理;接下来,我们对家庭中的"人"家庭成员本身进行分析,即了解家庭处于何种理财阶段、个人风险偏好以及风险承受能力。

1.家庭生命周期

理财是人一生都在进行的活动,将伴随人生的每个阶段。而在每个阶段,家庭的财务状况、获取收入的能力、财务需求与生活重心等都会不同。这样,理财的目标也会有所差异,所以针对不同的阶段需采用不同的理财策略。

我们把几个不同阶段组成的人的一生称为财务生命周期,相应的针对家庭即有家庭生命周期的概念。所谓家庭生命周期,其意思就是家庭是由不同的阶段组成。我们来简单区分一下家庭的几个阶段:

青年单身期:参加工作至结婚的时期。这时的收入比较低,消费支出大。这段时期是提高自身,投资自己的大好阶段。这段时期的重点是培养未来的获得能力。财务状况是资产较少,可能还有负债(如贷款、父母借款),甚至净资产为负。

家庭形成期:指从结婚到新生儿诞生时期。这一时期是家庭的主要消费期。经济收入增加而且生活稳定,家庭已经有一定的财力和基本生活用品。为提高生活质量往往需要较大的家庭建设支出,如购买一些较高档的用品;贷款买房的家庭还须一笔大开支——月供款。

家庭成长期:指从小孩出生直到上大学。在这一阶段里,家庭成员不再增加,家庭成员的年龄都在增长,家庭的最大开支是保健医疗费、学前教育、智力开发费用。同时,随着子女的自理能力增强,父母精力充沛,又积累了一定的工作经验和投资经验,投资能力大大增强。

子女教育期:指小孩上大学的这段时期。这一阶段里子女的教育费用和生活费用猛增,财务上的负担通常比较繁重。

家庭成熟期:指子女参加工作到家长退休为止这段时期。这一阶段里自身的工作能力、工作经验、经济状况都达到高峰状态,子女已完全自立,债务已逐渐减轻,理财的重点是扩大投资。

退休养老期:指退休以后。这一时期的主要内容是安度晚年,投资的花费通常都比较保守。

2.风险偏好

在投资理财活动中,根据个人的条件与个性,面对风险表现出来的态度通常有四种：激进型的人愿意接受高风险以追求高利润；中庸型的人人愿意承担部分风险，求取高于平均水平的获利；保守型的人则为了安全或获取眼前的利益，放弃可能高于一般水平的收益；极端保守型的人几乎不愿意承担任何风险，宁可把钱放在银行孳生蝇头小利。

实际上以上分类是比较粗糙的，不可能那么准确。在些人对待不同的风险可能表现不同的态度。例如，年轻人对待股票投资可能比较激进，而对待房地产投资则比较保守。他的风险偏好跟投资项目有关。

3.风险承受能力

风险承受能力表现在两个方面，其一是家庭财务状况，即家庭有多少资产以及预计收益用来承受投资理财所带来的风险，同时也需明确家庭处于生命周期的哪个阶段，因为不同的阶段承受风险的能力是不一样的。这是客观因素。其二就是心理承受能力，即个人或家庭心理上能承受多大的风险或损失。

分析风险承受能力必须同时结合以上两个方面。如果家庭有实力承受风险，但心理承受能力不够，则可能给家庭或个人造成一种伤害，这对投资理财是极为有害的；如果心理承受能力是够的，但家庭无此实力承担此种风险，这也会给家庭造成一种负担，同时有悖投资理财的宗旨。

步骤四 优化资产配置

为了实现理财目标，您需根据家庭财务状况，参考当前所处的理财阶段及风险承受能力，对家庭的资源进行合理配置。具体来说，就是调整投资组合、合理安排借贷比例，按计划实现理财目标。

1.家庭理财建议书

家庭理财建议书，就是为了实现理财目标所必须采取的策略计划与执行方案，也可称为理财计划书或理财规划书。如果您已完成了以上三个步骤，则理财计划的制定将相当简单了。

现在，您已知可自由投资的资本（不是净资产，是可动用的部分资产）、每年的收入与结余，则可计算出在目标实现年度内以后每年需达到的收益率。这是您实现理财目标的指标。

接着，从现行各种金额产品中选择满足此要求的投资品种，并结合风险承受能力，安排它们之间的组合比例。

还有，要实现目标，可能还有运用借贷手段来帮助您。简单来说，就是借鸡下蛋，举债理财。借钱即可以是通过亲朋好友借贷、也可以是通过银行贷款。这种手段，在财务管理中叫"财务杠杆"原理，即以小搏大，四两拨千斤之意。

通过借贷进行理财需保证两个原则：一是要通过正当渠道，保证借贷的合法性。千万不要碰什么"高利贷"等民间黑组织。这是理财，不是投机。二是需保证您贷款资金的投资收益大于利息支出。只有这样，才能保证此贷款是有效益的，否则就失去了此贷款的意义。

2.金融机构的类型

随着中国经济的高速发展，家庭富裕程度越来越高。因此，许多金融机构相续开展了个人理财服务，推出了不少适合家庭或个人的金融产品。各种金融机构以及它们的产品肯定是有所差别的，如产品属性的优劣、服务质量的高低、适合家庭的类型等。那么，如何在众多机构中选择适合自己家庭的金融产品（投资工具）就显得比较重要了。

首先，我们先简单了解一下国内现行提供个人金融产品的机构有哪些。

（1）银行

可能与您理财关系最密切的就是银行了。银行除为个人提供基本的存款、贷款业务外，现在许多银行也提供其他投资方式的选择，如债券买卖、证券交易（银证通）、基金买卖（银基通）、外汇交易（外汇宝）等。甚至还有不少银行提供专业的个人理财策划（当然现在暂时还只面对资金量比较大的高端客户）。走得更前的开始试行金融超市等。

面向个人客户的银行机构现在主要有以下几类：

国营四大银行：中国银行、工商银行、建设银行、农业银行。它们是国内银行中的四条巨龙。主要特点是规模较大，信誉较好，安全性高，网点多广。但业务比较传统，服务质量一般。现阶段个人理财市场的份额主要是他们的。

新兴商业银行：包括股份制商业银行和地方商业银行。如招商银行、民生银行、浦发银行、华夏银行等以及各城市的商业银行，包括信用合作社等机构。相对国营四大银行，他们一般规模较小，网点单一、服务质量参差不齐。但业务灵活、创新能力强。特别是其中的部分股份制银行，如招商、民生、华夏、浦发等银行，由于管理比较规范、服务质量比较高和创新能力也比较强（如招行），在某些方面已经走在了四大银行的前面。

外资银行：主要是国外（包括港澳台地区）大银行机构在国内设置的分支机构。由于国内金融业务处于初步开放的阶段，他们一般业务范围更小（主要是外币业务）、分布的地区也有限，现阶段对普通老百姓的作用偏小。但是他们的优点是规模巨大（有背景），管理经验丰富，服务优良，特别是在个人金融业务方面，他们更能体现优势。

（2）保险机构

与个人相关的保险机构有两大类：

社会保险局:每个城市都有自己的社会保险局,为当地城镇居民提供各种基本保险,如养老、医疗、失业、工伤、生育、住房公积金等。这是国家法律强制规定的保险,适合所有职工。

商业人寿保险公司:提供人身各种保险。主要有:中国人寿、平安人寿、太平洋、新华等保险公司。

商业财产及责任保险公司:提供各种财产保险和责任保险。主要有:中国人民财产保险公司、平安财产保险公司、华安财产保险公司、外资保险公司等。

(3)证券公司

主要提供证券买卖服务。有部分提供委托理财服务。现阶段证券公司比较多,实力都一般,业务也比较单一。将来通过竞争劣汰,可能会出现比较大规模的证券机构。实际上,由于许多银行提供了证券交易业务如银证通等,许多个人客户根本不用与他们打交道了。

(4)基金公司

一般提供其所管理的基金的买卖业务,主要是指开放式基金(封闭式基金一般通过证券交易买卖)。大部分开放式基金可通过银行进行买卖,所以与证券公司类似,个人客户与他们打交道的机会较少。

(5)房产交易所

包括房产交易所、房地产开发商以及房产委托机构等。提供新房、二手房等的交易。

(6)产权交易所

包括产权交易所、拍卖行、黄金交易所、邮市、古玩市场、字画市场以及其他收藏市场等。

(7)期货公司

期货经纪公司。主要提供国内三家期货交易所上市的商品期货的买卖。

(8)第三方理财机构

第三方理财最早在国外成熟的金融服务市场出现,也是金融服务经纪市场发展的必然。第三方理财一般是由独立的中介理财顾问机构提供的综合性理财规划服务,这种服务是基于中立的立场,不代表诸如保险公司、基金公司、银行等金融服务机构,也不仅仅代表投资者的利益,这种理财规划服务涉及范围广泛,以客户个性化和多元化和长期的理财需求,判断所需要的金融理财工具,追求不同资产组合产生专业价值和长期的客户服务理念。

(9)其他机构

如信托管理公司、职工单位基金等。提供委托贷款、小型借款等服务。

3.投资工具的比较

金融产品就是投资工具，或叫投资品种。任何投资工具都有自己的优缺点。衡量一个投资工具的指标主要有安全性(风险性)、获利性、变现性等。我们根据以上指标，把适合家庭的几个主要投资工具进行简单比较。

家庭常用投资工具比较

投资工具	安全性	获利性	变利性
储蓄	＊＊＊＊＊＊	＊	＊＊＊＊＊
债券	＊＊＊＊	＊＊	＊＊＊
基金	＊＊＊	＊＊＊	＊＊＊＊
股票	＊＊	＊＊＊＊	＊＊＊＊＊
期货	＊	＊＊＊＊＊	＊＊＊＊
房产	＊＊＊＊	？	＊
收藏	＊＊＊	＊＊＊	＊＊

说明：＊号越多，相应的指标越高。

房产的获得性具有较大的弹性，主要是受时期、地段的影响较大，与其他产品不太好比较。

安全性和风险性是相对的，即安全性越高，风险越小，反之亦然。如储蓄的安全性为五颗(＊＊＊＊＊)，则安全性最高，风险最低；期货的安全性最低，风险最高。

从上表中可看出，安全性和获利性是反向的，即越安全的工具，获利能力越低；或者说风险越高的工具，获利能力越强，如期货。这就是投资原则中风险与收益原则。

步骤五 跟踪账户信息

跟踪账户信息，就是及时了解家庭当前的财务状况及相关信息。如各种现金活期类账户的收支情况及余额值、实物资产账户的价值增减情况、投资账户的交易与收益、以及债务类账户的负债变化情况，等等。

具体来说，跟踪账户信息主要任务是日常收支记账和投资交易记录、预算控制以及风险管理等。

收支记账

跟踪账户信息中最主要的工作就是日常收支记账。如果您以前不太重视家庭记帐，那么最好从现在开始就养成良好的记账习惯。虽然记账对某些人来说比较枯燥，但它是理财过程中比较重要的事情，做好日常功课，才能在关键时候作出正确的决策。实际上，通过日常记帐，也能培养成功理财的重要素质之一耐心。

步骤六 总结提升能力

效果评估。

怎样评估您的投资理财成果呢？可用一个重要的衡量指标,即投资回报率,或又叫投资收益率。所谓投资回报率,就是在单位时间内,投资回报与初始投资额的百分比。单位时间一般取一年。投资额是指开始投资时初始的投入资本,可以是货币资金、实物资产以及无形资产等所有资产形式。以上定义中还涉及到两个概念:收益与成本的问题。

首先我们介绍投资理财的成本。投资成本主要包括以下内容:

机会成本:指在一定资源条件下,选择了这种投资而放弃了另一种投资所损失的收益:进行任何一项投资,在获利的同时,都放弃了其他投资的获利机会。例如,您有 10 万元的投资资金,既可以投资股票,以期获得红利或价差;又可投资债券,以期获得利息;或者投资房地产,以期获得升值。现在,你在衡量收益与风险后,全部购入债券,以获得利息收益。这时,实际上您就放弃了股票或房地产的投资获利机会, 这就是机会成本。所以投资理财的主要问题之一就是怎样使机会成本最小,以期取得满意的收益。解决办法就是在"同样成本,收益最大;同样收益,成本最小"的基本原则下,建立合理的资产结构及投资结构。

税收:几乎任何投资回报都需按法规进行纳税,所以纳税是投资成本的重要组成部分。与个人理财有关的税项主要有个人所得税、利息税、印花税、房产税、车船使用税、增值税、营业税等。以上税项在以后章节将有详细介绍。在此我们所关心的是怎样合理避税, 以降低投资成本的问题。在投资理财的技巧章节中我们将介绍一些合理避税的方法。

折旧:主要体现在实物类投资项目上,如房产、设备、工具等固定资产。这些固定资产的价值一般会随着使用或其他原因逐渐损耗。如果投资此类项目,则需关心原始价值、折旧率、折余价值(净值、现有价值)、使用年限、残值、分摊费用等概念。

投资回报就是投资者从事投资而获得的报酬, 也就是初始投资的价值增值量。投资回报主要包括两个方面:一是收入,即投资品的利息收入或股利收入, 二是资本增值或损益。我们举个简单的例子:如果一年前买入某只基金1000 股,价格是 1.2 元,一年后,以价格 1.3 元全部卖出。其投资回报就是=1000×(1.3-1.2)=100 元。注意:我们在此是没有考虑任何交易费用的问题。

投资回报体现了投资的绝对收益值,但不能体现此投资到底是好还是坏？

如果要比较两项投资的高低，则就用到了我们开始定义的投资回报值率了。上面例子的投资回报率=(100/1000)×100%=10%。我们称此基金的投资回报率为10%。再假设一年前此资金不买基金而存入银行一年，年利率为5%，则可计算出此存款的回报率为5%。这样，就可比较此基金投资和此存款的回报情况了：基金投资回报高于一年的存款回报(10%>5%)。

有了投资回报率这个指标，我们的投资理财活动就有了评价标准。

首先，投资回报率是衡量投资成果的重要标志。

其次，投资回报率是进行投资评估与决策的参考指标。

再次，投资回报率为不同类型投资品种的对比分析提供了依据。

通过对过去投资理财活动的回顾与总结，以及投资效果的评估，对提高投资理财水平具有重要的意义。具体来说，自我总结有以下四个作用：

第一，积累成功的经验。

第二，总结失败的教训。由于投资风险的客观性、内外环境的多变性，出现投资失败或挫折，并不奇怪。这次的失败是下次获取更大成功的基石。所以不但要善于总结成功的经验，更要善于总结失败的教训。失败是您投资理财的成本，只要善于利用，最终肯定会获得更大的收益。

第三，理论联系实际。总结有利于加深对投资理论知识的理解与运用。通过学习、实践、再学习、再实践的不断努力，您的投资水平、理财能力将会螺旋式的上升。您最将会成为投资专家、理财大师。

第四，完善自我。总结经验教训的过程也是完善自我的过程。实际上自我总结，不但提升您的投资理财能力，也能提高自身素质，如理念、心理、品德、思想境界等。

第八节 经济生活的多样化赋予理财形式的丰富内涵

理财，就是对个人的钱财做出最明智的安排运用，使金钱产生最高的效率和效用，以达到个人资产保值增值的目的。你不理财，财不理你。现实告诉我们，你有了一定的现金资产，如果能够采取适当的理财手段，其获得的增值收入可能会大于你打工的收入。

家庭理财的9种主要方式

一、低风险理财法
1.储蓄法

银行储蓄虽然简单,但简单中透出技巧。最常见的储蓄原则有:

第一,选择收益率最大储蓄种类:计算不同期限的储蓄收入与进行多种储蓄种类套存。

第二,采用教育储蓄合理避税:教育储蓄采用实名制,开立教育储蓄的中小学生,开始接受非义务教育时,同时储蓄到期,凭存折和录取通知书获学校证明,享受利息优惠。

2.投保法

现代家庭的财产正趋向丰富化和多元化,为了稳定家庭财产,各种保险也逐渐走入家庭。投保时的主要注意点有:

第一,财产险:依照法规签订合同,确定保险金额要适当。

第二,人身险:要由投保人根据自己的需要和缴费能力确定保险金额。

3.债券法

债券投资的风险较小,因此应该尽量追求较大的回报。

第一,国债:注意国债是分段记息,凭证式国债可以办理质押贷款。

第二,企业债:要注意利息高的企业债和原始企业债的套利机会。

风险理财法

4.炒股法

股票市场中品种有两类,一类是套利型的专业品种,一类是低风险的盲点品种。如果你能够有目的的学习这方面的技巧,机会是非常多的。

第一,套利品种:大多数人的炒股方法,需要运气、技能和时机。

第二,必然品种:其获利率明显高于低风险理财法,但是炒股的人又不放在眼里。从事实上看,这方面的技巧是人们最值得注意的,收益往往也是最好的,比上班族的辛苦和小老板做生意要强得多。

5.炒汇法

个人外汇买卖,是指依照银行挂牌的价格,不需要用人民币套算,直接将一种外币兑换成另一种外币。参与个人外汇买卖主要可以获得两个方面的投资收益。

第一,保值增值:可以避开汇率风险,使手中的外币保值增值。

第二,增高利息:将低利率外币换成高利率外币,同时需要考虑升值趋势。

6.基金法

基金是中国近几年新出现的一种理财方式,只有你熟悉基金背景的情况下才能买。股票型基金:赢得股票市场上涨趋势时的收益,要有判断股票市场走势的能力。货币型基金:赢得稳定的高于银行利息收益的收益,与股票型基金套做。

二、增值理财法

7.房产投资法

第一,房产投资:要注意国家的阶段政策导向与楼盘增值潜力。

第二,房产出租:要注意地段的出租率与租金水平,以及能否把民居转变为商业用房。

8.文物收藏法

第一,专业收藏:主要指有常见拍卖会等的古玩字画收藏。

第二,爱好收藏:主要指举世无双的有纪念意义的低价品收藏。

9.能力提高法

第一,资源能力投资:有一些学历在工作、创业、居住等方面,国家有倾斜政策。

第二,素质能力投资:对生存起支撑作用的一技之长也是一笔很大的财富。

第九节 家庭理财的核心思想是为了让生活更有品位

家庭理财6大观念

1.投资理财不是有钱人的专利

在我们的日常生活中,总有许多工薪阶层或中低收入者持有"有钱才有资格谈投资理财"的观念。普遍认为,每月固定的工资收入应付日常生活开销就差不多了,哪来的余财可理呢?"理财投资是有钱人的专利,与自己的生活无关"仍是一般大众的想法。

事实上,越是没钱的人越需要理财。举个例子,假如你身上有10万元,但因理财错误,造成财产损失,很可能立即出现危及到你的生活保障的许多问题,而拥有百万、千万、上亿元"身价"的有钱人,即使理财失误,损失其一半财产亦不致影响其原有的生活。因此说,必须先树立一个观念,不论贫富,理财都是伴随人生的大事,在这场"人生经营"过程中,愈穷的人就愈输不起,对理财更应要严肃而谨慎地去看待。

2.别让"等有了钱再说"误了你的"钱程"

在我们身边,有许多人一辈子工作勤奋努力,辛辛苦苦地存钱,却又不知所为何来,既不知有效运用资金,亦不敢过于消费享受,或有些人图"以小搏大",不看自己能力,把理财目标定得很高,在金钱游戏中打滚,失利后不是颓然收手,放弃从头开始的信心,就是落得后半辈子悔恨抑郁再难振作。

要圆一个美满的人生梦,除了要有一个好的人生目标规划外,也要懂得如何应对各个人生不同阶段的生活所需,而将财务做适当计划及管理就更显其必要。因此,既然理财是一辈子的事,何不及早认清人生各阶段的责任及需求,订定符合自己的生涯理财规划呢?

许多理财专家都认为,一生理财规划应趁早进行,以免年轻时任由"钱财放水流",蹉跎岁月之后老来嗟叹空悲切。

3.拒绝各种诱惑

面对这个消费的社会,要拒绝诱惑当然不是那么容易,要对自己辛苦赚来的每一分钱具有完全的掌控权就要先从改变理财习惯下手。"先消费再储蓄"是一般人易犯的理财习惯错误,许多人生活常感左入右出、入不敷出,就是因为你的"消费"是在前头,没有储蓄的观念。或是认为"先花了,剩下再说",往往低估自己的消费欲及零零星星的日常开支。对中国许多的老百姓来说,要养成"先储蓄再消费"的习惯才是正确的理财法,实行自我约束,每月在领到薪水时,先把一笔储蓄金存入银行(如零存整取定存)或购买一些小额国债、基金,"先下手为强",存了钱再说,这样一方面可控制每月预算,以防超支,另一方面又能逐渐养成节俭的习惯,改变自己的消费观甚至价值观,以追求精神的充实,不再为虚荣浮躁的外表所惑。这种"强迫储蓄"的方式也是积攒理财资金的起步,生活要有保障就要完全掌握自己的财务状况,不仅要"瞻前"也要"顾后",让"储蓄"先于"消费"吧! 切不可先消费——尽情享受人生——等有了"剩余"再去储蓄。

4.能力来自于学习和实践经验的积累

现代经济带来了"理财时代",五花八门的理财工具书多而庞杂,许多关于理财的课程亦走下专业领域的舞台,深入上班族、家庭主妇、学生的生活学习当中。随着经济环境的变化,勤俭储蓄的传统单一理财方式已无法满足一般人需求,理财工具的范畴扩展迅速。配合人生规划,理财的功能已不限于保障安全无虑的生活,而是追求更高的物质和精神满足。这时,你还认为理财是"有钱人玩金钱游戏",与己无关的行为,那就证明你已落伍,该急起直追了!

5.别把鸡蛋全放在一个篮子里

有些保守的人,把钱都放在银行里生利息,认为这种做法最安全且没有风险。也有些人买黄金、珠宝寄存在保险柜里以防不测。这两种人都是以绝对安全、有保障为第一标准,走极端保守的理财路线,或是说完全没有理财观念;或是也有些人对某种单一的投资工具有偏好, 如房地产或股票,遂将所有资金投入,孤注一掷,急于求成,这种人若能获利顺遂也就罢了,但从市面有好有坏波动无常来说,凭靠一种投资工具的风险未免太大。

有部分的投资人是走投机路线的,也就是专做热门短期投资,今年或这段时期流行什么,就一窝蜂地把资金投入。这种人有投资观念,但因"赌性坚强",宁愿冒高风险,也不愿扎实从事较低风险的投资。这类投机客往往希望"一夕致富",若时机好也许能大赚其钱,但时机坏时亦不乏血本无归、甚至倾家荡产的"活生生"例子。

不管选择哪种投资方式,上述几种人都犯了理财上的大忌:急于求成,"把鸡蛋都放在一个篮子里",缺乏分散风险观念。

6.管理好你的时间

现代人最常挂在嘴边的就是"忙得找不出时间来了"。每日为工作而庸庸碌碌,常常觉得时间不够用的人,就像常怨叹钱不够用的人一样,是"时间的穷人",似乎都有恨不得把 24 小时变成 48 小时来过的愿望。但上天公平给予每人一样的时间资源,谁也没有多占便宜。在相同的"时间资本"下,就看各人运用的巧妙了,有些人是任时间宰割,毫无管理能力,二十四小时的资源似乎比别人短少了许多,有人却能"无中生有",有效运用零碎时间;而有些懂得"搭现代化便车"的人,干脆利用自动化及各种服务业代劳,"用钱买时间"。"时间即金钱",尤其对于忙碌的现代人而言更能深切感受,每天时间分分秒秒的流失虽不像金钱损失到"切肤"的程度,但是,钱财失去尚可复得,时间却是"千金唤不回"的。如果你对上天公平给予每个人 24 小时的资源无法有效管理,不仅可能和理财投资的时机性失之交臂,人生甚至还可能终至一事无成,可见"时间管理"对现代理财人的重要性。想向上帝"偷"时间既然不可能,那么学着自己"管理"时间,把分秒都花在"刀口"上,提高效率,才是根本的途径。

如果你是开车或乘公交车的上班族,平均一天有两个小时花在交通工具上,一年就有一个月的时间待在车里。如果把这一个月里每天花掉的两个小时集中起来,连续不断地坐一个月的车,或不眠不休地开一个月的车,就能体会其时间数量的可观了。

要占时间的优势,就要积极地"凭空变出"时间来,以下提供一些有效的方法,让你轻松成为"时间的富人"。

尽量利用零碎时间:坐车或等待的时间拿来阅报、看书、听空中资讯。利用电视广告时间处理洗碗、洗衣服、拖地等家事。不要忽略一点一滴的时间,尽量利用零碎时间处理杂琐事务。

改变工作顺序:稍稍改变一下工作习惯,能使时间发挥最大的效益。此种"时间共享"的作业方式可在工作中多方尝试,而"研究"出最省时的顺序。

批量处理,一次完成:购物前列出清单,一次买齐。拜访客户时,选择地点邻近的一并逐户拜访。较无时效性的事务亦以地点为标准，集中在同一天完成，以节省交通时间。

工作权限划分清楚，不要凡事一肩挑：学习"拒绝的艺术"，不要浪费时间做别人该做的事，同事间互相帮忙偶尔为之。办公室的工作各有分工，家事亦同，家庭成员都该一起分担，上班族家庭主妇不要一肩挑。

善于利用付费的代劳服务：银行的自动转账服务可帮你代缴水电费、煤气费、电话费、信用卡费、租税定存利息转账等，多加利用，可省舟车劳顿与排队等候的时间。

以自动化机器代替人力：办公室的电话连络可以传真信函、电子邮件取代，一方面可节省电话追踪的时间内容又有凭据，费用亦较省。而且传真信、电子邮件简明扼要，比较起电话连络须客套寒暄才切入主题，节省许多无谓的"人力"与时间。家庭主妇亦可学习美国妇女利用机器代劳的快速做家事方法。例如使用全自动单缸洗衣机、洗碗机、吸尘器、微波炉等家电用品，可比传统人力节省超过一半的时间，十分可观。

第二章 让理财成为一种习惯

对许多人来讲理财仍有可能是一件新鲜事，但不论如何当你决定开始理财，你就应该让理财成为一种习惯，而不是想起则理，想不起来就不理的事情。

相信很多人听说过洛克菲勒这个名字，他就是 19 世纪美国石油大王。

有一天，洛克菲勒下班准备坐公车回家，突然发现兜里零钱少一块钱，就跟秘书说："你借给我一块钱，提醒我，明天把一块钱还给你。"秘书说："先生，一块钱算不了什么。"洛克菲勒非常严肃地说："谁说一块钱算不了什么，一块钱要放在银行。十年才会变成另外一块钱。现在我们国家这种存款利率百分之二点几，你要放在银行，二三十年才能变成另外一块钱。谁说一块钱算不了什么，这是一种生活态度。"

世界上最强大的力量就是习惯，习惯是你不知不觉中做的事情。

6 个习惯让你理财成功一半

1.记录财务情况

能够衡量就必然能够了解，能够了解就必然能够改变。如果没有持续的有条理的准确的记录，理财计划是不可能实现的。一份好的记录可以使您：衡量所处的经济地位，这是制定一份合理的理财计划的基础；有效改变现在的理财行为；衡量接近目标所取得的进步。

2.明确价值观和经济目标

了解自己的价值观，可以确立经济目标，使之清楚、明确、真实，并具有一定的可行性。缺少明确的目标和方向，便无法作出正确的预算；没有足够的理由约束自己，也就不能达到期望的 2 年、20 年甚至 40 年后的目标。

3.确定净资产

一旦经济记录做好了，那么算出净资产就很容易了——这也是大多数理财专家计算财富的方式。只有清楚每年的净资产，才会掌握自己又朝目标前进了多少。

4.了解收入及花销

很少有人清楚自己的钱是怎么花掉的,甚至不清楚自己到底有多少收入。没有这些基本信息,就很难制定预算,并以此合理安排钱财的使用,搞不清楚什么地方该花钱,也就不能在花费上作出合理的改变。

5.制定预算,并参照实施

财富并不是指挣了多少,而是指还有多少。听起来,做预算不但枯燥、烦琐,而且好像太做作了,但是通过预算,可以在日常花费的点滴中发现大笔款项的去向。并且,一份具体的预算,对我们实现理财目标很有好处。

6.削减开销

很多人在刚开始时都抱怨拿不出更多的钱去投资,从而实现其经济目标。其实目标并不是依靠大笔的投入才能实现。削减开支,节省每一元钱,因为即使很小数目的投资,也可能会带来不小的财富。

第一节 "穷爸爸富爸爸"的启示

财富不会从天降

19世纪的美国石油大王洛克菲勒活到98岁,一生赚了10亿美金。在那个年代是巨大的一笔钱,他光捐就捐了7.5亿,不比现在的比尔·盖茨少,这也是很大的一笔钱。

而他又对金钱持怎样的态度呢?

他外出住旅馆,都是找最便宜的旅馆和房间住。旅馆经理很是不能理解。问他:"先生,你儿子每次来都是挑最豪华的单间住,您为什么住这么便宜的房间?"洛克菲勒说:"因为他有一个有钱的爸爸,但我没有。"

与洛克菲勒不同:澳大利亚企业家汉斯·雅格比有个富爸爸。

汉斯·雅格比经常用他的父亲的事例来告诫人们。

汉斯·雅格比的父亲在14岁时就离开了学校。在当地成功商人的指导下,通过在现实社会中摸爬滚打学到了许多东西。二战爆发后,汉斯·雅格比的父亲应征入伍。战争结束后,定居奥地利,并在当地开始了自己的生意。两年后,作为一名官方划定的无家可归者,在政府的资助下,汉斯·雅格比的父亲踏上了前往澳大利亚的旅程。那时,他的父亲不会说英语,手头仅有两澳元。

虽然被分在玛鲁兰的一家采石厂,但汉斯·雅格比的父亲并不想在采石场工作一辈子。因此,每逢周末,他的父亲都会去悉尼卖一些小东西。尽管收入十分有限,但还是设法存够了钱,买了一辆平板货车,并且又采购了一些货物

去卖。在定期的周末聚会中，汉斯·雅格比的父亲从与其他移民交谈中了解到，这些移民都希望能找点东西读一读。看到这一机会，于是，不久后，汉斯·雅格比的父亲开始做进口图书和杂志这个小生意，此后，又出版了一份德语报纸——这也成为后来经营其他生意的契机。汉斯·雅格比的父亲凭借着敏锐的商业嗅觉和令人敬畏的坚定信念，尽管起步非常低微，但通过不懈努力终成为百万富翁。

汉斯·雅格比说，他很庆幸能有这么一个伟大的父亲，通过父亲的经历，他也总结出：运气总是为那些不安于现状、对未来有追求的人准备的，要学会为自己创造致富的运气，而不是坐等天上掉馅饼下来。

第二节 学习及时掌握大的时政方针

家庭理财时不可避免地会遇到一些经济尤其是金融方面的术语和计算公式。如果您完全没有经济及金融方面的基础，怎么办？学习！

执掌家庭财政 新闻也能理财

Why——为什么我们要读新闻？

不，经济学家会告诉你，看懂政经新闻，似乎是一件很 EASY 的事，可个中的经济原理，却一点也不简单！

身为现代女性，天天翻开报纸、打开电视，很难躲得掉诸如"本月消费者物价指数较往年同期上涨 0.3%"或是"央行公布将调降重贴现率"等经济术语的轰炸，你或许可以选择转台、选择视而不见，以暂时避开这些术语，但是，在现实生活中，却很难选择不往面对这些题目。

Jean 的投资故事就是一个很好例子。她在往年年底把自己的储蓄投进股市，天天研究股票，比较数据，进进出出好几次，终极却也没有能力对抗股市的下调，亏了几千元才能离市。但与她同期进市闺密 Rose，却早早捧了四五万袋袋平安。原来 ROSE 自认是股票白痴，所以并不天天守在大户试冬看到新闻里说经济向好就追加投资，听到印花税增加就立即清仓出局，这样简单化的操纵，反而收益多多。让 Jean 不由得长叹一声："原来照着新闻说的往做就可以赚钱，我真是白费力气！"

在市场经济大潮之中，每个人或多或少都得面对诸如"手头上的资产应如何运用"、"投资什么股票更好"之类的经济题目，而政经新闻中，却经常蕴躲着极为宝贵的投资机会。对整个经济环境的了解与体会，将有助于提升相关决策的品质。你或许不同意经济学家对总体经济的论断，但是你不应该选择不参与整个讨论的过程。至少在天天如扑天盖地席卷而来的财经新闻中，不至于被压得喘不过气来，读得懂他们，知道他们讨论的到底是什么事情。

财经新闻在资本市场上往往具有难以估量的价值，不仅可以了解到大的宏观政策方面的动向，更能从中了解到甚至微观产业中的具体变动状况，而部分内容假如被资本市场有效放大的话，完全就是有可能带给市场一场地震或狂风暴雨。因此，如何很好地往解读财经新闻，本身也就成了一门艺术。所以，想要脱离储蓄—消费这种基本理财模式的你，不学会读懂新闻可不行。别觉得那些高深的经济术语让人看而生畏，一旦走进财政新闻世界的大门，只怕你会从此沉迷在阅读财经的欢快中，成为一个人人称羡的博学财经女高手呢！

How——哪些政经新闻值得读？

公布主要经济指数

例如"消费者信心指数""经济景气指数"等等。可别小看这些看起来无味的指数，对比它们在一年之内的变化，你就能有效地猜测未来市场的起伏。消费者信心指数的上升，一般会意味着股市向好的方向扭转。而假如货币供给量增加，那么银行利率就一定会下降了。建议你将这些经常出现的指数记录下来，然后查询它们相关的意义——这些指数可都是经过大量经济学家的采样编辑，具有很强的指导意义！

重大国际时势动态

别以为伊拉克战争和你无关，它可能意味着国内军工版块股票的大涨。同样，委内瑞拉的一场特大飓风出现，也能导致国际原油价格猛升，让你手中的纸黄金也随着涨一涨。每一件国际大事的发生，都会给财经市场带来重大的影响。所以，请别忽视这些消息。假如实在不明白它会对你手里的投资品种价格带来什么样的变化，试着多在网上搜索相关的时政解读。

国家财经金融政策

中国是一个很重视宏观调控的国家。所以，时时关注国家新出炉的财经政策，就显得特别的重要。加息减息、印花税调节、特别国债发行……这些都可能对股市、债市和期市造成重大的影响。在 5 月 30 日的股市大跌之中，很多有习惯看早间新闻的投资者，由于提前知道印花税大幅提高，就避开了连续四日的跌停板。有了这样的例子在前，你可千万不要放过任何一条重大的国家财经新政策噢。

相关产业新闻

国内的股市向来喜好"板块动作"，也就是某个行业的股票一起同涨同跌。所以关注手中股票相关的产业新闻，对你的股市操纵，尽对有极强的鉴戒意义。

What——8个最重要的理财新闻关键词

1.加息减息:这是指中央银行调整存款和贷款的利息,一般说来,加息意味着通货膨胀加剧,国内经济增长迅速,所以国家想要调整。加息一般会造成股市跌,减息则反之。

2.贴现率:简单来说,贴现率就是央行向各级贸易银行发放贷款的利率。降低贴现率会刺激贸易银行放款,加速社会的投资进程。所以,假如有降低贴现率的新闻出台,那么股市与债市都会涨。

3.多与空:多方是在股票后市看好,先行买进股票的人;空是对股票后市看差,套现的那一方。假如新闻说多方占据市场,或是机构看多,那就是股市要涨。反之亦然。

4.QDII:它是合格境内机构投资者的简写,它意味着答应内地居民外汇投资境外资本市场。也就是说,购买相关机构的 QDII 产品,你就可以间接投资外国的股市、债市了。

5.权证:它是发行人与持有者之间的一种契约,答应持有人在约定的时间(行权时间),可以用约定的价格(行权价格)购买或卖出权证所对应的资产。一般来说,股市下跌的时候,权证就会被炒得很热。

6.市盈率:它是指是股票价格除以每股盈利的比率,欧美等发达国家股市的市盈率一般保持在 15~20 倍左右。而亚洲一些发展中国家的股市正常情况下的市盈率在 30 倍左右。假如你手中的股票市盈率超过了 30,还是快点将它卖掉吧。

7.通货膨胀率:它是指指物价指数总水平与国民生产总值实际增长率之差。只要经济发展,通货膨胀率就一定会高,因此钱也会贬值。这时你就需要积极理财,要求投资回报率至少超过通货膨胀率。

8.国债:它是政府发行的债券,简言之就是大家借给政府的钱。一个健康的国家假如增加发行国债,说明它想减少银行存款利息、加快资金周转,也就是搞活经济,所以此时适宜积极投资。

第三节 备好一账本,勤记勤写成理财大师

记账是家庭理财的起点

理财的关键是如何取舍,而记账应能解决这个难题。

收支财务状况是达成理财目标的基础。如何了解自己的财务状况呢？记账是个好办法。逐笔记录自己的每一笔收入和支出，并在每个月底做一次汇总，久而久之，就对自己的财务状况了如指掌了。同时，记账还能对自己的支出作出分析，了解哪些支出是必需的，哪些支出是可有可无的，从而更合理地安排支出。"月光族"如果能够学会记账，相信每月月底，也就不会再度日如年了。逐笔记账，做起来还是有一点难度的。现在已经进入"刷卡"时代，信用卡的普及解决了很多问题。在日常消费时，能用信用卡，就尽量刷卡消费，一来可免除携带大量现金的烦扰，二来可以通过每月的银行月结单帮助记账。另外，支出费用时，不要忘了索要发票，一来可以更好地保护自己的权益，二来可以在记账时逐笔核对。当发生大额交易，而又没有及时拿到发票时，请及时在备忘录中做记录，以防时间长了遗忘。

记账只是起步，是为了更好地做好预算。由于家庭收入基本固定，因此家庭预算主要就是做好支出预算。支出预算又分为可控制预算和不可控制预算，诸如房租、公用事业费用、房贷利息等都是不可控制预算。每月的家用、交际、交通等费用则是可控的，要对这些支出好好筹划，合理、合算地花钱，使每月可用于投资的节余稳定在同一水平，这样才能更快捷高效地实现理财目标。

家庭理财，虽然没有企业会计上这么复杂，但是，从企业会计上的报表中反应出来的事可以得出，家庭理财，同样需要做一个属于家庭的记录财务状况的报表。而这个报表，大体上就包括了收入，支出，以及节余。而你要记录的不是简单的收入资金是多少，支出资金是多少，节余的资金又是多少，你要做出的是一个详细的收入支出节余，以便为后面的投资理财做出一个充分的准备。

家庭记账的三原则

第一原则：分账户

所有收支记录必须是对应到相应的账户下的。在您的家庭，一般日常收入、支出的现金流动又分家庭共用的现金（备用金）、各个家庭成员手上的现金、活期存款、信用卡、个人支票等。在记账前，您须把这些现金活期存款等按照一定的方式建立相应的账户。这样，在记账时，您才能区分此笔收入/支出是流入/流出到哪个具体的账户中的。只有这样，您才能方便地监控账户的余额以及分账户进行财务分析，也才能清楚地了解详细的资金流动明细情况。

第二原则：按类目

所有收支必须分门别类地进行记录。在审视财务状况的步骤中，我们介绍

了家庭收入、家庭支出的概念及分类。您需建立自己家庭的收支分类,并在记账时按照收支分类进行记账。只有这样,您的收支才能方便的进行统计汇总及分析。否则就只是一笔糊涂的流水账,时间长了,就无从记起,更不可能进行统计分析,这样也就失去了记账的意义。

第三原则:需及时

保证记账操作的及时性、准确性、连续性。

记账及时性就是最好在收支发生后及时进行记账。

记账准确性就是保证记账记录的正确。

一是记账方向不能错误,如收入和支出搞反了。

二是收支分类恰当。每笔记账记录都必须指定正确的收入分类,否则分类统计汇总的结果就会不准确。对综合收支事项,需进行分拆(分解),如某笔支出包括了生活费、休闲、利息支出,最好分成三笔进行记账。

三是金额必须准确,最好精确到分。四是日期必须正确。收支日期就是业务发生日期。特别是在跨月的情况,最好不要含糊,因为进行年度收支统计时,需按月汇总。

记账的连续性就是必须保证记账是连接不断的。不要三天打鱼四天晒网,一时心血来潮,就想到记账;一时心灰意冷,就放弃不理。理财是一项长久的活动,必须要有长远的打算和坚持的信心。

第四节 了解各种理财行为的行动步骤

为什么要确定目标

常常遇到一些家庭的成员,上来简单介绍一下自己的财务状况,然后问:"我该怎样理财?"但在被反问"你的理财目标是什么?"时则一脸茫然,"就是钱越多越好呗"。其实制定并尽可能精确的表述出一个理财目标是非常有必要的。有了一个明确的目标,我们就可以围绕它来制定切实可行的理财计划,并且按部就班的去执行,最终实现我们的目标。相反如果目标不明确,我们制定理财计划也只能跟着感觉走,最终的效果很难评估。

好的目标有什么标准

1.时间明确

有的家庭设定的目标是"我要买一栋 CBD 的房子"。OK,可是什么时候呢？难道等 80 岁的时候吗？10 年资产增值一倍很不错，而 30 年增值一倍就差多了，完全不是一个概念。所以我们的理财目标一定要有明确的达成时间。

2.数量可衡量

也有的家庭设定的目标是"我要在两年内买一辆车"。很好，可是市场上的汽车售价差别很大，便宜的不到 5 万，中档的 10—20 万元，高档一些的还有 30 万元、50 万元、70 万元，最豪华的要几百万元，您要的是哪一款呢？差别可是很大啊。如果说"我要在两年内买一辆 10 万元左右的经济型轿车"，这样就比较清楚了，这个目标可以清晰地用货币来衡量，就是 10 万元。

3.能力可达成

还有些年轻的朋友会问："怎样让我的家庭财产在一年内增值一倍？"您要是不怕亏本，可以去澳门赌一把，赢了就赚一倍，输了就全赔光。这当然是在开玩笑了，在确立目标的时候，您还要考虑符合家庭收入及理财能力和市场环境的要求。预定的目标一定是在当前条件下可以达成的才有意义。

确立目标要考虑的问题

1.防范个人风险

我们每天都受到意外、疾病的威胁，如果对此没有准备，往往会对自己和家人造成严重的财务影响，我们的其他理财目标也就无从实现了。所以这一类目标主要是对个人的意外、健康等问题进行风险管理，通过保险等工具来将风险转嫁给保险公司。比较常用的工具包括终身寿险、定期寿险、医疗保险、重大疾病保险、意外伤害保险等等。

2.资本积累

大多数人都不会花掉他们的全部可支配收入，有时还会获得一些赠与或继承的资产。人们会希望把这些资本积累起来，并使其不断增值，以备将来的某种用途。可能的用途包括：紧急事件基金、教育基金、创业投资基金等等。比较常用的工具包括：银行存款、国债、企业债券、共同基金、股票、期货期权、房地产等等。

3.提供退休后的收入

我们每个人最终也都要面对退休后收入降低的问题，越早准备就越轻松。比较常用的工具包括：社会养老保险、企业年金、商业养老年金保险等等。

第五节　不同家庭的不同理财工具选择

常见的投资理财工具

1.银行存款。安全性灵活性好,但收益率较低,一般跑不赢 CPI。相比其他理财工具,银行存款的最大优势在于其灵活性最高:即使在休息日月黑风高的夜晚,你也可以将存款支取,通过刷卡、柜台或 ATM 机取现的方式完成及时支付。其他诸如基金、银行理财,都有交易时间限制、到账慢等特点,无法实现7×24 小时的想动就动。因为这个特点,银行存款几乎始终是居民必备的一种理财工具。

但是随着国家推进利率市场化改革以及未来银行业的深化发展,不同银行的存款的安全性将出现分化,相对应的利率水平也将出现差别,到时候就需要投资者进行银行信用风险分析了,而不是像现在在改革初期只需要考虑收益率即可。

2.货币基金。安全性几乎和存款一样,但收益率更高,灵活性接近,缺点是一般需要 12 个工作日才能到账。在降息周期里银行存款的选择价值会更高些,而加息周期里货币基金有比较优势。和存款相比,货币基金有个优势:银行定期存款如果提前支取会变成活期利息,货币基金却是持有几天算几天利息,无到期日,不会出诸如一年期定期存款在第 360 天提前支取会功亏一篑的情形。

货币基金起点金额 1000 元起。

3.国债。储蓄式国债收益率高于银行存款,安全性最高(这是个看起来比较奇怪的现象,一般条件下安全性更高的投资工具给的收益率应该会低些)。国债流动性一般,可提前支取但是收益率需要打折扣。储蓄式国债的一个缺点是供不应求,在银行柜台难买的到。记账式国债其实大家可以通过交易所买,但是多数投资者不了解,一些保守的投资者似乎天生害怕价格波动,实际上如果能够判断即将进入降息周期,那么买记账式国债将更加理想。储蓄国债起点金额低 100 元即可。

4.银行理财。固定收益类的银行理财产品,收益率一般高于存款和国债,但是流动性较差,必须持有到期,安全性多数情况下不需要担心,因为有银行信用在里面。银行理财一般适合于投资期限一年以内的情况。起点金额 5 万、10 万、30 万都有,相对较高。除了固定期限、固定收益的理财产品,现在也有不少的银行理财是属于期限灵活可变、收益率浮动的产品。具体的安全性和收益性，就得看投资方向了，这个可以通过产品说明书或借助理财经理进行分析。

5.企业债券/公司债券。这里指交易所的企业债和公司债。中国交易所的债券迄今为止事实上的违约风险为零，从来没有发生过违约事件。严格的债券审批机制决定了债券在现阶段是一个风险极低但收益率又显著高于银行存款和国债的投资工具，比如目前的 09 名流债持有 2 年到期可以获得年化 6.5%的回报。灵活非常好，当天买当天就可以卖。起点金额 1000 元即可。不过做债券是需要面临价格波动风险的，因此如果没有一定专业知识基础或无专业人士指导，不建议中短期的投资行为，因为有价格波动风险，但是对于可以持有到期的投资者，还是考虑的。做债券的有利时机是降息周期，因此密切关注利率走向，会非常有助于投资债券。

6.公募基金。这里面的学问非常大，因为基金分很多种，可以满足不同风险偏好、投资期限和流动性偏好的投资者的需求。一言以蔽之，安全性、收益性各个层级的应有尽有，一时半会儿无法说完。

起点金额 1000 元。另外特别提一下分级基金，分级基金的低风险份额非常适合长期投资，以目前（2012 年 2 月 29 日）价格买入，长期年化收益率基本在 8%以上。而喜欢暴涨暴跌的投资者，则可以考虑高风险份额，满足自己的投机需求。大家可以各取所需。起点金额令人难以置信的低：100 元足够在二级市场买一手了。

7.阳光私募基金。相比公募基金，整体业绩更好，2011 年排名第一的阳光私募收益率 30%以上，不过业绩分化也大。应该说，中国股市里的绝顶高手主要集中在阳光私募领域，因此还是有不少的基金长期大幅跑赢大盘。起点金额 100、300 万起。

8.信托。固定收益类信托现阶段来说相比 2006~2011 年的风险已经有所上升。预期收益率高，一般在 7%~12%左右，流动性差。信托公司有着严格的风险控制措施，对于项目会进行尽职调查，且让融资方提供抵押担保物，即使融资方最终无力偿还，其所提供的担保物可以部分或全部覆盖融资金额和收益。另一方面，信托业有个潜规则"刚性兑付"，就是说即使之前所有的风控措施最终还是不足以支付投资者足够的本金和利息，信托公司也可能自愿掏腰包补上差额，为的就是维护自己的信誉和形象。因为，虽然合同也写明了不承诺保本保收益，但是如果真的无法兑付，失去的将是一大批客户的信赖，而且也容易被同行业攻击，因此宁可赔钱也不能坏了名声。但是，有这个意愿和能不能真正实现"刚性兑付"是有差别的。如果某个项目融资额非常大致损失惨重,不排除信托公司依合同行事不"刚性兑付"。信托行业迟早会出现第一起未实现预期收益的案例,只是时间的问题。当然,总体来说,信托行业的风险还是处在较低的水平,对于资金量大又追求稳健收益的投资者,信托是个不错的选择,但是需要多做功课做好项目风险因素的分析,从投资项目本身风险、融资方实力、信托公司实力等方面进行深入分析。起点金额高,100万万起。

9.黄金。黄金历来被当做保值增值的理财工具,过去十年的走势印证了人们的观点。在有风险意识的前提下去选择合适的时机适当配置黄金产品。另外,黄金作为资产传承倒是个不错的方法,现在还是可以避税的。也有些人拿金条去馈赠,这个也是黄金的优势。

10.外汇。一般的投资者都不会涉及外汇投资。外币总体来说还是不碰为好,何必多牵扯一个汇率风险。

11.保险。买保险好比请了保镖。不能说保镖如果没帮你挡几刀保镖费就不付了,请保镖是为了防范风险,当风险出现的时候保镖可以帮我们摆平,我们需要为保镖的时刻守候付费,这个是合理的。对于理财型保险,适合人群和场合比较有限,需要具体问题具体分析。理财型保险投资期限长,灵活性差。

12.房地产。

13.期货。

不同家庭生命周期适合的理财工具和方式

家庭生命周期,可分为四个阶段,而每个阶段又可以从四个方面体现,时间段、收入、支出及状态。

第一阶段,家庭形成期,时间段为起点是结婚,终点是生子,年龄在25岁至35岁之间。这个阶段的人事业处在成长期,追求收入成长,家庭收入逐渐增加。支出体现在由于年轻,喜爱浪漫会有些花销,正常的家计支出、礼尚往来,还有一部分人为了学业考虑深造,也是一笔不小的支出费用,此外多数人都会房贷月供需要考虑,还要为下一阶段孩子出生做准备。"月光族"及"卡奴"是这个阶段比较常见的现象。这个阶段理财比较适合的方式是货币基金和定投。因为这个阶段结余有限,所以需要采取这两者兼顾了安全、收益、流动性和门槛低的投资方式。另外,这个阶段风险承受能力强,可以适当拿出部分资金去投资股票类资产,但是如果资金对这一块不了解一定要咨询专业人士,而且可以选择投资基金的方式来降低风险。

第二阶段,家庭成长期,时间段为起点是生子,终点是子女独立,年龄在

30 岁至 55 岁之间。目前正处于事业的成熟期,个体收入大幅增加,家庭财富得到累积,还有可能得到遗产继承。但支出也很多,如父母赡养费用、正常的家计支出、礼尚往来、子女教育费用,还要为自己的健康作出支出准备,有一定经济基础后还要考虑换房换车等。状态是责任重、压力大、收大于支、略有盈余。这个阶段可以考虑债券、基金、银行理财及偏股类资产,定投基金,还要给家庭支柱买好保障类的保险产品。还有可以开始定投为退休做准备。有实力的可以考虑信托、阳光私募这类产品。

第三阶段,家庭成熟期,时间段起点是子女独立,终点是退休,年龄在 50 岁至 65 岁之间。这个阶段正是事业鼎盛期,个体收入达到顶峰,家庭财富有很大的累积。支出体现在父母赡养费用、家计正常的支出及礼尚往来,还有就是为子女考虑购房费用。状态是收大于支、生活压力减轻、理财需求强烈。这个阶段需要采取较为稳健型理财方式,可以考虑信托、债券、银行理财等稳健型产品,少量配置股票类资产,还有可以为养老做定投储备。

第四阶段,家庭衰老期,时间段为起点是退休,终点是一方身故,年龄在 60 岁至 90 岁之间。正常的收入有退休金、赡养费、房租费用,还有一部分理财收入。支出体现在正常的家计支出及健康支出,还有一部分休闲支出,如旅游等。状态可能是收不抵支,需要子女帮助。这个阶段适合分级基金固定收益份额、债券、国债、银行理财和存款等非常稳健的方式。

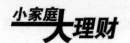

第三章 明明白白消费 理财行为的开始

没有人是天生的理财高手,能力来自于学习和实践经验的积累。而要把理财变成"情人",我们要学习的第一课就是纠错!纠正自己错误的理财观,绕开那些最容易走入的理财误区。

第一节 看好你的钱袋子别被"宰"

有这么一个故事:

长工们给地主打工,攒了一些钱,生活越来越滋润,也开始有脾气,不好管理了。师爷给地主说:我们想个办法吧,把他们的钱套回来,让他们老老实实地工作。然后地主就划了一块荒地,规划盖楼。让这些长工们拥有自己的物业。有钱的可以一次性付清,当然所有的积蓄都给了地主。还没有足够钱的就分期付款,以后要老老实实地为地主干活。如果不听话就会失业,然后房子也会被收回。

这样,长工们就拥有了自己的物业,那个开心啊,真是溢于言表。那个美呀!自己的东西可以自己做主了。当然,辛苦一点,都认为是为自己干活,做个房奴也无所谓。为了让后面的人感觉这些长工是正确的,地主就不断抬高地价,宣传拥有物业的好处。长工的房子也不断涨价了,相对于后面没有买房的长工们而言,好像更加幸福了,因为后面没有买房的长工们,如果买房的话,将会付出更多。

然而,地主的资产比长工们的资产涨得更厉害了。地主的地在最好的地段,比长工们的房产多出好几倍。没有建房之前,地主和长工的差距还没有那么大,后面房子建好了,房价上涨了。地主和长工们的距离却是更大了,有房子的长工笑了:还好当时买了。没有买房的长工们哭了:得有多少年才可以买房啊。地主更开心了:还是自己这一招好,我更有钱了,支配权更大了!

对于地主:因为房价不断涨,拥有的财富比例更大了,权利更大了。

对于买房的长工:因为买房了,把自己的钱存下来了,但是生活质量并无大的改善,相对于没有买房的长工,心理感觉幸福了。

没有买房的长工们:因为无论如何存钱,都很难买房了,心理落差太大了。甚至连房奴的资格都没有了。其实,生活质量还是那样。

这个故事告诉我们什么呢?

通货膨胀是理财最大的敌人,富人们通过拥有比穷人更多的抗资产,转移着财富。富人拥有更多良性的抗通胀资产,而穷人没有。

虽然口袋里面有纸币,但是纸币毕竟就是一张纸,只有数字恒定的表现。穷人的财富无时不刻不再被抢劫,然而绝大多数的人并无察觉。他们不断的提升自己的专业,加更多的班以赚取更多的纸币,然而付出越多,被转移的财富也越多。

假设世界上只有 2 个人,甲和乙。甲有 100 万,乙有 100 万。当日,甲用 100 万买了固定资产,而乙则存了银行。许多年过去了,甲的资产变成纸币成了 200 万,乙的资产还是 100 万。这时乙并没有感觉自己的钱少了,然而当时他主宰世界资产的 50%,现在却只有 33% 的支配权。而甲呢?从 50% 的支配权,到了 66% 的支配权。他无情,隐蔽地抢劫了乙。而抢的心安理得。也许,他会给乙增加 10% 的工资,而乙将感激不尽。

如果一个人这个简单的道理没有想通,无论赚多少钱,都是辛苦地为有钱的人打工而已。

看好你的钱袋子吧,寻找更多的安全的资产组合。

理财对象锁定老年人 诱使其用养老钱投资

经常有人开这样的玩笑"没钱人存钱,有钱人借钱",但从某种角度来说,这句话其实不是一句玩笑,而是一种真实存在的情况。很多担保理财的投资者(担保公司称出借人),在为世人印证着这句话。

参与担保理财的绝大部分人,都是中老年人,他们大部分使用的是自己的养老钱,甚至是救命钱。他们,可以算没有太多钱的一类人,而他们的钱都是借给了一些中小企业的经营者,他们如果还不上高额的利息,很有可能会携款跑路。温州前两年的老板跑路事件应该引起大家的警惕。

担保公司何以选择中老年人作为主要的宣传对象呢?

这主要有四点原因。首先是,中老年人信息接收相对缓慢,对金融知识的认识相对较少,对理财产品的认知相对模糊,这就成为这类担保公司选择中老年人为主要推广对象的最主要原因。

其次,中老年人中老年人更容易听信他人之言,风险防范能力较弱。中老年人的主要阅读对象为报纸，并且极其信任报纸所言，许多担保公司都选择报纸作为广告投放的主阵地。

另外，老年人希望给自己未来的生活创造更好的条件，并考虑为子女再付出一些，面对担保理财宣传的零风险，高收益基本上没有抵抗力。

最后，除了高额收益，担保公司还会对项目进行说明，签订三方协议等，从形式上让中老年人对担保理财不设防。

第二节 识破消费误区 做一个精明理财人

银行业务八类问题当规避

1.理财产品介绍云遮雾绕

一是风险揭示不足，表现在向客户承诺过高的收益，到期无法兑现；只向客户介绍产品收益状况好的情形，未说明收益状况不好、甚至亏损的情形等。二是未充分了解并确认客户需求，导致客户购买其不需要的金融产品。三是未向客户充分说明业务流程中的各个环节的要点，如产品期限、到期日等。

没弄清楚前坚决不出手。

一是认真阅读产品说明和产品协议，充分了解产品类型和特征，多向银行工作人员询问产品细节。二是向银行工作人员明确说明自己的需求，并在购买前（签字或输入密码前）再次与银行工作人员确认自己的购买要求。三是保留相关业务凭证。

2.收费项目多一本糊涂账

一是收取账户管理费等服务费用前未履行告知义务；二是短信通知等收费信息告知不充分；三是取款手续费和银行卡年费的收费标准与价目表或事先承诺不符；四是办理贷款业务时，分别收取利息及其他不合理费用。

被乱收费协商未果可投诉。

一是办理业务时仔细咨询相关收费内容，包括收费项目名称、收费标准、收费时间等。二是关注服务收费价目表以及部分服务收费项目的调整情况。目前银监会已要求银行在营业厅的显著位置摆放或张贴服务价目表，并公示投诉电话，还应有专人负责解释收费和处理投诉。三是了解监管部门整治不规范收费相关情况，维护自身合法权益。如银监会要求银行业金融机构公示并做到"七不准"和"四公开"。"七不准"包括不准以贷转存、不准存贷挂钩、不准以贷收费、不准浮利分费、不准借贷搭售、不准一浮到顶、不准转嫁成本；"四公开"包括项目、质价、效能和优惠政策"四公开"的业务管理制度。消费者如发现银行不规范经营行为且与银行解决未果时，可向监管部门投诉。

3.卡还在手中钱却被取走

一是银行卡安全性，主要集中在克隆卡方面，一些犯罪分子利用高科技手段，窃取持卡人的银行卡信息，"克隆"银行卡盗取钱财，导致出现消费者银行卡未丢失，却被人在 ATM 机上取款的情况。

密码复杂点，输入时隐蔽点。

消费者安全使用银行卡要做到妥善保管自己的银行卡和密码等相关信息，不要使用过于简单的密码或将密码告诉他人，也不要将银行卡转借他人。在 ATM 机上使用银行卡时应注意辨别 ATM 机设置是否有异常，读卡器卡槽是否松动、卡槽与主机是否紧密相连。在输入密码时用手或其他物品遮挡在密码键上方，防止被人偷拍密码。此外，银行卡开始使用前应该在卡背面签名条上用签字笔以熟悉的字体签上自己的名字。银行卡丢失后要及时与银行联系进行挂失。

4.银行排队时间长，VIP 插队

一是银行工作人员服务语言过于生硬，态度差；二是银行工作人员出现业务差错，或是服务效率低，办理时间长；三是银行排队时间较长、VIP 客户插队；四是银行不按时按规定按宣传口径提供服务；五是银行电话打不通，反映问题不能得到及时回复和解决。

若银行处理不满意可再投诉。

从实际解决问题的角度出发，解铃还须系铃人，遇到此类问题最好能在第一时间向银行管理部门反映，争取尽快得到处理；或者通过银行的统一投诉处理渠道反映情况。一般而言，各银行都能站在构建和谐金融、促进自身长远发展的高度，以诚恳务实的态度妥善处理矛盾纠纷。若消费者对银行处理结果尚不满意，可以按照相关规定，向银行业消费者权益保护部门进行投诉。

5.办理房贷被要求买"搭车产品"

一是在办理住房按揭贷款过程中，被要求同时办理其他业务，如购买理财产品、保险产品等；二是所办理住房按揭贷款利率与银行信贷人员承诺的贷款利率不一致，且未提前告知客户；三是客户办理提前还贷业务时，银行收取费用。

发现捆绑销售，保留好证据举报。

客户在办理住房按揭贷款时，应首先向银行工作人员了解银行确定首付比例、贷款利率浮动范围的相关标准，可以向不同的银行进行咨询，比较选择。口头约定不确定性大，一般也缺乏证据证明，住房按揭贷款对普通家庭而言金额较大，应以书面合同约定为准。客户在签订贷款合同时，要仔细阅读合同条款，确认贷款金额、贷款利率、还款方式等条款。由于住房按揭贷款期限一般较长，银行需要统筹安排信贷资金，所以对提前还贷都会有所限制，如在一定期限内不能提前还贷、提前还贷会收取相关费用等，客户在签订合同前，应仔细了解合同中涉及提前还贷的条款，最大限度维护自身的利益。根据监管要求，银行在办理住房按揭贷款业务时，不得捆绑销售理财、代理基金、代理保险等产品，不得附加要求办理信用卡、存款等不当条件，如出现上述情况，客户应保留好证据，及时向监管部门举报。

此外，客户在办理住房按揭贷款前，应注意自身信用记录是否良好。如果以往存在不良记录，银行可能会拒绝办理贷款业务。客户在已支付定金，又无法办理贷款的情况下，可能会造成不小的损失。建议办理住房按揭贷款业务前，先到中国人民银行征信管理部门查询自己的信用记录。

一是客户未能有效保护涵盖银行卡账号、CVV2 码及各类密码在内的个人隐私信息，致使不法分子利用客户相关信息通过网上银行、手机银行、电话银行、ATM 等电子渠道盗用客户资金；二是客户在通过电子银行交易时，未能采取相关防护措施致使个人电脑、手机受到钓鱼网站、木马病毒以及网络欺诈攻击而导致资金损失。

6.电子银行信息资金被盗取

电子银行安全不仅取决于银行的技术和管理措施，同时还取决于客户自身的安全意识、使用习惯及个人防护能力。身份认证保护是电子银行安全的第一道防线，客户应妥善设置、严格保管银行卡和各种密码；正确地使用银行提供的 USBkey、动态口令卡、动态口令牌等安全工具及动账通知、手机动态口令等服务；切实保护好个人电脑、手机，定期升级操作系统及安全补丁，及时更新病毒库，确保电子银行使用环境安全，培养良好的操作习惯，保护个人隐私信息，提高防木马、防钓鱼、防欺诈的安全意识。若发生电子银行案件，当事人应第一时间拨打银行服务热线或到柜台挂失被盗用的银行卡，避免损失进一步扩大。对于刚刚发生的异常转账交易，当事人可拨打 110 热线报警，由110 协助银行进行紧急止付(止付是否成功视实际情况而定)，并到所属地派出所报案，确定被盗用银行卡的交易时间、地点，提供被盗用的银行卡交易清单及其他相关信息，以便于警方调查取证。

7.ATM 机不吐钞但显示已扣款

一是在 ATM 机自助取款时，由于网络故障或设备故障，可能遇到机器不吐钞但系统显示已扣款的情况。二是在 ATM 自助存款时，ATM 机在吞钞后，存款账户未显示入账。三是消费者存取款后,未及时取卡导致银行卡被吞。四是消费者存取款后,未取卡导致被他人获取。

就地拨打银行服务热线解决。

发生上述情况时,建议消费者处理步骤如下:(1)不要立即离开 ATM 自助设备并及时拨打银行服务热线。(2)对于银行卡被吞的情况,在营业时间内,可以同时向银行工作人员现场反映,及时向银行工作人员提供身份证明材料有助于问题更快解决。(3)对于银行卡被他人获取的情况,消费者应在发现后第一时间联系银行进行挂失处理,如发现卡内金额已被他人领取的应向公安机关报案。(4)对于行内自助设备出现的问题,消费者如急需处理,可要求设备所在分支机构工作人员紧急处理。

由于银行对 ATM 自助设备的开箱处理需要双人进场,在夜间一般难以立即进行现场处理。同时,对于离行式 ATM 设备,银行一般是集中处理,需要等待的时间长于行内自助设备,建议消费者在与银行客服的电话沟通时了解问题处理的时限。

8.银行存单被诱导变身保单

消费者到银行办理业务时(主要是定期存款或购买理财产品),保险公司人员或银行人员不完全履行告知义务,故意混淆储蓄和保险的区别,不恰当地比较两者收益,片面夸大保险产品的收益水平,诱导消费者购买保险公司产品。

提高警惕发现不妥 10 天内即退。

虽然银监会明令禁止保险公司人员驻点销售,并要求银行人员充分履行告知义务,但目前仍有个别银行网点存在保险人员驻点销售,以及个别银行人员为了业绩故意夸大收益、隐瞒风险等问题。消费者在银行办理业务时如被推销银保产品,一定要多问问销售人员这款产品是不是保险,如果是保险,需要交费多少年,多少年后才能取回全部本金,如果中途想取回本金损失有多大。对于销售人员所说的收益率一定要注意辨别,充分考虑风险和收益觉得合适再购买。此外,银保产品属于保险,有 10 天犹豫期,投保后如果觉得不满意,在 10 天内是可以退保的。

信用卡消费霸王条款多

关于信用卡消费的各种"说不清,道不明"真是让很多持卡人大呼"伤不起"。很多持卡人总结,信用卡消费的霸王条款特别多,一不小心就会导致不良信用记录的出现。今天我们一起看看,日常生活中比较常出现的信用卡消费误区,给持卡人提个醒。

误区一：看起来很美的"临时额度"。很多银行在节假日的时候,会针对一些经常持卡消费的持卡人提供临时提升透支额度的服务。这种临时提高的透支额度便是"临时额度"。表面看起来,"临时额度"从一定程度上方便了持卡人消费,但是"临时额度"背后,也有一些不能说的秘密。事实上,"临时额度"通常不享有免息期,因此持卡人往往消费过后,会忽略消费利息的产生。因此,银行工作人员建议,持卡人如果发现透支额度被提高,要确定是否享有免息期,避免造成不必要的损失。

误区二：永久免年费的秘密。在办信用卡时,工作人员都会强调"开卡后,首年年费免收,此后每年消费××次,就免收次年年费……"但事实上,有的银行会在年初时便扣除年费,持卡人不仔细检查账单,就不会发现。而关于刷卡免年费的次数,不同银行的规定也不相同。因此,持卡人在办理信用卡时,要仔细了解相关问题,也可以直接致电信用卡客服中心,明确年费的收取规定后,再进行办理。

误区三：注销信用卡未必打电话就可以。很多持卡人会打电话注销信用卡。事实上,如果注销信用卡时,卡内有余额,客服中心的工作人员会提醒持卡人过了一定时间后,去网点进行提取,一般是45天左右。如果持卡人不提取,这其中产生的小额账户管理费,银行还是照样会收取。因此,持卡人在注销信用卡之后,一定去网点确认账户注销,避免产生不必要的费用。

车险理赔有猫儿腻

疑问一：有车损险为何还要投保划痕险?既然车损险就可以理赔很多车辆损坏造成的损伤,为啥还要单独购买划痕险?车损险的理赔范畴是车辆被碰撞出明显的凹痕或者无法使用,简单地说就是您的车和别人的车碰撞了;而划痕险的理赔范畴是无明显碰撞痕迹的车身划痕损失,比如车漆被刮花。

疑问二：上了划痕险,为何又不能全赔?假如您买了2000元保额的划痕险,在保险期限内,您通过划痕险可理赔的金额只有1400元~1700元,因为划痕险是找不到第三者的,所以规定有15%~30%的绝对免赔。而如果您还购买了对应划痕险的不计免赔险,才可得到全额赔偿。

疑问三：商业车险中任何险种都可以随时投保吗?在车辆保险中,交强险是需要每年投保的,但车损险例外,多数保险公司要求从起始注册日期起超过8年的车是不可以投保车损险的。

疑问四：投保了保险就能得到赔付吗?投保了保险并不一定就能得到赔付,比如车主的车没有牌照或者是按照规定没有年检,抑或是驾驶人酒后驾车,那出险的时候保险公司也是拒绝赔偿的。

网上"淘理财"谨防被误导被钓鱼

费太太已不满足于网银、手机银行买理财产品,她尝试在银行开的网店上买理财产品。她还准备给母亲在保险公司开的网店上买保险。

费太太认为网上"淘理财"的好处还是比较明显的,首先门槛低、省时省力、手续费也相对较低,而且还能货比三家,投资者可以用相对便捷的方式找到性价比最高的产品。

不过,姚太太觉得用这第三方支付来完成理财产品购买属于新生事物,各方面监管还不尽完善,所以还需要特别注意风险和资金安全,不能只追求高收益。

另外,费太太的"网购理财产品"也受到了她做理财师的朋友的反对。

"夺命金你总看过了,现在传统理财产品销售都受到严格的监管,购买时,银行都要对客户进行风险评估和风险提示,也会对产品情况进行详细介绍,而网上销售的理财产品交易更偏重宣传产品的安全性、收益性,往往淡化对风险的提醒,容易对消费者产生误导。投资者自身要加强风险意识,看清楚合同条款和注意事项。"理财师朋友觉得费太太有点太冒险了。

除了没有对投资者进行风险评估外,账户资金安全也是个问题。

在网店买理财产品,资金一般会通过第三方支付平台来划转,而第三方支付平台的安全性要较银行账户低,被盗的风险相对要大。同时,网上理财的电子凭证一般不是由金融机构直接出具,而是由支付宝等第三方机构出具的电子存款凭证,存在由于网络安全问题造成资金损失的风险。投资者应当提防可能由于网络安全问题造成的资金损失,谨防被"钓鱼",要注重资金安全性。

"当然,我也不是完全抹杀网店买理财产品这个做法。只是投资时应尽量选择短期产品,最好别超过一年;过高的利率回报意味着更高的风险。同时,每次投资金额不宜过大,每笔最好控制在 1 万元以内。在选择贷款平台时应尽量考虑有大金融机构背景的网络平台,最好有第三方金融渠道进行监管。"理财师说。

这里还要提醒一下希望通过网店来买保险的投资者,一定要妥善保留"索赔"单据。购买时在网上填写信息,一定要注意区分投保人信息、被保险人信息、联系人信息等,详细注明,同时要确保填写的信息真实有效,这样才能查收到保单,同时发生险情也能及时得到保险赔付。

第三节 锱铢必较是个美德

美国"石油大王"洛克菲勒虽拥有巨额财富,但他始终保持锱铢必较的理财态度。他的各种花费开支都要记录,就连三分钱邮票也不漏记。因此,他的记账本从不离身。人们发现,他的每本账都记得清清楚楚,一目了然。正是这一"绝招",令他在经营石油公司时,总是能准确无误地掌握成本与开支、销售与利润等数据。

学习上海人精打细算过生活。上海人向来因为"锱铢必较、吝啬小气"遭人诟病,与上海人打交道,你立即能感受到他们的精明厉害。虽说这并不讨人喜欢,但从另一个角度而言,他们生活节俭,讲求效率,遵循基本的经济规律,把有限的资源和资金用在刀刃上,却是非常值得外地人借鉴的。

到上海出差,时时能感受到这座现代化都市的繁华熙熙攘攘的南京路,游人如织的外滩,灯火辉煌的陆家嘴,高楼大厦鳞次栉比,高架桥、地铁纵横交错……然而,浮华背后的种种细节,体现了上海人现实、节制、不事虚荣奢华的另一面。住宿,按惯例酒店是要给客人提供些洗漱用品的,比如牙具、毛巾等,但走遍全国,也好像只有上海人提倡环保节俭,当天没有用完的牙膏、肥皂、沐浴液等,服务员并不换新,次日堂而皇之地继续摆放着。据说国外一些城市,还有港澳等地,也大都如此,鼓励客人少消耗一次性的用品,看来在这一点上海是率先与国际接轨了的。

在小吃店品尝鳝糊面,发现一次性的方便筷,小巧得出奇,磨得细细的、短短的,刚刚能用,与我们用惯了的又宽又厚的方便筷迥然不同。圆筒状的卫生纸也非常"精致",体积大概只及得上我们的1/3,总之一切易耗品都刻意做得小一号,而且无论是鸡毛小店还是大酒店、大宾馆均保持一致,让平素"大手大脚"的我们外地人非常不适应要知道这里的物价决不低廉,但尽量降低成本却是其准则与共识。坐地铁,注意到电梯是感应式的,无人时电梯静止,人来时自动启动,这毫无疑问比那种不问有无需要,电梯一概空转空驶的做法要经济得多、节能得多。商场、超市等公共场合,这种节能电梯随处可见。

第四节 头脑清醒——冷静不盲从乱消费

不要轻信会有低风险离谱高收益的投资

当小额贷款公司居然跑到超市门口去兜售理财产品这种情况出现时,就说明由欲望、侥幸两只怪兽驱动的"民间金融创新"又有了市场。这种看似舶来但却根植于中国人金钱观里击鼓传花的游戏曾经在很多人心目中那样光芒四射,从"蚁力神"、"东北大造林"到鄂尔多斯的全民放贷,没有人在它们如日中天的时候想过全身而退,但它们带来的真的就是民间金融信用的遍地哀鸿。超越常理的收益承诺日渐增多,这或许只是又一轮疯狂的开始。当想要让鸡生金蛋的时候,首先不是想要喂什么样的饲料,而是,如何先保住篮子里的这只未来的金鸡。

为了篮子里这只未来的金鸡,我们先从"庞氏骗局"开始谈起。

庞氏骗局其实是一种最古老和最常见的投资诈骗,这种骗术是一个名叫查尔斯·庞兹的投机商人"发明"的。简言之,就是利用新投资人的钱来向老投资者支付利息和短期回报,以制造赚钱的假象,进而骗取更多的投资。在庞氏骗局中,滚动运作的资金池是支持骗局能否延续的关键。

我们通常说的资金池是把资金汇集到一起,形成一个像蓄水池一样的储存资金的空间,通常运用于集资投资、房地产或是保险领域。保险公司有一个庞大的资金池,赔付的资金流出和新保单的资金使之保持平衡。基金是一个资金池,申购和赎回的资金流入流出使基金可以用于投资的资金处于一个相对稳定的状态。银行也有一个庞大的资金池,贷款和存款的流入流出并不是直接地一一对应,资金池使借贷基本保持稳定。

庞氏骗局吸引人的地方,是它的资金池运作呈现出低风险、高回报的"投资规律",以及参与者看不清、搞不明白的神秘投资诀窍。

认清自己

要想理好财,首先就要了解自己的基本情况,到底有多少家产?哪些是固定财产?流动资本有多少?所需还的债务又有多少?有多少可以用来再投资?自己(家庭)平时的总收入是多少?平时的总支出是多少?自己(家庭)处在什么样的社会经济地位?是否掌握了一定的投资方式和投资技能?自己能承受多大的投资亏损?如果您对上面的问题思考清楚了,才能认清自己的情况,从而不至于过于盲目。

在开始理财之前,您还要做好充分准备,资金、知识和心理三方面的准备工作不可或缺。资金准备指的是您要准备好用于投资的钱,一般来说主要是除日常开支、应急准备金以外的个人流动性资金。然后是知识上的准备,应该熟悉和掌握理财投资基本知识和基本操作技能。心理上的准备也很重要,您要对投资风险有一定的认识,能够承受投资失败的心理压力,有良好的心理准备。

开源节流

科学理财最根本的方法就是"开源节流",处理好个人的收入与支出。一方面要增加新的收入来源,另一方面要减少不必要的开支。增加收入来源不仅仅包括努力工作,还要扩大个人资产的对外投资,增加个人投资收益和资本积累。节流也不仅仅是压缩开支,也包括合理消费,合理利用借贷消费、信用消费,建立一种现代的个人消费观念。

合理的投资理财组合

说到理财有方,一定要得法,在理财方法中有一个非常重要的就是要设计合理的理财组合,这样才能有效地增值财富,下面的几种组合是根据不同家庭的实际列出的,希望能给您一些实用的建议。

投资"一分法"——适合于贫困家庭。选择现金、储蓄和债券作为投资工具。

投资"二分法"——低收入者。选择现金、储蓄、债券作为投资工具,再适当考虑购买少量保险。

投资"三分法"——适合于收入不高但稳定者。可选择55%的现金及储蓄或债券,40%的房地产,5%的保险。

投资"四分法"——适合于收入较高,但风险意识较弱、缺乏专门知识与业余时间者。其投资组合为:40%的现金、储蓄或债券,35%的房地产,5%的保险,20%的投资基金。

投资"五分法"——适合于财力雄厚者。其投资比例为:现金、储蓄或债券30%,房地产25%,保险5%,投资基金20%,股票、期货20%。

说了这么多关于理财的基本理念和基本知识,最后还要说说刚刚入门的投资者对于信息的获取和判断。对于所有的投资者而言,理财是一个长期行为,要时刻保持对市场的关注,准确信息的获取对于投资者来说是非常重要的环节。现在投资者很多时候会被动地接受一些来自经营机构的广告类信息,对于这些信息,投资者应该具有更谨慎的判断,多方咨询,而理财新手们投资经验不够,对市场的了解还不深入,不要别人一"忽悠"就盲目作决定,毕竟投资中的收益不是说说就能保证的,还要看产品。

在目前来看,更客观的信息来源渠道还要算是媒体信息,财经类报纸、杂志、电视广播上的财经信息以及互联网上的信息都是投资者作出决策的一个参考。另外投资者也可以通过网站、上市公司年报和中期报告等获取第一手的材料。

购投资理财型保险须防误区

1.轻信高收益承诺

李女士起诉称,2006 年 4 月,保险公司业务员林先生向其推荐投资连结保险,称该保险收益率高,没有任何风险。李女士便花 3 万元购买了该保险。2009 年 10 月,李女士了解到其投保险种的收益不及业务员的承诺,要求退保。保险公司同意退保,但扣留了保险费 9562 元。李女士诉至法院,要求保险公司退还全部保险费。

法院审理认为,在保险公司提交给李女士的保险建议书中已经明确了可能的投资收益水平,并强调,投资收益的描述只是参考性的,实际收益情况可能高于或者低于参考数据。李女士在建议书上签字,表明其对所投险种盈利、亏损的可能情况已经了解。此外,李女士没有提供有效证据证明业务员向其进行了误导销售。最终,法院判决驳回了李女士的诉讼请求。

2.误认保险等同存款

赵女士起诉称,2007 年 3 月,保险公司业务员向其推销保险产品,并称"存款送保险,可随时支取"。李女士取出银行存款 5 万元投保。2009 年 4 月,李女士因需要花钱,到保险公司取款,才发现不能支取。李女士要求解除合同,但保险公司却扣除了部分保险费。李女士诉至法院,要求保险公司退还剩余保险费。

法院认为,李女士已经在投保书等保险文件上签字,确认其对于合同条款已经了解,保险公司亦已履行了说明义务,李女士并不能提交证据证明保险公司在订约过程中存在过错,因此,驳回了李女士的诉讼请求。

3.存侥幸心理不如实告知

王女士于 2006 年 5 月以自己为被保险人向保险公司投保分红型医疗保险,2009 年 8 月,王女士因疝气住院,花费医疗费 6200 元。出院后,王女士向保险公司申请理赔。保险公司经过调查发现,王女士在 2004 年 3 月曾因疝气进行过腹部手术。但在投保时,向保险公司隐瞒了这一情况,因此,保险公司决定解除合同,不予赔偿,只同意退还部分保险费。王女士提起诉讼,要求保险公司给付保险金。

法院经审理认为,投保时,保险公司在投保书中询问王女士,其是否进行过腹部手术,王女士作否定回答,并且签字确认如果回答不实,保险公司有权解除合同,不给付保险金。事实上,王女士在投保时确实没有如实告知健康状况,因此,法院判决驳回了其诉讼请求。

产生纠纷四诱因

上述三起案例的共同特征是,作为投保人的原告对投资理财型保险存在认识误区,进而导致纠纷发生,并均以投保人的败诉告终。北京市西城法院通过调研认为,引起纠纷的主要原因有四点。

1.保险代理人夸大收益,投保人轻信承诺

部分保险代理人存在夸大产品收益、隐瞒风险的误导销售行为,往往口头对产品作出高收益的承诺,致使投保人对风险程度产生错误判断,一旦收益率不及预期或者发生亏损,即产生纠纷。但是,投保人往往又不能证明,保险代理人进行了误导销售。同时,由于合同条款对收益风险已经进行了说明,投保人亦进行签字确认,致使纠纷发生后,投保人处于不利地位。

2.投保人认识错误,盲目投保

大多数投保人并不了解投资理财型保险。该类保险包括分红险、万能险、投资连结险,三类产品在收益方面具有不同特点。分红险一般将上一年度保险公司可分配利润的固定比例分配给客户;万能险则除为投资者提供固定收益率外,还会视保险公司经营情况进行不定额的分红。投资连结险没有固定收益,完全取决于保险公司投资收益情况,收益可能会很高,但也可能没有收益甚至亏损。一些投保人误认投资连结险等同于银行存款,可以随时支取。

3.投保人盲目信任代理人,疏于保管证件

该类保险产品保险费相对较高,一旦投保人退保,保险公司退还的保险费也相对较高,这导致少数保险代理人超越权限代投保人退保以骗取保险费。在审判实践中曾遇到这样的案例,保险代理人和投保人说需要更换新的保险合同,要求投保人将身份证等证件交于代理人,并要求投保人在空白委托书上签字,投保人基于对代理人的信任和防范意识的缺失,将证件等交于代理人。之后,代理人凭借这些材料解除了保险合同,并将保险费据为己有。

4.投保人心存侥幸,不如实告知

该类保险属人身保险,投保时,保险公司会向投保人询问被保险人的健康状况。《保险法》规定,投保人故意或者因重大过失未履行如实告知义务,足以影响保险人决定是否同意承保或者提高保险费率的,保险人有权解除合同。但是,部分投保人存在侥幸心理,在投保时故意不如实告知;殊不知,被保险人如果在医院有就诊记录,保险公司往往能够通过多种渠道查询到。

引起纠纷,既有保险公司的原因,也有投保人自身原因。对保险公司来说,加强对保险代理人的监管和培训很大有必要;在设计保险条款时,对重要条款一定要解释说明。对于投保人来说,应充分了解不同种类的投资理财型保险的特点,特别要了解在收益和保障方面的特点,并根据自身需求和风险承受能力,有针对性的购买不同的保险产品;要转变保险理财产品相当于银行储蓄的观念,增强防范意识,对自己的证件要妥善保管,不能签署空白的授权委托书之类的文件。

第五节 正确认识打折促销

面对促销 你是否能保持理性?

假打折 真促销

消费者在购买促销商品最担心"商品价格在促销前已被商家提高"。

某百货促销活动规则如下:木箱内放有 5 枚白棋子和 5 枚黑棋子,顾客从中一次性任意取出 5 枚棋子,如果取出的 5 枚棋子中恰有 5 枚白棋子或 4 枚白棋子或 3 枚白棋子,则有奖品,奖品办法如下表:

如果取出的不是上述三种情况,则顾客需用 50 元购买商品。

根据概率学知识,我们可以知道获得价值 50 元的商品的概率为:0%

获得价值 30 元的商品的概率为:5%

获得价值 10 元的商品的概率为:25%

假如顾客买商品成本价为 10 元,如果有 10000 人次参加这次促销活动,那么商家可以获得的利润大约为 128571 元

可见促销活动背后给商家带来的利润是多么的丰厚。

而某服装店进行"抽奖促销",其抽奖盒中,顾客抽到"谢谢惠顾"的机率为 90%,抽到"3 等奖"的机率为 6%,抽到"2 等奖"的机率为 3%,抽到"1 等奖"的机率为 1%,这些温柔面纱的背后隐藏的竟是一个个坑人的陷阱,消费者怎么能够买得安心呢!

假特价常年不变

王小姐刚购买不到半年的衣柜,如今已经关不上门,隔板都掉下来了。谈到购买的经历,王小姐表示,家具的低折扣是吸引她的因素之一。王小姐说,购买时,先是看重了款式,加上此款家具又正在做特价,原来价格要 3500 多元的衣柜一下降到了 1500 元,所以就动了心。据业内人士介绍,在家居市场中,有些家具厂家往往利用低价打折来吸引消费者的眼球。据了解,一些厂家

往往以"样品特价"、"节日促销"等各种理由常年打折。厂家虽然打出特价牌，其实只是幌子，家具的款式仍根据市场款式不断更新以吸引消费者的眼球，卖掉旧的再拉新的，其实1500元的柜子却标着原价3000元，以低折扣吸引消费者注意。

商家打折背后的秘密

经过一个学期的对该课题的研究与调查，通过成员们和黄玉强老师的努力，我们探索出了商家们温柔面纱的背后隐藏的那一个个坑人的陷阱。

随着市场经济的发展和市场供求关系的逆转，许多产品陷入销售困境，为了高额利润，各商家之间的宣传促销大战此起彼伏。综观五花八门的促销手段，商家欲达到扩销的目的，用的最多最滥的还是降价让利这一最原始最简单，又是最无奈的办法。降价销售这一招迎合了普通民众的趋利心态，便捷实用，且常有奇效，因而此法作为招徕生意的基本手段，被商家反复使用。

假如价格折扣方法运用得当，不仅能为商家获得更大的利益，而且能顺应市场的形势，掌握市场主动权。但是，在打折过程中，我们看到更多的是误区：

1.生意人自相残杀。在价格上拼个你死我活，且愈演愈烈，形成一个怪圈。只要竞争一方一降价，另一方就不顾一切马上跟进降价，形成一种竞相打折的状态，最终落得两败俱伤的下场。如区内某服装店所有商品一律5.8折酬宾，而相距不足50米的某店，出售女人天下服饰就推出了所有商品一律2折酬宾活动，这不仅仅减少了两家的收入，而且给消费者的购物带来一些麻烦。

2.坑害顾客。商家设置各种打折陷阱，让消费者蒙受损失。消费者公认最容易使人上当受骗的销售手段，折价让利排在首位。尽管如此，消费者却难以抵挡降价带来的诱惑。虚假打折不外乎以下几种情况：

一种作法是先抬价，再打折。利用一些消费者打了折就不再杀价的心理，故意虚抬原价，再给予一定程度的折扣，以此蒙骗顾客。这在一些个体商户中经常可见，如某地服装城中，许多商店都是采用这种手段。一条折价75元的涤纶加棉裤子，标示出来的原价都在150元以上。这样的让价5折不到，尽管如此，商家还是有很大的利润空间。

另一种是以一些次品充正品打折，如电脑硬件市场上，一些奸商会向你推荐一些"让利中"的配件，实际是利用打磨CPU或一些返修硬盘，充正品卖给外行的消费者，而在价格上给予几十元的优惠。这些欺诈行为，为消费者所痛恨，也为正直商家所不齿。其结果势必影响到商家的形象，失去顾客对它的信任，反而达不到扩大销售、增加利润的目的。

3.适得其反。频繁打折也是许多商家所犯的通病，降价一次没有达到预期的目的,就马上再降价,如此一再反复,反而让商品更难售出。根据边际效用递减原理,打折活动随着次数的增加对顾客的吸引力会逐渐趋弱。假如一折再折,顾客还会产生持币待购心理,如此一来,商家得促销目的就难以实现。

精明购物提醒

超市可谓市民除了家以外去得最多的地方之一。我们要把握住超市的促销时刻表,能省则省,但是,也要谨防掉入部分利益熏心的商家设置的促销"陷阱":

1."挂羊头卖狗肉"。宣传彩页上的商品与实际商品的种类和质量名不符实。这种方法在水果和生鲜食品上用得最多,因为这些商品的质量无法规定。

提醒:宣传彩页不能全信,尤其是促销的蔬菜水果和生鲜食品应睁大眼睛慢慢挑,确认其质量再买回家。

2.低价错觉。如超市打出一到两款著名品牌的低价商品,让人觉得该超市的东西价格低廉。由于这种普遍低价的错觉,人们不分原委地抢购货架上的其他商品。

提醒:分清到底特价指的是哪些商品,切莫做"无头苍蝇"。

3.标价与实际价格有很大出入。目前很多超市的商品在销售时都标出原价,再写上促销价,差价之大给人一种购买的冲动。可真正付款购物时,打出的清单上写的都是原价,当消费者询问时,会被告知看的是会员价。

提醒:市民看到心水的低价商品时,不要偷懒,问问旁边的销售员,这个"特价"是不是会员价?

第六节　坚决克服从众心理

"中国式过马路"危害家庭理财

周末去商场购物,可每到一处,必遇人山人海。沃尔玛鸡蛋会员价4.2元一市斤,每人限售2斤,为了省下8角钱,柜台前排起长队;大润发饺子粉10斤装15.8元,每袋便宜6元钱,大爷、大妈们超水平发挥体能,腰酸背痛的症状全部消失;百货买一送一,过时、反季的服装销售量剧增,不管能不能穿,不管有没有人穿,大包小包塞得满满。夹在蜂拥的购物人群中,"中国式过马路"情景接二连三出现在脑海里,"凑够一撮人就可以走了,和红绿灯无关"。本来过马路应该遵守规则,"红灯停、绿灯行"连幼儿园小朋友都明白的事儿,但在现实中如果是一群人过马路，只要有人不管不顾，那么整个人群就会在车流中穿行。眼前的节日购物，明知是商家在制造噱头，但人们捡"便宜"心里仍会占居上风，盲目抢货、跟风购买。家庭理财与"中国式过马路"两个毫不相干的话题，猛然间发现关联如此密切。

从众心理酿成家庭钱财务成本上升。"中国式过马路"是典型的从众心理，而跟风消费行为是最常见的一种消费行为模式。比如：大妈们跟风抢购2斤鸡蛋的事儿，咋听起来从5元到4.2元，的确商家让利不少，降低了菜蓝子成本价格的16%，非常诱人。可是精算采购账，就是在做傻事，首先从旅途算起，大多数人得乘城市公交车到购物商场，就是直达车，往返最低费用也得2元钱。二是时间成本，为了2斤鸡蛋，在附近购买可能半个小时左右就能拎回家，如果去大型超市抢购削价鸡蛋，一般都得两个小时，甚至要搭上小半天时间。三是，抢购造成鸡蛋破损率明显上升，不要说发生严重碰撞，就是不小心打了一个鸡蛋就得不偿失。这样算起来，跑大老远抢购2斤鸡蛋的成本可想而之。所以盲目的跟风，不是在检便宜，而是增加购物成本。市场营销中，许多商家也正是在娴熟地运用人们"中国式过马路"领袖的作用，促成消费者盲目跟风，比如在房地产市场中，为了烘托市场气氛，制造楼市假象，一些销售商雇人排队、认购抽签、现场摇号购房，结果有相当数量的家庭辛苦抢购到的房产，一时半晌不能入住，闲上十年八年的大有人在。为啥有的家庭钱没少赚，却发觉钱老是不够用，很多情况下都是跟风消费造成的苦果。

从众心理导致商品积压。在日常生活当中，往往是个人理性让位于大众秩序。从众行为主要表现在，个体行动非由理智决定，而是主要来自周围人群的影响，现场推广和促销实际上就是利用了这种从众心理。促销活动中，特地营造的购物和消费氛围使公众很容易失去应有的理性，从而达到增加销售的目的。市场营销的一个前提就是尽可能多地聚集人气，也就是造成一个公众集结的现象，然后通过意见领袖的行为产生引导作用，"中国式过马路"中那个无视红灯，率先穿过车流的人就是"意见领袖"。虽然大家都知道闯红灯是危险的，但有人带头，大家就不自觉地跟从了。最典型就是随团旅游购物，有人购买了第一瓶，马上有人跟买第二瓶，很快人手一瓶、两瓶。当时价这些用高价买回的东西很少有人派上用场。如果清点家庭物品，人们就会发现家中有一半以上东西成了积压品，放之没用，丢了可惜，其实占居室空间本身就是在浪费钱财。

不遵守规则构成家庭经济风险。大多数消费者在市场生态中不是不懂规则，也不是故意破坏规则，而是在具体行事时，潜意识里会想：别人都在这么做，我为什么不能这样？我不这样做是不是很另类？是不是很傻？与其被人另眼看待,还不如和大家一样。就拿风险投资来说,2007 年初,有人在股市、基市上赚到钱,几天功夫就有成千上万的人跟进来,其实风险投资有许多规则,可人们却无视规则,甚至有的人连股票的名子、基金代理公司都没弄清楚就跟风开户投资,由于头脑膨胀,大盘冲到了 6000 点的高位,人们还是疯狂往里打钱,没有闲钱,就动用储蓄存款,没有存款就朝亲友借钱,借不到就用房子、车子做抵押,盈利了不知获利归仓,亏了不知止损,反正大家都这样,我怕啥呀!结果市场没有给不遵守规则的人任何同情,深度套牢后,人们才发觉自己这事做得很荒唐。

走出从众心理误区

有这样一则幽默故事:一位石油大亨死后到天堂去参加会议,一进会议室发现已经座无虚席。于是他灵机一动,大喊一声:"地狱里发现石油了!"这一喊不要紧,天堂里的人们纷纷向地狱跑去。

很快,天堂里就只剩下那位大亨了。这时,大亨心想,大家都跑了过去,莫非地狱里真的发现石油了?于是,他也急匆匆地向地狱跑去。但地狱并没有一滴石油,有的只是受苦。

对于幽默故事,人们可以一笑了之,但股市的盲从行为往往会造成"真金白银"的损失,恐怕就不会那么轻松了。

目前,不少投资者乐于短线跟风频繁操作,而血本无归的例子也不乏少数。5·30 大跌就让许多跟风炒作垃圾股的散户损失惨重,许多人至今仍未解套。

中国证券投资者行为有三个显著特点,即短线操作、从众行为和处置效应。而调查结果显示,即使在行情上升 130% 的 2006 年 A 股大牛市中,仍然有30% 左右的投资者是亏损的,这其中的重要原因是盲目从众、短线投机所致。

投资者的"羊群效应"或从众行为,是行为金融学中比较典型的现象。从众行为让投资者放弃了自己的独立思考,必然成为无意识投资行为者,这其中蕴藏着极大的风险。

投资者的羊群行为,不仅容易导致股市出现泡沫,使市场运行效率受损;同时也使系统风险增大,加剧了股市的波动。在"羊群效应"作用下,投资者在股市涨的时候热情高涨,跌时则人心惶惶,使市场投机氛围加重。

投资心理学告诉我们,证券投资过程可以看成一个动态的心理均衡过程。但在证券市场存在的"羊群效应"作用下,往往会产生系统性的认知偏差、情绪偏差,并导致投资决策偏差。投资决策偏差就会使资产价格偏离其内在的价值,导致资产定价的偏差。

而资产定价偏差往往会产生一种锚定效应，反过来影响投资者对资产价值的判断，进一步产生认知偏差和情绪偏差，这就形成一种反馈机制。在这个"反馈循环"中，初始"羊群效应"使得偏差得以形成；而强化"羊群效应"，则使得偏差得以扩散和放大。

第七节 会砍价才是理财高手

理财省钱 疯狂砍价

1.买东西"三人行"

想要买到最低价位的商品的时候，最好不要单独行动，因为一个人的话容易被别人的软磨硬泡的话说的心软，那么必定将买不到心中理想的价格。但是人太多也是不好的，人多口杂，反而会让场面变的很混乱。所以，一般来说，三到四人的同行砍价是最好不过的选择。同行者必须要有有过砍价经验的人，当其中一人有看中某件商品时，要提出比自己心理价位低上15%的价格，然后让同行者一个充当白脸，一个充当红脸；一个"拿鞭子"，一个"哪糖果"。一个要挑选中的商品的刺，另一个则要夸店的好，同时要注意店主的脸色，要是人家一怒，不卖了还不是自己不爽？但是也要让别人知道前来买东西的不是可以随便糊弄的。一来二去，店主稍微再抬一下价，就可以以自己的心理价位买到东西了。也许运气一来还可能买到低于自己心理价位的东西呢！

2."心狠手辣"来砍价

别说大商场的东西就是不能砍价的，其实只要厉害，在大商场的话，任然可以随心所欲的砍价，关键就在于"心狠手辣"的砍价技巧而已，在商场的时候，要砍价，最好就是说软话，听的销售人员心软软的，再加上三寸不烂之舌的磨机，就是心满意足地带着自己喜欢的有价格合适的商品回家了！当遇到老奸巨猾的店主时，懂经济的还可以运用自己的知识，和店主算价钱，要是还有一张三寸不烂之舌，估计老板自己就会投降，将价格压到最低给您了。

3.永远不问最低价

买东西的大忌就是开口就问店主最低价，这样一来再说价也是无意义的了，最低价不是别人定的，要是自己定的，这样才有砍价的余地。

4.因人而异，将砍价进行到底

买东西也是一门学问，要懂得看人！首先，应该分男女。

首先是男店主，通常男人都是比较爽快，要是店主给出了价格，您觉得还是高了,您告诉他,您诚心的要买这件商品了,但是这个价位太高了,如果实在不肯让步的话就只能让别人来做这门生意了。只要店主有些动摇就可以提出自己的心理价位了。

女店主的话通常都是比较难接受一下子就跳的太低的价格,那么通常就要和她们磨机磨机慢慢来,让她们把价格压得低低的,之后您再给一个压价的底价,这样一来就可以了。

但是无论怎样,总是要注意好店主的,要是压的价格实在太不合理的话,店主直接翻脸就不一样了,不但不能买到东西,还要被人说不懂东西,这不就得不偿失了吗?砍价的关键就在于一个度。做什么是都需要一个度,砍价也一样。

第八节 错误的消费习惯

家电消费误区知多少

彩电

误区 1:能上网的就是智能电视

其实能上网只是智能电视的一个功能而已,真正的智能电视是具有全开放式平台,搭载了操作系统,可以由用户自行安装和卸载软件、游戏等第三方服务商提供的程序,通过此类程序来不断对彩电的功能进行扩充,并可以通过网线、无线网络来实现上网冲浪的这样一类电视的总称。

误区 2:硬屏一定比软屏好

其实硬屏与软屏只是在制作工艺上有一定的区别,在性能上并没有绝对的优劣之分,硬屏一定比软屏好的说法是片面的。硬屏和软屏的物理性能都是一样的,只要不用重力撞击或用尖锐器物刻划,都不容易损伤。

误区 3:120 赫兹比 100 赫兹高端

在中国大陆,电视信号为 PAL 制式,即 50 赫兹,此时 100 赫兹/200 赫兹的倍速才有效。如果是在美国或者日本地区电视信号为 NTSC 制式下,图像信号为 60 赫兹,这时 120 赫兹/240 赫兹有效。

空调

误区 1:变频空调肯定节能

由于变频空调对使用环境相当苛刻,在运行过程中,要求热负载小,设置度与环境度差不能太大,而且一般要使用时间在 6 小时以上,只有在满足这

几个主要条件下,变频空调运行功率才低于平均功率,处于最省电状态。而目前国内空调用户使用习惯以及环境,并不能使变频空调达到最佳运行状态,特别是变频空调在没有达到设定度之前,就一直处于高频运转状态,非常耗电,这也是变频空调要长时间运行之后才能省电的原因。

误区2:空调体积越小越好

更多的小尺寸室内机是在损失了性能和品质及节省材料为基础的情况下达到小尺寸目的的。所以,室内机尺寸较大的空调并不意味着其技术落后,小尺寸室内机也不意味着技术先进,消费者在选择空调时不要把外形尺寸作为标准。

冰箱

误区1:冷冻力越大越好

制冷器具用途各有不同,性能要求也有所区分。家用冰箱最主要的功能就是保鲜,过大的冷冻力不仅增加无谓的开支,还会破坏食品的内部组织,影响食物的营养。

误区2:冰箱功能越多越好

只要能保证最基本实用的功能即可,功能多了也未必是件好事。

误区3:耗电量越少越好

只是片面地强调"越省电越好",往往会对产品的性能造成影响。

数码产品消费的误区

数码产品的种类非常多,我们以最常见的手机为例,这些消费误区也普遍适用于其他数码产品。

1.过分迷恋品牌和跟风最新型号的手机

由于市场上手机的品牌和种类繁多,而且许多最新型号的产品定价较高,如果我们过分追求品牌和跟风,最后的结果可能是花了高价钱后,并不能得到相应的产品品质保证。

2.型号相同价格未必相同

我们首先应该多去逛几家卖场,并可上网查询,货比三家以此来得到最低的价格。其次,新的机型正以更快的速度出现,比它们的前辈功能要丰富得多,这将意味着今天最昂贵的机型在未来几个月中价格将可能大幅缩水。

3.售后服务很重要

即使是最好的手机,如果服务跟不上也会使它的性能黯然失色。选购手机的第一步是选择合适的服务提供商,理想的是选择在当地能提供最好的服务,确保名声最佳的服务商。

4.价格高质量未必好

手机的价格越昂贵,并不代表接收信号和音质会更好。其昂贵的价格往往建立在手机的附属功能上,例如声控拨号、内置调制解调器等。

5.手机购买场所很重要

现在手机市场,假货、水货泛滥成灾,特别是那些个体私营业者进货渠道不正规,为了获得利润,他们就用假货、水货来压低市场的价格,如果我们购买了这些水货手机后,不但不能保证正常使用,而且以后也无处去维修,因为各大手机生产商对假货、水货手机是不保修的。因此,应该到正规场所去购买手机。

家用汽车消费误区

1.购车时未充分考虑使用、维修等费用

汽车在使用过程中需要大量费用来支持,主要包括燃油、过路、保险、维修保养和其他不可预见的费用。不同的车型使用费用相差悬殊,尤其在燃油和维修保养方面。以每年行驶2万公里计算,一般来说,一辆车价为12万元的轿车在正常行驶6年之后,其各种花费累计就将超过当初的车价。

2.不同的车型使用费用相差悬殊,尤其是在燃油和维修保养方面

以油耗为例,一般来说,13升排量的小型车每小时90公里等速油耗约为每百公里6升,城区工作状况下油耗为每百公里8~10升,而排量3升以上的豪华轿车油耗至少要翻一番。然而,一些厂家在广告宣传中宣称的油耗与实际使用的油耗差距很大,其主要原因是厂家给出的数据是每小时90公里的等速油耗,而这种工作状况在实际生活中很难实现。在市区塞车的时候,时速往往不足5公里,其出入很大。

3.为省钱购买低于正常价位的"特价车"

目前,在汽车市场上,正规的汽车制造商对特许经销商在产品价格上控制得非常严,违规者会受到严厉的制裁,甚至取消特许经营权。从这些经销商手中买车,虽然价格上没有什么折扣,但产品质量和售后服务都让人放心。而另一些经销商推出的低于正常价位的特价车却暗藏着许多"杀机"。这些车降价的原因有些是经销商急于收回资金,但更多的是由于汽车本身存在各种问题,比如抵债车、库存车、事故车等。

4.购买手续不全的进口车甚至走私车

一些从不同渠道进口的车存在着不适合中国国情的种种缺陷。这主要是由于各国的法规不同,因此即使是同一车型出口到不同国家的车,配备也会有所不同。比如,一些销往环保法规比较宽松国家的车型,只装了电喷发动机而没有三元催化装置;出口到加拿大和北欧国家的车型为适应当地环境,即使在白天大灯也自动点亮;而出口到美国和日本的许多车都不带后雾灯。这些车如果不经过改装,都无法在国内行驶。这类车往往难以通过正常途径进口,部分消费者或贪便宜或图方便购买此类车,在上牌照、安全行驶等方面给自己带来无穷的烦恼。

5.受虚假广告误导

部分汽车厂家和经销商的汽车广告在性能、价位与技术等方面掺杂不实之词,花言巧语,误导消费者。

6.购车时过分看重发动机性能

部分消费者过分看重发动机的排量,将其作为首要因素来考虑。实际上,发动机并不能代表整车的性能。

7.车内装备贪大图全,汽车装饰随心所欲

许多人不切实际地要求小型车上拥有大型豪华车的装备和功能。而这些功能实际并不需要,反而增加了车辆的购置费用和使用维护费用,车子的油耗和故障率也会增加。

8.车辆的保修期限需要关注

大多数车型的保修期限是 2 年或行驶满 4 万公里,而有的车型保修期限只有 1 年或行驶满 2 万公里。同样的保修期,有的厂家服务非常好,除了事故和人为损坏,其他问题全纳入保修范围;而有的厂家即使是规定范围内的保养也百般刁难。多数车主不会修车,若购车时选不好具体车型和销售商,保修问题就会接踵而来。

第四章 理财要有大智慧

巴菲特的成功告诉人们,长期投资战胜通胀和指数是可能的。而要小聪明的人总以为自己是幸运女神的私生子,越赌越大,不知收手。而有些所谓的分析在误导人们,让人们在赌场里比试自己的小聪明。

通胀之下囤什么能长期保值?

个人认为,现阶段买房的话,如果是自住,还可以出手,如果是投资,就是谨慎再谨慎了。中国的房价进入转折点虽然不一定是明年,后年,但是已经很近很近了。当80后的购房主力军都纷纷勒紧裤带买房以后,我们无法想象一个完全没有刚性需求支撑的市场还可以走多远。更远一点的未来,独身子女的80后,90后(一个人)的祖父辈(有四个人)和父母辈(两个人)逐渐离开人世,很多人会继承一套房,两套房,加上自己的房,那么多房,到时肯定就是供大于求,房子的价格可能会一泻千里。

加上房子不容易变卖转手的特点,以及房地产资产抗风险能力极差(社会政治经济出现危机的时候,食品和生活必需品会涨价,而房子等固定资产会贬值)所以长期来看,房子已经不是比较稳妥的投资品种。

还有什么东西,是可以长期保存持有而且有投资价值的?

因为日本进入老龄化社会,人口下降,房子自然就多,尽管近10年来日本一直大规模增发货币(定量宽松就是日本发明的),日本的地产价格始终没有起来。

中国大概在10年以后进入老龄化社会,城市里是房子多,人口减少,而农村人口又接受不了城市的高房价。

30岁的独生子女一代有房子(很多是靠父母帮助的),他们60岁的父母也有房子,再过十几年,他们双方父母快80岁,子女长大了需要房子,难道他们还会给自己的子女买房子?

应该是他会和父母搬到一起去照顾父母,而且这还不够,他们还不得不分居,因为有双方父母。

他们的房子一定会给自己的子女,而且他们父母的房子未来也是他们子

女的。

那么10年以后,如果城市房价还这么高?农村人口又买不起,那么谁来买房子?

抵御通货膨胀需要多高的投资收益率?

"十二五"规划已经将今后5年GDP增长率下调到7%,2012年的货币增发计划已经下调到14%。预测,今后5年货币增发率15%适应GDP增长率的正常货币增发量7%=平均通货膨胀率8%。

选择安全、可靠、持久的投资方法,今后5年只要8%左右就可能抗拒通货膨胀了。

期货的失败率80%,高于股票

1.因为是10倍以上的高杠杆,10万元可以做100万元的买卖,一旦下跌11%,就是负资产。

2.媒体反复进行风险提示,人人知道自己处于龙潭虎穴,所以都在做短线。12点买入,1小时后发现势头不对,甘当"13点",马上断臂求生,持仓不敢过夜。虽然高度警惕,亏钱率仍然高达80%。

炒房的实质是炒期货,失败率70%

1.因为炒房的本质是高杠杆的期货,30万元可以做100万元的买卖,一旦下跌31%,就是负资产。一旦0上涨,房子每年被印钞机偷钱8%,每年折旧2.5%(40年报废),今后每年要交房产税。如果5年下跌20%,就是贬值60%。

2.房市里,媒体和网络反反复复进行宣传鼓动,街头巷尾都在议论炒房的收益。房价上涨30几年,其中近9年突飞猛进,使得炒房的都不知道自己在做期货,都认为炒房永远赚钱,都用巴菲特腌咸菜的长期投资方法在做期货。20年后回头看,炒房的亏钱率大于70%。这是经过推理和计算过的。

巴菲特持股法

1.炒股的亏损率,国际上的说法是七亏一盈二保本,即亏损率70%。中国20几年来股民的亏损率确实如此,原因在于95%的股民在炒短线,做波段。

2.巴菲特持股法的失败率很低。有的人因此失败,不是巴菲特持股法有错误,而是不得法,不能坚持,选股不当。

3.美欧国家只许炒股,不许炒房,是经济规律所决定的,U形连通管导致移民潮是客观事实,不以官商的意志为转移,中国最终不得不只许炒股,不许炒房。

4.世界上从来没有房神成为世界首富。亚洲有房神李嘉诚成为亚洲首富,但是香港的土地永远那么大，一等地段永远是一等地段，但是内地二线城市的土地，靠农转非和拆一盖2，扩大5倍没有问题，一线城市靠农转非和拆一盖1.5，可以扩大2倍，而计划生育导致劳动人口越来越少，所以供过于求越来越严重是必然的。

5.巴菲特平均每年盈利25％。房市多军一直在妖魔化股市，而股市里大多数人都在投机，所以惨不忍睹。如果坚持巴菲特长线投资法，赚钱机会是存在的。

巧用理财品助你跑赢通胀

消费者物价指数(CPI)是目前衡量通货膨胀重要指标。在CPI居高不下的今天，怎样让财富保值增值？

巧用基金"混搭"理财

眼下，基金是一种各类型风险偏好投资者都能找到合适投资对象的投资品种。基金主要分为股票市场基金、债券型基金和货币市场基金。各类基金配置比例应该跟着风险承受能力走。根据历史数据，股票市场基金年均收益率20％，债券基金年均收益率5％，货币市场基金年均收益率2％。让我们以10万元投资本金为例，看看如何合理搭配基金品种长期下来才能跑赢CPI。

对于积极型投资者来说，具有较高基金收益预期，同时可以承担相应的高风险，可采取8万元股票基金或混合基金+2万元货币市场基金的投资组合。测算年均收益率：$20\% \times 80\% + 2\% \times 20\% = 16.4\%$。

稳健型投资者，风险承受能力及预期收益水平适中，可采取5万元股票市场基金+4万元债券基金+1万元货币市场基金的投资组合。测算年均收益率：$20\% \times 50\% + 5\% \times 40\% + 2\% \times 10\% = 12.2\%$。

保守型投资者，风险承受能力较弱，预期收益水平相对较低，可采取2万元股票基金+5.5万元债券基金+2.5万元货币市场基金的投资组合。测算年均收益率：$20\% \times 20\% + 5\% \times 55\% + 2\% \times 25\% = 7.25\%$。

偏股型基金的业绩取决于市场，目前来看股市中短期比较弱，但下跌空间不会太大。从长期来看，A股还将反弹。至于债券基金，加息预期对债市构成一定利空，债券市场的投资机会值得看好。

加息预期下保险收益水涨船高

今年以来，央行已进行了3次加息，5年期定期存款利率已上升至5.50％。而将5年期定期存款利率作为参照的万能险，近期结算利率也呈现走高趋势。最新数据显示，中国人寿、平安人寿等多家保险公司的万能险产品年化结算利率均在 4% 或以上。虽然仍略低于 5%,但是这一收益率还是高于一年期定存利率,加之保险特有的保障功能,还是值得家庭资产去配置。

除万能险以外,分红险也越来越受到投资者的青睐。分红险具有保障和投资两种功能,保障功能是其首要功能,即投入资金作为保费可获得很高的保额保障。同时分红险进入投资渠道之后,投保人可获得收益分红。也就是说分红险可以保本,还可以获利。面对加息,保险公司纷纷升级旗下分红险产品,将产品与银行利率实时挂钩,从而实现收益"息涨随涨"。因此,在加息周期中,购买缴费期限比较短的分红险对投保人来说是一个不错的选择。

投资与 CPI 挂钩

随着加息和 CPI 的持续高企,一个时期以来银行理财产品收益率上涨明显,寻找一款收益率超过 CPI 涨幅的理财产品成为不少人投资理财的主要方向。

那么,银行理财产品跑赢 CPI 究竟靠不靠谱?针对投资者跑赢通胀的迫切心理,一些银行推出与 CPI 挂钩的理财产品,这些产品预期年化收益率与产品成立最近一期的 CPI 挂钩,预期最高年化收益率达到 5% 以上。从近期到期的多款理财产品来看,跑赢的银行理财产品不在少数。普益财富最新监测数据显示,8 月初共有 278 款银行理财产品到期,其中有 213 款公布到期收益率且实现最高预期收益率,多款理财产品到期收益率超过 5%。在跑赢 CPI 的理财产品中,以集合信托产品为主。

不过,这些高收益率理财产品的投资门槛通常较高,购买金额要达到几十万元至数百万元不等。据初步统计,年化收益率在 3.5% 以下的理财产品,通常5 万元就可以买入;而年化收益率超过 5% 的理财产品,起始认购金额大多需要 10 万元。

应对通胀理财的十大守则

守则 1:少储蓄多投资

对于目前的财富人群来说,应对通胀的担心已经成为最大的危机。

从历史看,每个经济周期中,通胀来临前的一个典型特征,就是部分资产价格开始大幅上涨,而且这种上涨往往先于日用消费品价格的上涨,上半年的房价和股价就是一个佐证。因此,为防范通胀,最有效的一种方式就是在通胀到来之前,将货币变成具备升值潜力的人民币资产,换句话说,给手上的货币也赋予"涨价"的权利。

说到货币资产,它的分类非常广泛,人们熟知的短期国债、公司债、企业债、货币市场基金、债券型基金、股票型基金、A股和H股股票、银行理财产品、不动产以及期货产品、信托产品、私募产品、古董艺术品都属于人民币资产的范畴。

如果能有效利用资产升值的空间进行投资，那么我们手中的货币不仅能躲过通货膨胀的阴影，还能赚得超额的利润。

守则2：买股票首选三大类

通胀预期在近期的股票牛市行情中也成了炒作题材。不少投资人跟风进场，进一步推高了资产价格。不过，很少有投资者注意到板块与通胀之间的内在关联，而这一点对资产配置的作用却是举足轻重的。

不同类型的上市企业，在通胀中受到的损益也是截然不同的。举例来说，食品生产企业由于受到上游农产品价格上涨的影响，削减了利润空间，间接影响了股价，所以，通胀对这类企业是不利因素。以此反推，资源类、金融类和地产类企业却是最先受益于通胀的板块。

资源类企业包括石油、煤炭、有色、金属、黄金等，由于处于产业链顶端，这一行业也将是通胀环境下受益最大的群体。因此，无论是看好经济的乐观派，还是看淡经济的悲观派，都会不约而同地增加对资源类资产的配置性需求。

金融类企业作为早周期行业，一旦通胀来临，央行必然要通过加息抑制通胀，届时银行的利息收入就会相应增加，所以以银行为首的金融股也将成为通胀的受益群体，适当配置银行股具备一定的防通胀作用。

地产类企业方面，上半年房地产市场的火爆趋势不言而喻，而且由于通胀预期、宽松的信贷环境和低利率借贷成本等多项因素，将释放出更多的投资性需求，从而对冲刚性需求的下降，共同维持地产板块的强势表现，因此该板块中长期对抗通胀的优势毋庸置疑，尤其地产储备量大的个股品种将是其中的优选。

守则3：踏准央行调息节拍

每一轮通胀发生时，为抑制物价上涨，央行往往会利用加息手段进行调控，此时，市场利率就会上行。因此，防通胀的一个重要观点，就是抓住调息的节拍。

在收益可随利率浮动的产品中，首屈一指的就是货币市场基金，这类基金的配置重点可以是央票、同业存款利率等资产，及时把握利率变化及通胀趋势，获取稳定收益，因此具备防范通胀的作用。

相反，债券类产品就不具备利率同步浮动的功能。在通胀来临时，央行加息使市场利率上升，同时也会导致债券价格下跌，因而债券类产品包括纯债券型基金、挂钩债券的理财产品都无法享受到加息带来的收益。

还有一些理财产品，虽然不与利率同步，但它的收益也与通胀看齐。例如，挂钩农产品的银行理财产品，当通胀来临时，农产品价格的上升就能直接表现为产品收益的增加。值得注意的是，一般来说，这类产品是由银行从投行手中购买某个看涨或看跌期权，也就是说，银行募集资金大部分用以保本，而以投资期权的部分用来博取浮动的高收益，因此配置这类产品相对更稳健。

即使投资收益不能跟随市场利率浮动，只要收益本身能够覆盖可能到来的通胀率，那么这类投资也具备防通胀作用。信托产品就是其中的一类，这类产品购入门槛较高，一般在100万元以上，虽然在市场利率上升时不能跟随浮动，但该类产品操作灵活，一般为12年期的产品，部分产品还可以通过转让形式变现。从历史数据来看，信托产品作为中长期投资的价值尤为明显，平均五年的复合收益率可以达到40%，基本覆盖了未来利率调升的空间。

守则4：买房要买稀缺型

在一些投资火爆的领域，现有数据常常传递给投资者这样一个信号：虽然处在相同的通胀预期之下，也属于相同的投资品种，但每个单独的投资个体的收益率和抗跌性却迥然不同。就拿上海楼市来说，随着资本的不断涌入，楼市价格已经被推升到了前所未有的高位，甚至已经出现了泡沫，这个时候，个人投资者更要避免在泡沫破裂时成为最后一个接棒者。对于这一种观点，经济学家也找到了新的应对法则，这就是以"资源稀缺型投资"为重点的防通胀策略。

同样以地产为例，以市中心顶级楼盘、豪宅别墅为主的高端物业就是兼具防通胀和抗跌特性的投资品。不管是短期通胀、中期通胀、长期通胀，大家认为拥有高端物业，特别是占资源比较大的物业还是保值增值的重要手段。

守则5：持有商品属性外币

通货膨胀不仅发生在中国。由于美国、欧洲、日本等地纷纷实行量化宽松的货币政策，货币稀释直接导致了全球性的通胀预期。如果投资者不慎持有一种不合适的货币，很可能因此造成较大的损失。

在全球通胀的预期下，持有外币的投资者应该如何配置币种以规避通胀风险呢？

首先，避免持有美国、英国等实行量化宽松政策的货币，这几乎是不言自明的。不过，应该转换成哪一种货币却是投资者需要审慎考虑的问题，其中有两项判断标准值得投资者关注。

其一是选择相对高息的货币。因为在全球资本逐利的过程中，货币利差会使得高息货币受到资本市场的追捧，该种货币的需求量随即上升，进而推高汇率,就能获得汇差收益。在这一轮全球经济危机爆发之前,澳元就曾有过长达 8 年的持续升值,原因就在于国际炒家从日本以零息借贷资本再到澳大利亚储蓄,套取高额利差。

从目前全球各国的基准利率来看,澳元 3% 和新西兰元 2.5% 的利率相对更高,而欧元 1%、英镑 0.5%、加元 0.25%、美元 00.25%、日元 0.1% 的利率显然不具备足够吸引力。

其二是选择率先进入加息周期的货币,而从经济规律来看,这种货币往往是商品货币。所谓商品货币,其主要特征是货币发行国家以出口某种重要的初级产品为支柱产业,例如盛产矿石、黄金、农产品的澳大利亚、新西兰和加拿大,这三国的货币——澳元、新西兰元和加元就是商品货币。这类货币之所以会率先加息,是因为在经济复苏的背景下,全球对石油、煤炭、黄金、铁矿石、铜、铝等商品的需求会增加,这不但有利于产地国的经济增长,也有利于其货币汇率的上扬,而经济回暖之后,这些国家的央行也会率先加息,使得投资于该币种的收益进一步增长。

综合以上两项标准,澳元、新西兰元和加元在通胀预期下被认为更具投资价值。对此,渣打银行首席投资总监梁大伟也给出了相同的观点,他表示,"加元和澳元将成为三季度外汇理财配置的重点,作为商品货币,一旦能源和矿产需求量有回升的势头,该种货币就会先于其他币种而表现出强势。"

守则 6:全球化资源配置

为了防范通胀,不少投资者已经学会了将投资重点放在价值被低估的资产上,不过放眼全球,我们不难发现,中国在资产价格回升的道路上早已走在了西方发达国家之前。

对国内投资者来说,通过设有亚太服务的美国网络券商投资美股,抄底海外市场进行全球配置,显然可以有效平抑投资成本,获得更高收益空间,从而实现防范通胀的目的。

股神巴菲特在接受 CNBC 采访时建议投资者,可以放心在道指 9000 点左右入市。他说:"就算经济未见起色,商业活动平淡,我也不认为道指 9000 点有什么值得犹豫。"他还提醒投资者,股票长线必定跑赢国债。

不过,全球资产配置的意义不仅止于降低投资成本,从风险评估的角度,通过不同地域、不同投资品种的分散投资,可以有效降低系统风险,锁定收益区间,也就真正起到了防范通胀的作用。

以投资波罗的海指数基金为例,这一轮金融危机以来,波罗的海指数最低到达 600 多点,相对 11700 点的高峰,航运相关的企业已经有了绝对的投资价值。从经济活动的角度而言,2500 点左右是安全的投资点位,而如今波罗的海指数已经到了 4000 点上下，如果超过 7000 点的话，收益空间虽然还有 50%，但下行风险也同样很大。

因此，为防范通胀而博取高收益的同时，风险因素也不可小视。一般而言，对冲基金的做法是配置若干反周期的资产，或涨跌周期错开的投资品种，以降低风险。

守则 7：买黄金还看美元趋势

观察历史不难发现，在出现严重通货膨胀或政治经济出现某种不确定性时，为了避险，我们很容易想到买黄金。但金价已到了目前的高位，是否还有买来保值的必要？对此有一些争论。

从这一轮经济危机来看，当用于工业和珠宝业的黄金数量因经济衰退而大幅下降时，投资者的强劲需求却依然推高了金价。当通胀预期重新抬头的时候，金价升至 900 多美元/盎司，而后则进一步达到了 983 美元一盎司。这一变化趋势显然是与全球资金避险需求相对应的，换句话说，买金防通胀是可行的。

但另一组历史数据却令人得出相反的结论，有些专家认为，黄金在动荡的时期表现最好，但在其他时期则不那么好，表现为风险大、收益小。过去 40 年里，黄金比标准普尔 500 股票指数的动荡幅度要高三分之一，但其投资回报却要更低，其年回报率是 8.4%，而标准普尔指数的回报率却是 9.1%。

而且，黄金在相当长的一段时间内表现得过于平庸，当金价在 1980 年 1 月达到 850 美元/盎司之后的 2 个月，却大幅下挫了 44%，而直到 2008 年 1 月才又回升到了 850 美元/盎司。换句话说，在累计通胀高达 175% 的 28 年光阴里，黄金价格却保持不变。

到底哪一种观点更具说服力呢？其实，判别金价是否能继续攀升从而表现出抵御通胀的作用，最重要的因素在于黄金的供求关系，即投资需求、避险需求、工业与珠宝业需求的总和与产量之间的关系。

事实上，随着中国、印度等亚洲新兴国家的崛起，黄金消费的市场格局与 40 年前、20 年前的情况已是天壤之别。尤其是 2000 年以来，中国居民黄金投资与消费的需求快速攀升，而金矿开采量却每年下滑，与此相对应的是金价从 2002 年起至今已经猛涨了 3 倍。因此，用过去的历史数据判断未来的金价走势是否具备防通胀作用，显然有失公允。

由于黄金是以美元计价的，中长期美元兑人民币贬值的预期下，美元跌势将部分抵消黄金涨势。因此，投资者要更谨慎看待美元计价，避免汇率损失风险。

守则 8：适当负债变"受益人"

虽然许多人认为负债是个危险的经济信号，但在通胀时期，若合理运用债务这个杠杆放大投资，适当转嫁些风险，或将获得更大收益。

在通常情况下，借贷的债务契约都是根据签约时的通货膨胀率来确定名义利息率。所以，当发生了未预期的通货膨胀之后，债务契约无法更改，从而就使实际利息率下降，债务人受益，而债权人受损。债务人转身就变成了"受益人"。

简单地说，通胀让货币贬值，背负的债务也将变"少"。若原有 10 万元的债务，通胀率为 20%，则欠债人实际只背负了 8 万元债务；而债权人收到的是购买力只有 8 万元的"10 万元"。适当扩大负债，利用银行信贷进行投资，回报率会比存入银行高得多。

假设石先生贷款 30 万元买房，如果 3 年内通胀率 15%，保守地假设房产也随之涨了 20%，那么石先生手中的资产也就是价值 36 万元的房产减去 30 万元的债务：6 万元。而在通胀前，石先生的资产则为 30 万元的房产减去 30 万元贷款——等于 0。算上利息等因素，以每年 5% 来算，扣除 4.5 万元的利息后还有 1.5 万元，再按照通胀前的物价水平，1.5 万元除以 1.15，石先生相当于平白无故多了 1.3 万元的购买力。

当一个投资者打算买套 40 万元的房产时，如果选择一次性付清，三年后，按照上述的通胀率 15%，房产上涨 20%，那么就相当于实际资产增加了 5%。而如果选择扩大贷款，如首付 20 万元，贷款 20 万元，剩余的钱用于再投资，保守计算，实际资产的收益将超过 5%。通胀严重时，往往实际利率是负数。

现在经济已有复苏迹象，原先暴跌的资产将面临价值重估。如果机遇良好，应该将手头闲钱进行适当投资，而非因贷款利息而提前还款。

在通胀大规模到来前就借贷、赌一把"负债投资"的赢面不高。因为获得收益有两个前提条件，一个是确保自己收入的提高，二要确保利率不会大幅上涨。但这两个条件不太可能同时具备，因为如果自己收入提高，多借贷、多消费引起流动性增加，势必带动 CPI 的上升，一旦 CPI 上升，央行又要采取新一轮加息政策。

何况在未来一段时间，即使有了经济复苏迹象，企业加薪可能性也微乎其微，所以趋势未明朗之前，"负债"投资可能赌博性质更高。当然还需要说明的是，负债不是越多越好，负债率适当控制在家庭总资产的 30%~50% 间为宜。

守则 9：巧算汇率出国留学

除了保持负债这个另类守则外，出国留学也是一种选择。

如今不少外币的汇率都下跌，而此时选择出国留学镀层金，既学到东西又合理利用资产，不啻为一种躲避通胀的好办法。

目前而言,留学成本比以往降低了很多,尤其是英国和澳大利亚。在金融危机冲击下,国际金融市场震荡剧烈,英镑与人民币的汇率从高峰时的 1:15 跌到了目前的 1:11,澳元与人民币的汇率从最高的 1:6.8 跌到了目前的 1:4.3 左右。

在澳大利亚悉尼大学读硕士的王同学介绍说,如果换汇时机恰当,一年大概能省下 2 万澳元。"以我所在的悉尼地区为例,每月生活费至少 1200 澳元,加上 2 万澳元左右的学费,1 年开销就是 3.44 万澳元上下。"王同学说道,"虽然贬值能带来好处,但学费每年还是上涨,一个课程涨几百澳元。"

在英国读教育的张同学说:"汇率最低 1:9 的时候我没有大量换汇,但就目前而言,英镑贬值,开销还是便宜了些,虽然英国经济不好,物价有涨幅,但势头不猛,加上汇率的下跌,总的来说,1 年下来还是能省两三万元人民币,还是利大于弊。"

通胀来临,这对于那些原本想去"高价"留学国家的人来说无疑是个利好消息。有不少家庭认为,金融危机已经过去,与其仍是干一份普通的工作,不如出去读书镀金。毕业时很可能正好迎来经济复苏;而且用比以往少的人民币就能换得相同的外汇,相对投资股市、楼市等风险与效益并存的市场来说,投资教育,既避免了货币贬值的可能性,又能终身受益,绝对是一笔低风险高回报的策略。

当然,在筹划出国留学之时,理财专家也建议在出国留学前要做好理财规划,面对庞大的出国开销,要有时间和金额上的合理分配。

守则 10:买保险变相升级储蓄

并不是所有人在投资领域都能如鱼得水的。对于许多人来说,如果没有合适的投资渠道,或是风险偏好实在很低,储蓄还是最主流的理财方式。

但通胀一来,现金储蓄就成了最脆弱的资产,"躺"在银行里的存款过两年再取出来时,已经和通胀率等比例缩水了。

其实,储蓄并不只存款这一种形式,买一份合适的保险其实就是在变相储蓄,而这份储蓄既有银行存款所不具备的保障功能,还有可能帮助个人合法避税。

更重要的是,有些具备投资理财功能的保险产品,其未来的分红和投资收益可对抗通胀——在一些产品中,即使现金分红为数不多,但可以采取保额分红,即以将当期红利增加到保单的现有保额之上的方式对抗通胀。

在物价正常时期,或是对通胀程度预期并不高的时候,人们一般可以购买寿险储蓄型产品为未来各种财务需求做准备:既有养老保险,也有产品可用于子女教育、婚嫁、创业等。

一方面每年支出的资金压力很小,另一方面,退保可能面临的损失强化了计划推进的约束机制,使家庭的避险计划成为"强迫储蓄"。

由于此产品的预定利率始终与银行利率同沉浮,在通货膨胀期,虽然名义收益较高,但也很难高于物价的涨幅,所以此类产品难以抵御严重通胀。

事实上,投资者还有第二条路可以选择。比如投资型寿险产品中的分红险,其优势在于保险期满可还本付息,且由于资金将主要投向基金、债券和包括协议存款在内的银行存款,投资者将分享保险公司在这个险种上的经营成果,既具有一定的保障性,又具有风险投资的特质,还可进行合理避税。但作为一项长期规划,前期获利不高。

除此之外,较为激进的投连险,以及介乎稳健与激进之间的万能险,都是可根据不同人群需求购买的防通胀利器。前者效用如同买股票、买基金等投资,而后者有 2.5% 的保底利率,且每月保险公司都会根据市场和经营状况调整结算利率,长期的投资收益也可有效抵御通胀。总而言之,如果始终对通胀保持警惕之心,希望防患于未然的话,不妨把理财型保险也放进资产配置的篮子当中。

第一节　学会购买不动产

什么是不动产?

不动产是指不可移动或者如果移动就会改变性质、损害其价值的有形财产,包括土地及其定着物,包括物质实体及其相关权益。如建筑物及土地上生长的植物。

不动产依自然性质或法律规定不可移动的土地、土地定着物、与土地尚未脱离的土地生成物、因自然或者人力添附于土地并且不能分离的其他物。包括物质实体和依托于物质实体上的权益。

房地产估价规范:房地产,土地、建筑物及其他地上定着物,包括物质实体和依托于物质实体上的权益。

买房前要考虑的 8 个财务问题

1.有多少钱可以买房

简而言之,量入为出,有多少钱买多大房子。按照业内经验总结,如果是自住房屋,总价款应该控制在家庭年均收入 6 倍以内比较安全,每月按揭贷款额度不超过家庭收入的 50%。而这个经验值只不过是个适中方案,比如公司人的预期收入,售楼小姐就会把你的预期收入算得很高,而保险专家会把预期收入算得比较悲观,倾向于用投资赚取更多收益的人士,他们总是天真地认为投资的收益会战胜通货膨胀。

测算现金:要测算家庭可变现用于购买房产的现金,这种测算不能满打满算,在已经购买大病和意外保险的情况下,最少要预留出家庭 6 个月的生活费,以防不测。

预期年收入:这个测算比较复杂,因为这和个人的境遇有很大关系,很像在预测一只股票的升值幅度。如果你非要预测,可以把你工作以来每年的收入增长幅度减去每年的通货膨胀率,得出你的平均年收入增长曲线,然后再预计以后 6 年的通货膨胀率,一般来说这是个猜测的数据,假设你月入 6000,你猜测今后 6 年平均通胀率为 4%,而你此前 5 年的实际工资增长率为 10%,那么你未来工资增长率为"10%×70%+4%",也即 11%,据此你可推断未来 6 年的工资水平。这种工资水平说的是实实在在可以保证拿到的那部分,有的公司人从事周期性极强的行业,在旺季和淡季的年份收入相差很大,如果计算比较保守的话,应该按淡季工资收入占比较大的权重来预期未来收入水平。

2.你应该买多少钱的房子

假设某公司人月收入 5000 元,贷款 20 年,首付 30%的话,那么这个公司人适宜购买房价在 100 万元左右,而首付款需要在 30 万左右。

3.房价之外还有哪些费用

如果购房的公司人只盯住房子的总价来计算自己要付出的现金那就会有问题,因为除了房屋价款以外,还有乱七八糟一大堆其他税费等着你支付。

契税:90 平米以下普通住宅契税为 1%,90140 平米的住宅契税为 1.5%,非普通住宅的契税税率为 3%。这是 2008 年底进行过调动的税率,税率会随着金融当局的政策而变化。

印花税:暂免。

公共维修基金:从去年 2 月 1 日起按照商品房建筑和安装成本每建筑平米造价的 8%缴存首期公共维修基金。

按揭费用:公积金贷款的交易费用主要有按贷款额千分之五收取的担保费和按揭贷款额千分之三收取的评估费。担保费不低于 300 元;评估费不低于 300 元,不高于 1500 元。

首期物业费:收房时须交一年的物业管理费用。

首期取暖费:收房时须交一年的取暖费用(北方地区,自供暖除外)。

装修费用:每平米平均 1000 元左右。

车位费用：大概一个月 100~400 元

如果有公司人要购买一套 90 平米的多层住宅新房，总价 80 万，首付 20% 以公积金贷款的普通住房其所需要缴纳的费用则有：

在二手房交易中还需要缴纳中介费用；成交价格的 2.5% 以内的信息费用；居间中保及权证代办费用 3000 元；贷款服务费用 1000~2000 元。

在二手房交易中卖方还需缴纳营业税、土地增值税和个人所得税。但一般卖方会把这些税务费用加在买方身上，如果购买二手房的公司人也应该对这些税有所了解。

4.提前还贷是不是好主意

很多公司人认为在购买房屋时贷款是迫不得已的行为，如果有足量的现金，最好提前还清房屋贷款，这样可以无债一身轻，不过也许事实并非如此。

我们可以拿国债收益和房屋贷款做以下对比。2008 年 1 万元新发行的 3 年期首期国债的到期收益为 1098 元，5 年期的首期国债到期收益为 2040 元。以此为基准计算 15 年后两种国债收益分别为 5490 元和 6120 元，那相对于 10 万元的两种国债收益分别就是 5.49 万元和 6.12 万元。而同期放贷，10 万元 15 年个人住房商业贷款，等额本息还款方式五年以上利息贷款利率打完七折为 4.16%，15 年还款利息总额为 34591.67 元，两者相差 1 万多块的利差。

还款利率会随着宏观经济的变化而起伏，但是由于在这个经济发展阶段，金融当局对个人购买住房的鼓励，长期投资收益还是能战胜长期个人房屋贷款利息的。如果公司人购房者是更激进的投资人，选择将可以用来还清房屋贷款的现金用于更加高收益的投资，比如更有魅力的公司债或者普通股投资，从长期来说应该可以获得更加出色的收益。据统计美国股票长期平均收益在 8% 左右，而中国资本市场的年头比较短而且波动极大还不具统计学意义，但总的来说不会比这个收益率差。也就是说，公司人如果提前还贷，在这个经济阶段，会付出很大的机会成本，而且也可能由于大部分存款的消耗，在一段时期失去存款保障，对生活中的紧急情况缺乏应付能力。当然，上边所说的不包括"消费狂"型公司人，他们更喜欢把大量现金用在消费上，如果是这样也就不存在收益差的问题，把钱用来还房贷则是一个好主意。

5.固定利率好不好

房屋固定利率贷款就是把房屋贷款在一定时间内固定下来，不随着现行利率变动。利率固定在期限档次上主要分为 3 年期、5 年期和 10 年期三个档。不同银行的产品其差别主要体现在相同期限档次上固定利率的基准利率设定有所不同。固定利率房贷的申请过程与个人住房贷款没有太大差别，不同的是公司人需要事先对市场有所判断，利率是不是要上升？在签订贷款合同时与银行约定一个固定利率。

固定利率基本上是公司人购房者和商业银行的一个对赌,如果在贷款期间利率处于上升周期,那么购房人就赢了,如果利率处于下降周期,那么购房人就输了。固定利率贷款的利率要高于同期浮动贷款利率,这种利率上的歧视使得想采取固定利率的公司人购房者已经先输了一成,因为从历史经验来看,从现在看下三年或者五年的平均利率水平是很难的,所以对于以后利率的水平猜测,银行和公司人都处于"两眼一抹黑"的状态。所以,如果是公平的完全对赌,那么固定利率应该定在现有的利率水平才合适,如果定在高于现在房屋贷款利率水平,那就等于是你和银行跑一个为期至少3年的马拉松,而银行已经先跑出几千米了。而且银行相对公司人购房者来说,占有绝对的信息优势和解释权,所以,在这个博弈中,公司人胜利的可能性是非常小的。在升息频繁的经济周期中,银行推出固定利率信贷产品在一定程度上契合了购房者的恐慌心理,而银行赚到了实际利益。

6.选择个好的贷款方式

贷款买房的公司人根据自己的情况采用最恰当的贷款方式可能是释放财务困境的一种有效方法。一般来说,它有以下几种方式。

等额本息还款:还款本金逐月增加,而利息逐月减少,还款总金额不变。这种还款方式适用于现在收入少,而对未来收入预期较高的公司人,其还款方式计算简单,方便公司人进行财务规划。

等额本金还款:还款本金不变,而利息逐月减少,还款总金额逐月减少。适用于收入处于峰值的公司人,在同样本金,同样贷款年限的情况下等额本金所付利息要少于等额本息还款所付利息。

等额递增和等额递减:这两种还款方式是等额本息的变种,只不过把一个贷款期分为多个贷款期,在多个贷款期中进行等额本息还款,多个贷款期之间进行额度递增或者额度递减,它适用人群类似于等额本息还款和等额本金还款的情况。

双周供:双周供缩短了还款周期,比原来按月还款的还款频率高一些,由此产生的便是贷款的本金减少得更快,也就意味着在整个还款期内所归还的贷款利息,将远远小于按月还款时归还的贷款利息,本金减少速度加快。对于工作和收入稳定的人,选择双周供还是很合适的。

移动组合还款:根据贷款人情况进行灵活的还款计划。通过计划有效率地运用资金还款,它适应于收入不稳定公司人群。

接力贷:由比较年长的父母和年龄较小的子女组合贷款,按揭时间可按年龄较小还款人计算。这解决了年龄较小,比如刚参加工作公司人购房需求。适宜于和睦并且财务简单的家庭。

入住还款:与银行约定在一定时限内只还少量贷款利息,在一定时限后等额本息还款或等额本金还款。适用当前收入较少的公司人群。

循环贷:将房产在银行作抵押获得贷款,然后在贷款期内分次提取,适宜于改善型房屋置业。

7.关心银行贷款的新产品

由于商业银行的竞争逐渐激烈,为了能拉到更多的存款,他们也推出了各种和房屋贷款相联系,实际上带有揽存性质的金融产品。如果公司人购房者多关注这些金融产品,也会带来一定的额外收益。

比如一些商业银行推出的"存低贷"和"存贷通"就有这种作用。

需要贷款买房者如果在活期账户上存有一定数额的现金,这些金融产品把客户的活期存款与住房贷款结合起来管理,只要活期存款超过一定数额比如5万元,银行就会把超出部分按一定比例将其视作提前还贷,节省的贷款利息作为理财收益返还到客户账上。但客户存折上的资金并没有真正动用,需要周转时可随时支取。

例如一公司人,最近在一商业银行办理了60万30年的个人住房贷款,某日的增值账户存款余额为10万元,则2.5万元视作提前归还贷款,剩余7.5万元则按活期存款计算。但他可提取的金额不受影响,取现时仍可提取10万元现金,这样,他在当天可节省贷款利息支出3.82元(25000×5.508%/360),相信这些小钱通过日积月累会成为一笔可观的财富。

不过,银行审批这种客户时比较严格,而且较一般按揭贷款利率偏高。

8.盘活公积金

住房公积金是个好东西。很多年轻人在选择就业公司的标准上,往往容易看重得到的税后现金,而轻视公司缴纳住房公积金的比例,这其实是个"朝三暮四"式的错误。

公积金账户上的钱不能作为购房的首付款,它的最大功能是"冲还贷",抵减房贷的还款额。

因此,如何用每个月的公积金来冲抵自己的房贷便是一门学问,一般而言,公积金"冲还贷"的常见方式有两种:月冲和年冲。到底哪种方式能达到最佳"减负"效果,并不能一概而论,关键要看房贷者本身现金流等情况。

月冲:又叫逐月还款法,是指银行逐月地将公积金账户上的资金支取出来,用于支付住房贷款的本息。对于多数购房者而言,其所能够申请到的最大公积金贷款额一般不足以覆盖全部房贷,而每月公积金的进账额一般也小于月总还款额,因此,公积金加商业贷款的组合贷款模式以及公积金"月冲"方式是多数人的常见选择。

年冲:又称为一次性还款法。和"月冲"的本息还贷不同,"年冲"是直接用公积金账户上的全部余额来冲抵贷款本金。而根据公积金中心的规定,"年冲"须优先归还公积金贷款本金,也就是说,偿还完全部公积金贷款本金后,才可以冲减商业贷款的本金部分。"年冲"方式其实是一种提前还款,节省的多为公积金贷款的利息,同时,这种方式更适用于公积金账户余额较多,且贷款初期现金支出压力不大的购房者。

买房的 10 个建议

1.首付可找父母,但鼓励自己贷款,毕竟他们赚养老钱不容易。父母的支持是 80 后最坚实的后盾。

2.每月的还款千万别超过个人月收入的 50%,否则你会发现好像商场所有你喜欢的衣服的价签都和你过不去。如果为了月供,就要勒紧裤腰带,跟旅行 K 歌美食游戏新衣服说拜拜,和泡面干粮做战友,生活质量直线下降,那么就该审视审视自己的购房观了,买套小点便宜点的房子,给自己留出一点生活空间,做个快乐的"房奴"。

3.千万不要买郊区房。对于爱睡懒觉的 80 后来说,每天 6 点起床乘公车倒地铁上班,在上下班路上花上 2 小时的生活显然是不可取的。而且环外交通仍然是问题,需要自己考察,别听开发商的,你可能有车,你老婆一般就没有。

4.房子的周围一定要有餐馆和医院。房子周围最好有合适的餐馆或者方便的超市可以解决吃饭问题,因为 80 后肯定不会天天做饭,下班回来在楼下顺便把肚子问题给解决了可是件很幸福的事情。住在医院旁边的好处就更不用说了,现在 80 后工作繁忙生活不规律难免不生病,如果能够走路去医院,太方便了。

5.跟朋友做邻居。80 后购房时大部分在意自己邻居是谁,与其忐忑不安地猜测隔壁住的是恐龙还是怪大妈,不如自带个邻居,和好朋友一起买房。80 后的独生子女居多,无法感受到和兄弟姐妹一起住的乐趣。

6.买房要考虑到升值空间。"等咱有了钱,迟早是要住大房子的,光阳台上种小麦就可以开个包子店。"住大房子是好多人的理想。80 后第一次置业大多选择小户型,几年后,随着条件的改善不少人会换大房子。所以,第一次买房除了自住环境价格等等,投资价值也要考虑清楚才得行,因为迟早我们要去住大房子的

7.孩子,还是孩子。买房了,结婚了,生孩子了,人生大事一件件按部就班地说来就来。80后的孩子们眼看着就成了新爸新妈,所以买房时得把孩子纳入家庭大计考虑。等到孩子该上学了,再惊觉没好学校选择就晚了。80后的新爸新妈该未雨绸缪一下,不要让自己的糊涂牵连孩子输在起跑线。

8.买房也要会省钱。虽说买房是件很费钱的事,但是我们聪明的80后还是有很多办法省钱的。如果你是买二手房,一定要学会跟房东砍价,即便你很喜欢这套房,也切记不要在房东面前表现出来,能砍一点是一点。

9.尽量别买精装修房,价格高不说,万一买了不喜欢还要敲掉重新装修,真是巨大浪费。要是怕麻烦,那就买二手房好了,不仅选择余地大,周边配套成熟,而且可以实现拎包入住。对于财力还不雄厚的80后们,买套二手房,想偷懒节约可以直接住进去,既节约又实用。

10、想要安心住,物管要选好。水管爆裂、电线跳闸、电梯的灯像鬼火一样闪,遇到这种问题,怎么办?我们买房子是想要安心地居住,安静地生活,这些乱七八糟的事情丢给物管来操心就OK。不习惯阅读各种电器说明书的80后们自然也不习惯应对这些繁琐的事情。所以在买房子之前,一定要细心考察物管公司。

买二手房两招省钱

一、省中介费

中介一般收取房屋成交价的2%~3%;而如果不通过中介则可以免去这样的费用。例如,王先生花80万买了房子,交给中介2万元,后经讨价还价,给1.8万作为中介费。王先生说,如果饶过中介就可以省下这1.8万了。

1.上网查询售楼信息,包括各大商品房的网站,直接与卖家联系上。

2.如果看中了某小区,可以利用小区论坛,发布自己的买房信息,也可以查询和登记自己的购房意向。

3.利用MSN、QQ发布买房信息,让亲戚、朋友也加如"淘房"行列。

4.目前,有部分银行开通了个人房源渠道,登陆银行的网站查询个人源,可以节省中介费。

二、其他税费

如果没有办法不借助中介的力量"淘"房,看在交易的过程中,也可以尽量在各种税费中"抠"出钱来,包括评估费、个人所得税等等。

1.评估费:可能有中介告诉你0.6%,但实际上公证处只收取0.3%的公证费,自己办的话,就能省下0.3%的费用了。

2.营业税、个人所得税：这是国家规定,未满五年的房产交易将承担的责任,但现在处于卖方市场,所以这笔费用就被转嫁到购房者身上,这个费用省不了。营业税为成交价的 1.5%。

3.查档费、公证费、印花税、契税等,全程办完花费过万,如果自己亲力亲为的话,可以节省几千块。

第二节 哪些是抗通胀的最佳保值商品

什么是通胀

通胀是通货膨胀(Inflation)的缩写,指的是因货币供给大于货币实际需求,也即现实购买力大于产出供给,导致货币贬值,而引起的一段时间内物价持续而普遍地上涨现象。

您选哪种理财产品抗通胀增值资产

1.存银行

大家都知道,一般情况下利息一定赶不上物价上涨的,有人作过对比:按照每年物价的上涨 5% 而言,30 年之后实际购买价值就会缩水 50%。

不建议非常不建议,不过钱很少的话,放银行有个好处就是取拿方便;

2.买房子

其实从房奴的痛苦我们就可以看到,在中国,大部分人买房子是为了自己居住,不是投资手段,而一部分所谓投资的,却又是在投机,整个中国市场的物价上涨,不得不说不拜这些人所赐;因此,且不说有多少人具有足够的钱来投资房产,甚至连专业的炒房者也要理性入手。近几年来,楼价上涨的速度已经远远超过了楼盘正常的价值增长速度,甚至到了比较危险的程度。

不过有钱的话建议可以买房子,短期内中国的房子还是蛮升值的。

3.买黄金

黄金可以抵御通胀的冲击,但未必一定能使投资者资产增值。如今,国际金价处于高位振荡的格局,如果此时以较高价格购入黄金,未来美元持续走强、金价受到打压,不一定能做到资产保值。

4.债券

债券投资,其风险比股票小、信誉高、收益稳定。

有一些基本金融常识的人都知道,在通缩背景下,国债收益率显著,可有效抵御通货紧缩。相反,在通胀周期下,股票收益率作为整体显著为正,并大大超过通货膨胀率,更可有效抵御通胀。也就是目前通胀买债券是错误的选择,难以有效的抵御通货膨胀。

5.股票

在说债券的时候说到,在通胀的经济周期下,股票的收益是放大的,那么对于普通投资人是不是就可以买股票了?

但是大家看到的都是别人赚钱的时候得风光,普通投资人缺乏专业的技术和经验,也欠缺灵通的消息渠道,对大势难以做出正确的判断,较难在股市中取得稳定收益。如果无法准确的把握买进和卖出的时机,最后哭得就是自己了;此外,炒股需要大量的时间和精力,一般人白领有点难度。

6.基金

基金其实上就是基金公司把普通人的钱收集过来,找专业的人来买股票或者其他理财产品,最终获取收益。因为主要是由专业人士把控,可以精心选择投资品种,随时调整投资组合,获得更佳的投资回报,因此基金对信息的收集、加工和分析能力,非个人投资者能及。基金相比普通个人投资者的资金规模,基金产品的资金总额非常庞大,可以进行分散投资,通过投资组合达到风险最小化,收益最大化。

基金对于普通投资人而言,是非常值得推荐的投资工具,可以帮助普通投资人降低投资风险,最大化投资收益,因为基金公司要收取管理费,申购赎回费用等等,不妨做长期投资。

购买保本产品需注意两大风险

购买保本型理财产品一定要考虑自身的风险承受能力,低风险投资者可以多配置一些保本型理财产品。保本型理财产品在期限设计、投资回报等方面有其特点,投资者在购买时应注意以下两点。

1.保本有期限

不少投资者认为保本型理财产品在整个投资期内都可以100%保障本金,即使提前赎回也不会有本金损失;而实际情况是,保本型理财产品对本金的保证有"保本期限",即在一定投资期限内(一般为3年或5年),对投资者所投资的本金提供100%保证。因此,投资者在保本到期日,一般可以收回本金;

如果提前赎回,且在市场走势不尽如人意的情况下,存在本金损失的可能。

2.不保盈利

保本型理财产品的保本只是对本金而言,并不保证产品一定能够盈利,也不保证最低收益。保本型理财产品对本金的承诺保本比例可以有高有低,即保本比例可以低于本金,如保证本金的90%,也可以等于本金或高于本金。

第三节　电购让你买到更便宜的物品

电购,其实是电视购物的简称。

一提起电视购物,很多消费者会有一些负面的联想,像夸大的宣传,高价低质的商品。事实上,在美国、日本、韩国等国家,电视购物都是消费者购买商品的一个重要渠道,商家通过这种方式,向电视机前的广大的消费者源源不断地提供着优质的产品以及配送服务。仅美国有线电视网电视购物一年的销售额就达上百亿美元。其中,电视购物公司 QVC 成立于 1986 年,在 1987 年的营业收入仅有 1 亿多美元,而到 2006 年已增长到 80 亿美元。

电视购物这种方式的产生,一定程度上可以说是懒惰创造的市场机会。人性的弱点包含惰性,消费者希望坐在家里,哪都不去,看看电视就可以知道商品信息,打个电话就可以买到商品。

什么是电视购物

电视购物是从美国开始崛起,而早期在美国约有 12 个购物频道,一直到20 世纪 80 年代末期,才成功的商业化。1982 年 HSN(Home Shopping Network)全世界第一家电视购物公司在美国佛罗里达州诞生,随即席卷全美。

电视购物是一种电视业、企业、消费者三赢的营销传播模式,目前在中国电视购物转型期存在着电视购物频道和电视直销广告相互竞争发展的局面。近两年来,这两种形态一直共生共存,相互竞争市场份额。

2006 年 8 月 1 日国家广电总局、国家工商总局颁发了对药品、医疗器械、丰胸、减肥、增高产品等五类商品(简称黑五类)不得在电视购物节目上播放的法规条令,可以说是电视购物在中国落地以来,第一次被重拳出击,电视购物遭遇严重的信誉危机。

但是,电视购物的方式给消费者所带来的便利却是毋庸置疑的。

随着市场的净化,真正物美价廉的商品会更多地通过电视购物的方式让您和您的家人足不出户即可尽享物美价廉的商品消费和使用的乐趣。

如何规避电视购物风险

1.电视购物最大特点是采用轮番轰炸式的"洗脑"方式激发用户一时的购买冲动,因此315消费电子投诉网建议用户无论观看何种电视购物广告,都要保持一个平静的心态,不要被对方激昂的言辞所感染,尽可能地保持清晰的头脑和逻辑思维,在平静地观看广告时一定要多用反向思维细细推敲,从而判断商家的宣传是否符合常识。

如当前一个热播的××金链广告声称60克的××金链仅售1000元左右,要知道1克黄金就要将近200元,60克的黄金链少说也要五六千元以上,如果是几百元销售,不是假的是什么?

2.如果确实想通过电视购物来购买商品,最好是选择品牌电视购物公司,并选择知名品牌的商品。相对而言,这类企业的产品会让人更放心一些,并且售后也会多些保障。

3.尽可能地多上网了解一下用户对即将购买的商品和相关电视购物商的评价。一般来说,如果用户对某款电视购物的产品不满意,会在网络上投诉或者发表不满的评论,用户通过这些投诉及评论,可以大致了解自己即将购买的产品的质量。当然,用户也应该了解一下大家对电视购物商的诚信评价,如,该商家的投诉解决情况如何、产品出了问题、能否及时退换等。

4.不管购买何种产品,一定要坚持先验货后付款,否则就拒收,因为一旦签收,即便有问题,钱已经到了别人手上,想要回来往往很难。

5.为避免纠纷难以调解,用户要注意保全证据,如妥善保管快递的签收单和付款凭证等。

6.出现纠纷后,如果对方的售后不及时解决,绝对不要让其找理由推脱而延误时间,一定要强烈交涉或者当即寻求外部力量的介入,如选择向315消费电子投诉网这类投诉平台投诉,或者在一些知名论坛发帖,尽可能地给商家压力,以力求尽快解决。

7.电视购物最好先验货后付款,优先选择本地商家。

第四节 团购中有学问

什么是团购

团购(Group purchase)就是团体购物,指认识或不认识的消费者联合起来,加大与商家的谈判能力,以求得最优价格的一种购物方式。根据薄利多销的原理，商家可以给出低于零售价格的团购折扣和单独购买得不到的优质服务。团购作为一种新兴的电子商务模式，通过消费者自行组团、专业团购网站、商家组织团购等形式，提升用户与商家的议价能力，并极大程度地获得商品让利，引起消费者及业内厂商、甚至是资本市场关注。

团购的理财类产品种类知多少

据了解，目前可供团购的理财类产品种类很多，如理财卡、投资银条、纪念币、千足金条甚至基金、保险、银行理财产品等，统统都成了热门的团购产品。而不同的理财产品在团购的形式上会有所不同，也会存在不同的风险。

银行理财产品团购

一些网站抓住普通投资者的赚钱心理，推出了团购理财产品，而银行和一些正规金融网站组织也推出过团购理财产品。比如之前某银行推出一款团购理财产品，老客户只要带领一位新客户一起团购理财产品，即可以普通客户的购买金额，享受高端客户的产品收益。

但是，由于该款团购理财产品投入市场后销售成绩不佳，最终被终止。这里消费者要注意的是普通团购网站推出的团购，与银行及一些正规金融网站组织推出的团购的区别。

金融理财产品更多的是给投资者未来的收益，而普通团购网站的标的物是物品的出售。一般来说，银行和一些正规金融网站组织的团购，并不是真正意义上的团购，它和一般的购买理财产品没有差别，其风险一般不是很大。

投资品团购

以黄金为例。某网站推出的金条团购，主要包括千足金和零兑金两种，并以"买就送 200 元现金券"为噱头吸引消费者，无独有偶，另一个团购网则推出白银，并以低折扣赚足眼球。

两家团购网站的参购人数均达两位数。但是专家并不建议消费者选择投资品的网络团购，因为黄金白银本身属于贵金属，运输存在风险。而且贵金属产品的成色、包装、规格等需要现场鉴定，而普通百姓很难辨别黄金的纯度和真伪。因此，投资者在购买贵金属产品时，选择信誉优质、货真价实的黄金销售渠道至关重要。

基金团购

基金团购可以说是最常见的团购理财。2007 年，股市处于大牛市时，基金团购曾风靡一时，当时基金的赚钱效应让许多投资者对其热捧。此外，团购可以降低基金的手续费和费率，也一度让投资者的目光投向基金团购。

一些不具备基金代销资格的第三方机构,可能存在一些猫腻。第三方机构是否会为投资者推荐适合其投资目标、资金水平的产品都很难说。更有甚者,网站信息也有可能造假,而且如果是个人在牵线搭桥的话,可能会发生亏损或者不符合投资目标的情况,届时投资者也不知道该找谁申诉。

理财的最佳方式并非追求高超的金融投资技巧,只要你掌握正确的理财观念,并且持之以恒,若干年之后——人人都能成为百万富翁。

团购降低了投资门槛

如今理财产品热销,很多第三方理财销售网站又再次打出了"团购"产品的旗号。笔者梳理发现,理财产品团购大多打着两个理由吸引客户:一是利用团购的规模,降低理财产品的手续费和费率,如基金和保险等产品团购。如果按照 1.5% 的认购费率计算,购买 10 万元基金的手续费是 1500 元;如果费率降至 0.6% 的话,只需 600 元,就可以省下 900 元。其实这类团购在保险业是一种惯例,针对团体客户的"团单"费率比个人客户的保单低。现在是借助网络的形式把个人客户集中起来。

而另一种团购,则是由于降低了投资门槛而吸引了众多投资者,如购买信托产品普通门槛需要上百万元,在有些网站打出的团购活动中,只需投资几十万元便可购买。此前极元财富网曾经推出 "中铁信托极元汇利 1 期集合资金信托计划"的团购活动,宣称合格投资者只需 30 万元即可购买,其采用的方式便是凑钱投资。据了解,此信托产品单笔购买 30 万元至 50 万元的,预期年收益率为 6%,50 万及以上的为 6.5%。该团购在半个月时间里就有数十名投资者响应,并筹集到 1500 万元资金。

团购理财产品究竟可不可取

团购本身也是一种很好的理财方式,在消费过程中的确可以省不少钱,但在吸引人眼球的同时,也引来不少质疑。

团购理财产品究竟可不可取?理财专家表示,这还是要区分来看。一般来说,银行和一些正规金融网站组织的团购,并不是真正意义上的团购,只是银行和基金公司为抢占客户资源的一种营销噱头而已。

业内人士表示,不少理财产品团购的可靠性与安全性令人怀疑。一些不具备基金代销资格的第三方机构,可能存在一些猫腻。第三方机构是否会为投资者推荐适合其投资目标、资金水平的产品都很难说。更有甚者,网站信息也有可能造假,而且如果是个人在牵线搭桥的话,可能会发生亏损或者不符合投资目标的情况,届时投资者也不知道该找谁申诉。

目前可以第三方支付的基金直销网站很少,如果网站表示投资者可以直接在网站上支付资金时,投资者就必须甄别其真假。如果投资者参与了这类团购,在购买时应索取并妥善保管办理业务时的相关凭证,对于没有正式回单或仅出具手工收据的交易,就要特别给予谨慎对待。与此同时,在购买后也应该养成主动查询对账的习惯。

团购式理财三大风险

风险一:不成团拿不到最佳收益

团购需要人数达到一定的规模才可以成团并进而享受优惠,如果人数达不到,优惠也就不存在。

由于这一团购并不需要缴纳任何费用,该如何保证所有参与抢购的客户都会严格守约到银行办理开户并办理定存呢?团购结束后,如果到分支行实际的参与人数并没有达到要求的人数,那么此前承诺的年利率会否出现变化?

而活动细则中则注明了:上述利率只供参考,本行可随时做出调整而不另行通知。于开立美元定存时,本行职员会向新客户确定当时适用之年利率。

这意味着,如果客户是瞄准银行团购理财产品的年利率而去,而实际参与人数不足的话,就不能享受到这一预期收益优惠。实际上,其他的理财产品团购也一样,如果最终参与人数不能达到成团的条件,所谓的优惠只是泡影。

风险二:容易产生销售误导

众多的理财产品团购优惠方式主要分为降低手续费、投资门槛以及获得高收益。如参团的保险产品多为保险理财产品,年化收益率甚至高达5%,但是产品本身也蕴含一定的投资风险,如果投资者在了解不够透彻的基础上购买,可能在出现风险后难以接受。

客户到商业银行网点购买理财产品时,都要严格执行风险测评、配置适合的产品这些流程,即使是通过银行网站网购的客户,第一次购买银行方面通常会建议到其网点办理。而团购这类方式,不一定有完善的风险测评系统,而是更多地去宣传产品的特点、优势,从而将产品的收益放大、风险放低,对客户容易产生误导销售。

如某保险公司正在团购的一款产品,团购详情包括推荐理由、产品特色、利率一览、支付方式等,却丝毫没有提有何风险,连常见的"投资有风险"都没有标注。所以,方姓理财经理提醒投资者,通过第三方机构团购理财产品时一定要做好风险测评、读懂产品条款、保留购买单据等。

风险三：非法集资难防

不仅是商业银行在推团购，千足金金条、保险理财产品等都推出了相应的团购活动。黄金产品免去了工本费，保险理财产品表示参团可以享受低门槛、高收益、零成本、有保底的保障。

多数理财产品的团购都借助于第三方团购网站。面对火热的团购理财产品潮，投资者在团购理财产品时，除了要关注理财产品本身的投资风险以外，还要看打出团购概念的机构的合法性，以及具体团购模式的合法性。

如说黄金，本身属于贵金属，运输存在风险，贵金属产品的成色、包装、规格等需要现场鉴定，而普通投资者难以鉴别黄金制品的纯度和真伪。同时，如果团购的标的物涉及信托产品，如果这类产品的门槛较低，那么可能会有非法集资的嫌疑，同时资金的具体投向也无从知晓。

有理财专家指出，普通人还是不要轻易尝试"团购理财"，与可能遭遇的投资风险相比，获得的收益不值得一提。

第五节 关注 CPI

什么是 CPI？

CPI(Consumer Price Index 居民消费价格指数)指在反映一定时期内居民所消费商品及服务项目的价格水平变动趋势和变动程度。居民消费价格水平的变动率在一定程度上反映了通货膨胀（或紧缩）的程度。通俗地讲，CPI 就是市场上的货物价格增长百分比。一般市场经济国家认为 CPI 增长率在 2%~3% 属于可接受范围内，当然还要看其他数据。CPI 过高始终不是好事，高速经济增长率会拉高 CPI，但物价指数增长速度快过人民平均收入的增长速度就一定不是好事，而一般平均工资的增长速度很难超越 3%~4%。

不同收入人群跑赢 CPI 支招

三口之家预备役

王斌和女友相恋两年多，目前他和女友好事将近，准备步入婚姻殿堂。这对准夫妻现在也要开始为未来好好做打算了。

王斌虽然没车没房，但是现在住在家里，再通过自己的努力，每个月的税后工资有 9000 元左右，个人固定存款大约 10 万元。每月主要开销包括电话费 150 元，交通费 500 元，个人日常月生活支出 2000 元。女友是文职工作，税后月工资约 6000 元，每月主要开销包括电话费 100 元，交通费 200 元，个人日常月生活支出 2000 元，此外女友在外租房，每月房租 1600 元。两人打算结婚后三年内再要个宝宝，小家庭的理财可谓是迫在眉睫。

王斌打算一年内结婚，婚事预算费用在 8 万元左右，目前王斌一年能够积蓄 8 万元左右，女友一年也能存下 2 万元左右，两人加起来 10 万元出头。另外王斌还有 10 万元定期储蓄，足够满足二人结婚用钱万元的目标。

对于每月结余的这笔钱，由于一年内就要使用，并且金额固定，可选择理财产品进行投资。但在选择理财产品的时候，需要考虑安全性强、流动性强的产品作为首选。比如货币基金、固定期限理财。

小夫妻刚刚成家用钱多，过日子必须精打细算。办张信用卡，婚礼费用刷卡支付，资金做成短期理财，由于信用卡具备最长免息期 40 天的优势，等到还款日再还款。这样既能将 40 天理财收益轻松收入囊中，又能提高个人征信记录，方便以后买房贷款。

对于爱情结晶宝宝的诞生，王斌和女友都非常期待。那如何避免生得起却养不起的问题呢？假设宝宝出生后每月开支至少多 2000 元，王斌夫妻第一年婚后剩余 12 万元左右，以后每年能够存下 10 万元，粗略一算三年内为生宝宝存 5 万元这个目标相对容易达成。二人每月共能结余 8000 多元，给宝宝支出 2000 元问题不大。

宝宝成长几个阶段所需费用如下：1. 怀孕生产期：50000 元；2. 0~3 岁：60000 元；3. 幼儿园阶段：25000 元；4. 小学阶段：70000 元。截至孩子 13 岁总费用约 20.5 万元，平均每月 1300 元。

王斌夫妇的每月预算比之宽裕 700 元左右，理财师建议他们把剩下来的钱给孩子投资一份成长保险，这样不仅能在孩子成长过程中获得重疾意外的保障，还能在孩子上大学、就业的时候收到一笔父母从小就为之准备的丰厚的教育金和创业金。如果在孩子成长过程中，投保人亡故或丧失劳动能力，保险公司还将替代投保人为孩子每月支付生活津贴和教育津贴。

年轻父母在给自己孩子投资成长保险的同时，也给自己也投资一份保险，不为收益，只为一旦发生意外，能够有一份经济来源来弥补投保人的薪金，来撑起一个家。

信用卡：巧用分期免息购车

一个个三口之家组成了社会的中坚力量，那么他们在理财上有什么困惑呢？林先生张太太结婚七年，现在孩子六岁了。目前家庭拥有两套房，一套自住,一套 2013 年底交期房,汽车一辆。房和车都没有贷款,家庭每年收支结余在 18 万元左右,有 10 万元存款和 30 万元基金(已跌破购买价格,套牢)。林先生因工作需要,想在 2 年内换一辆新车,同时孩子的教育问题也迫在眉睫。

关于换车的问题,林先生的想法是,大约 20 万元左右的新车即可。可采取用信用卡分期免息购车的方式, 如今各家银行信用卡中心已纷纷推出信用卡购车免利息分期付款的活动。

一般信用卡分期购车的基础是自有房产,林先生家庭拥有的两套住房,可以满足这个条件。林先生只需首付 6 万元左右,余款只需按月计提 5800 元,大大提高了资金利用率,不用操心资金周转问题。

在教育方面,林先生表示,目前孩子正在上兴趣班,加上其他的开支,预计比计划增加 2 万元。同时,林先生的孩子到了接受义务教育制的年龄,课外学习费用需要提前做打算。理财师建议提前将孩子每年增加的 2 万元教育金以基金定投的方式进行储蓄,同时每月用 3000 元投资基金定投,这样一年可以有 3.6 万元的定投资产。

可选择货币基金、债券基金、混合型基金三种基金类型。每种每月存 1000 元进行分散投资,这样既可以降低整体风险,也可以降低平均成本。在孩子需要交纳课外辅导费用时, 可以选择赎回货币基金、债券基金及混合型基金的已获利部分,这样既保证了投资收益也满足了交费的流动性需求。

林先生夫妇套牢的基金 30 万元,应当适时对老基金进行调仓,将亏损确定在一定水平,谨防再次下跌。林先生可以通过对绩优基金产品补仓,降低持有基金产品的成本, 此外还可以利用基金管理人转换基金产品的功能, 在牛市行情下,将债券基金及货币基金转换成股票型基金。

保险:千万私企业主规划

方先生是一家私企业主,通过创业与经营,目前企业经营情况良好,还有了一个温馨的家庭。方先生育有一儿一女,儿子正上大三,现在每年的学费与生活费支出总共为 3 万元, 毕业后准备留学英国继续攻读硕士学位,了解当地留学情况后,儿子的年花费大约为 20 万元;女儿现在正上高三,每年开销约为 1.5 万元。毕业后也准备直接送她留学英国,初步估算女儿的年消费大概为 18 万元。

方先生的家庭收入主要依靠其一人获得。目前方先生的个人账户上约有 1200 万元家产,其中活期存款 1140 万元,定期存款 50 万元,现金 10 万元。拥有两套房产,一套自住房一次性付款购得。去年他又通过银行按揭购买了一套约 120 平方米的房子,房屋总价 200 万元,其中有贷款 120 万元,贷款年限为 10 年,目前每月还款约为 1.2 万元。

另外,方先生目前的家庭平均消费为每月1.5万元,另外每月还会给双方父母各支付2000元赡养费,共计4000元。

从方先生的财务状况来看,他的家庭风险承受能力属于中等,目前可以拿出适当资金投资股市并进行风险组合,这样既可以提高投资回报又可以有效降低投资风险。同时,对于家中约1200万元的活期、定期存款和现金,应该充分调动起来,别让这笔大额资金还躺在家里或银行里睡觉。

方先生是家庭的主要经济支柱,其个人风险就代表了家庭的风险,因此建议通过保险来防范可能遇到的种种风险,以便确保家人的生活水平,保证子女能够如愿去留学。

由于方先生是私企,没有加入社保规划,同时也没有购买任何商业保险。为了应对在未来的不确定时间点突发的巨大现金流,方先生和妻子都应通过购买社会保险和商业保险,以提高对以后的生活保障,增强防御意外的能力。

通常,建议保费支出约占年收入的10%~20%为宜。假设方先生60岁退休后,仍然想维持现有的生活水平,即现在每月支出1.5万元,退休后每月支出约为1.5×60%=0.9万元左右。按3%通货膨胀率复利计算,退休时每月需支出约1.4万元。

假设还需要生活25年,则需要在退休前约存有420万元。以方先生目前的经济状况,只要投资风险控制得宜,做好意外风险的防范,在家庭财务上已经基本实现安全退休的目标。此外,方先生可购买200万元保额左右的养老保险,这样即使出现意外事故,方先生在退休时最保守估计每月可获6000元左右的现金收入,保障退休后可享受较高的生活水平。

从现有情况看,方先生目前的家庭财务状况完全可以满足其各类需求,只要在做财务规划和资产配置时,理财和投资方式都控制好风险,长期不懈地坚持下去,必定能够实现家庭财务的自由、自主和自在。

与CPI竞跑 50后、60后、70后、80后理财各自有"道儿"

跑过CPI,50后、60后、70后、80后各自有道,养老储蓄为先,教育金提前规划。

2011年后,消费者物价指数(CPI)屡创新高,创造一次次"漂亮"的跨栏动作。"你可以跑不过刘翔,但不能跑不过CPI。"这种说法道出了大众对财富安全的起码要求。作为社会的主力军,60后、70后、80后面临不同的社会压力,如何利用适当的理财手段实现目标,他们将如何战胜通胀呢?

50后:稳健储蓄为先

对于50后步入退休年龄的人群而言,他们一般都有存款积蓄,或者有退休养老金。随着经济发展,50后应树立起理财的新观念,不能光将钱存在银行里,使钱处于"退休"状态,而应该让钱忙起来,选择稳健的"以钱生钱"的理财渠道。

50后投资理财应遵循一条基本原则,就是安全为先、防范风险。目前市场上的投资品种越来越多,投资收益和风险也各有不同,但50后理财应该注意两点:

储蓄品种是首选。为避免"人钱退休"的情况出现,50后最好不要把钱都存在活期账户或将现金放置家中;而应选择收益率更高,但同样稳健的理财产品。保险市场上有部分产品收益稳定,而且在60岁后还可购买,是中短期理财的良好工具,并且该类产品还有一定的保障功能。

其次,50后的健康是关键,所以要加大对健康的投入。50后要经常参加旅游或健身活动,吃一些对健康有益的营养品。

对于部分经济情况很好的50后来说,怎样将财富传递给下一代可以避免将来的遗产纠纷是很重要的。对于有这方面考虑的50后来说,保险是最安全的财富传递分配方式。根据当前的法律,保险所得是不征税的,保险金也不参与遗产分配。

60后:养老规划要趁早

60后为家庭做出的贡献是巨大的,作为社会的中坚力量和家中的经济支柱,60后们逐渐步入了不惑之年,随着年龄的增长,身体健康状况也在逐步下降。在这个阶段,孩子已经长大,家庭负担逐渐减少,收入较高,财富结余较多。但是,60后需要注意自身健康,并为未来养老做准备。

60后人群因为事业繁忙,往往忽视休息锻炼,多处于亚健康状态。所以,60后最大的风险来自于疾病,40岁后重大疾病的发病率将明显升高,应适当提高重疾险的投入。从当前重大疾病的治疗费用来看,保额最好要在30万元以上,如果经济条件允许,保障还需要更充足一些。在产品的选择上,最好选择终身型重大疾病保险,以避免因为年龄增长或身体原因导致保险公司不予续保带来的损失。

同时,60后宴请较多,工作繁忙,容易引起心血管疾病、肾脏疾病、糖尿病等,所以需要加强体育锻炼,改变不合理饮食结构,这也是健康投资的重要组成部分。

60后人群接近退休,需要考虑退休后的生活问题,所以养老规划是必须要趁早解决的问题。特别是在企业单位上班的人群,因为养老金双轨制等原因,养老金替代率较低,如果不尽早筹备养老问题,容易导致退休后生活品质出现急剧下滑的危险。同时,保险产品费率一般与年龄成正比,越早投保,保费越少,同时也可以有足够的时间来完成退休资产的积累。在为自己养老规划时,60后最好考虑能够看到固定收益的品种,一则储蓄养老所需,二则抵御通胀,使养老金购买力不缩水,以确保老年生活开支保障。

定投式分红保险具有抵御通货膨胀的功能,风险低,强制储蓄,可以作为社保之外养老的重要补充。

70后:教育金提前规划

对于年龄处于32岁41岁的70后而言,他们上有老,下有小,家庭压力大,事业处于稳健上升期。70后人群是家里的顶梁柱,所以该人群首先要拥有充足的保障,并且对孩子未来教育要有清晰的规划,以免影响孩子未来。

70后面临家庭父母赡养、房子、车子、孩子的压力,所以该人群要加大自身保障,首先考虑购买保障性高的终身寿险、定期寿险,还需要较高保额的寿险,这样才能保障家人生活后顾无忧。此外,应考虑附加一定的意外险,如果企业提供医疗险,则可以适当减少医疗险的通入。

在当下市场环境不景气时,理财当时应该选择稳健性理财产品,可考虑将50%以上的资金用于中短期储蓄,但需要选择能够跑赢CPI的储蓄方式,不易选择银行定期存款。同时,对于经济条件比较好的家庭,该时期可尽早准备养老,为今后生活做储备。

教育决定未来,对于孩子而言,选择什么样的教育方式决定着孩子什么样的未来。再穷也不能穷教育,不管家庭情况如何,孩子教育支出都将成为家庭支出的重要部分。为人父母的70后,需要尽早为孩子教育做好规划,对于孩子未来的教育花费要充分评估,并制定完善的教育金储备计划。教育金准备时一定要专款专用,强制储蓄,抵御通胀,保证领取,一般可以选择分红投资型保险或基金定投等。

80后:理财从存钱开始

80后已经走上工作岗位,事业上正处于稳定上升期,但面对社会和家庭压力较大。随着年龄的增长,组建家庭,生育子女都将逐渐走近80后的视野。在工作初期,收入不高,花费无节制是80后的真实写照,他们中有很多是"月光族",很多已沦为"卡奴"。

80后首先应该确立理财的观念,从强制储蓄开始,可以选择基金定投和中短期保险理财产品。在市场不景气是,中短期定投式投资型保险可以实现保底收益,而且风险小,技术门槛低,为刚步入工作岗位的80后提供了一种良好的强制储蓄的方式。

很多80后认为自己年轻,保险离自己很远。其实,年轻人同样需要疾病和意外保障,除了企业提供的"五险一金"外,还应该购买一些短期意外险和定期寿险,费用并不高,一年几百元或者一千多元就可以获得较高的保障。如果有经济能力,还可以考虑证券投资或其他投资理财型的保险。

第六节　金字塔型投资组合

构筑你的理财"金字塔"

人们的生活成本也越来越高,2008年头四个月份CPI同比上涨分别达到7.1%、8.7%、8.3%和8.5%。另一方面,市场上的理财产品越来越丰富:股票、基金、债券、银行理财产品、保险、外汇、黄金、期货、艺术品……面对特性各异的产品,如何确定组合的比例,恐怕不是每个人都擅长的。

在这种形势下,投资者该如何通过投资理财来有效实现资产的保值、增值?

稳健的"金字塔"理财法,不仅是投资者对抗当前股市震荡和通胀、加息等现象的有效措施,也可以作为万千家庭做好投资理财的长远策略。

理财金字塔:通向财务稳健之塔

当"你不理财,财不理你"成为坊间百姓的口头禅,仿佛一夜之间,每个人都变成独具见解的"理财师"。但是"理财"到底是要理什么呢?除运用金钱的技巧之外,理财应该还包括检查资产状况、将手头上可作分配的资源按照轻重缓急的原则,分配到不同目标上,针对自身的情况做好妥善的安排,实现财务自由,达成人生理想。

其实在资产配置方面,很多人都有一定的误区,他们采取两极分化的态度,要么是把大部分资金投入高风险的资本市场(如股票型基金、股票、权证),以博取一夜暴富,要么就是非常"怕死",所有的钱都存在银行,不敢拿出来进行任何的投资。在投资理财的角度来说,这都是一些错误的投资观念。

一个恰当的投资理财方式,应该是拥有一个能分散投资风险,抵御通货膨胀,享受投资收益,达到资产增值保值的目的投资组合。理财常见的错误是"把所有的鸡蛋放在一个篮子里",也就是将自己的全部资金都投入某一类投资品种,当这类资产升值或贬值时,就会给家庭资产带来巨大影响。而人类所固有贪婪和恐惧心理,又常导致人们无法作出正确的投资决策,造成或多或少的损失。

错误的理财方式凸显出一个问题——国人在处理财富问题时,往往严重缺乏理性与经验。调查发现,最根本的原因就在于很多人都没有树立正确的

投资理财观念,也没有一套行之有效的投资理财策略。相比之下,我们有必要讲一讲国际上经常被专业理财师引用的"理财金字塔"概念。

"理财金字塔"的核心:稳健

在解释"理财金字塔"这个概念之前,我们首先要清楚的"家庭理财"的含义。"家庭理财",就是把家庭的收入和支出进行合理的计划安排和使用。目的是为了将自己家庭有限的财富最大限度的合理消费、最大限度的保值增值、不断提高生活品质和规避风险以保障自己和家庭经济生活的安全和稳定,从而使自己和亲人生活的更幸福、美满、健康、长寿。而构筑"理财金字塔",就是做好家庭理财的一个好办法。

所谓"理财金字塔",是指理财的资源配置,也是指导消费者进行理财规划时如何合理配置的一个重要指标,而且是有一定程序的,也就是要先考虑家庭的风险管理,让家庭免于恐惧,不因任何风险致使危及家庭的财富,因此风险管理就像金字塔的底端一样,作为根本。打好了稳固的地基之后,才能考虑针对不同财务需求所做的不同投资理财的规划。

如果家庭财产的结构呈现倒"金字塔",或者是"金字塔"底部较窄、顶部夹角较小的图形,这样将预示会有比较大的风险。专家建议,在你比较年轻的时候,对风险的承受力较高,可以将较多的资产放到风险较大的投资产品中去,以实现较高的投资收益;随着你的年龄的增加,对风险的抵受力的降低应当逐步将更多的资产放到更安全的投资渠道之中。只有这样才能保证家庭资产的安全性。

在"金字塔"理财的资产组合中,以储蓄、债券等低风险、稳健型资产为"塔基","塔身"以投资银行理财产品等增值类产品为主,"塔尖"则用小部分资产投资股票、基金、非保本理财产品等高风险产品。

家庭资产通过这样合理的配置和安排,既能够获得较高的投资收益,又能够实现对家庭财务的风险有效的控制和管理。在投资领域人们会面临各种风险,如自己和家庭的收入出现意外减少、恶性的通货膨胀、汇率大幅降低、经济全面紧缩等。因此对任何个人来说,资产的安全性是第一位的。在构筑资产组合时,你不妨可以参照上图的金字塔型结构来考虑。

根据家庭收入合理分配三项基金 三步搭建理财金字塔

第一步:准备好风险防范基金

每个家庭的资产都是由三项基金组成的:风险防范基金、家庭消费基金、风险投资基金。构筑一个合理的理财金字塔中,首要任务就是准备好风险防范基金,这部分基金在整个家庭资产中所占的比重一般以 10~30% 为宜。

它包括三个部分：

1.银行储蓄。这是家庭理财金字塔的第一根支柱,是家庭急用的"紧急备用金"。一般家庭的"紧急备用金"应准备到足以应付3~6个月的生活各项支出。这样,在家庭收入突然减少或中断时,使您的家庭能有较充足的时间面对困难。但银行储蓄目前是负利率,抵御不了通货膨胀,因此不宜过多。

2.社会统筹保险。这是家庭理财金字塔的第二根支柱。"社保"是国家带有强制性和补贴性的,有单位的,单位出大头,个人出小头;没单位档案存"人才"的,也应该给自己上。只要上够15年,退休后就可以按月领取养老金。但"社保"只是最低水平的基本保障,要想得到丰厚的退休养老金,还需要有充足的商业保险。

3.商业保险。这是家庭理财金字塔的第三根支柱。商业保险是分散风险损失的一种财务安排,也是寻求风险损失补偿的一种合同行为,还是社会互助抵御风险的一种保障机制。在三根支柱中,它的保障功能最大,防范风险的能力最强,在家庭理财中将发挥重要的作用。

往往有人认为自己有了社保就不用再购买商业保险了,但实际上二者是有本质区别的。简单来说,社保是等你得了大病先拿自己的钱治病,等治完了他再给你报销;而商业保险则是只要你得了合同中所签署的大病范围内,它立即返还你合同中所保证的金额,当然了这是比较肤浅的理解,但是大多数老百姓这样理解已经可以了。

搭建理财金字塔的正确步骤是:首先准备好风险防范基金,其次规划好家庭消费基金,最后考虑风险投资基金。如果家庭理财的三根支柱都准备好了,其他风险投资的收益无论好坏都不会影响家庭的基本生活品质。但是目前很多家庭的理财方式是:先消费、后储蓄,甚至先消费、再风险投资、最后考虑储蓄(有剩余就存,没剩余就不存)。如果缺少风险防范基金这三根支柱,家庭消费和风险投资犹如空中楼阁,没有根基,一遇到风险,家庭理财的金字塔顷刻间就会坍塌,自己和家人的生活品质将会急剧下降,或者一贫如洗,负债累累。

当你把家庭的应急存款、社会保险和商业保险都准备好了之后,也就意味理财金字塔最关键的基石部分已经搭建好了,那么你可以放心地安排家庭消费基金或者依照你的风险偏好进行投资了。

第二步:规划好家庭消费基金

家庭消费基金包括:日常生活消费(如吃、穿、水、电、气、物业、娱乐等各项开支),购房基金、子女教育基金、旅游基金、购车基金等等。

这部分基金在整个家庭资产中所占的比重一般以20~80%为宜。

第三步:灵活配置风险投资基金

风险投资基金主要包括股票、基金、债券、外汇、黄金、期货、艺术品收藏、实业投资等。

这部分基金在整个家庭资产中所占的比重一般以 10~50%为宜。

以上分配比例仅供参考,其中消费基金的伸缩性很大,希望尽快实现财富增值的家庭,在保证必要的风险防范基金和基本消费基金的前提下,应尽可能注意节俭,压缩不必要的家庭消费基金,逐步增加风险投资基金,才能加速实现自己的财富增值计划。

谋取比较好的资产收益是家庭理财的总体原则,但必须是在风险控制的前提下,在理财金字塔中位于塔基的是收益稳定,安全性高、提供基本生活保障的银行存款及保险、金字塔越到高层风险越高。

合理配置资产是关键

理财金字塔的原理是:最底层较宽较稳健,它是建立理财规划的基石,包括风险较小的理财产品,如储蓄、保险、国债等等;中层是年期。风险。回报都在中等水平,如企业债券、金融债券、优先股、各类基金等等;顶部较窄,投入资金不多,承担风险多,收益相对较高的具有进取性的投资产品,如房屋、股票、期货等等。

金字塔的尖顶有多高,底边有多长,要视各自家庭的目标、需求和能力而定。不同的家庭有不同的实际情况,那么构建理财金字塔之前,就要根据各自家庭所处的生命周期、风险承受力、保障情况、人生目标规划、资产状况、投资偏好等具体情况来配置家庭资产、选择投资品种。

常见的资产分配比例有以下几种,这些和目前足球场上流行的几种阵型差不多:

5—3—2(稳健型):

这是最长见的一种资产分配方式,将50%的资产投资于固定收益类产品中,在这其中,活期存款、定期存款、保险、国债等等的分配比例也是有些学问的,一般来说,活期存款以留足个人六个月的月支出为限,保险的开支以个人年收收入的 10%~20%为优,定存和国债要根据具体情况来安排。30%的以各种投资基金和各类债券来安排,20%投资于股市。这种配比方式适用于绝大多数人,尤其是 40 岁以上的人士;其特点是稳健,收益也相对较好。缺陷是对于追求较高收益的人来说,收益还是不能让他们满意的。

4—4—2(平衡型):

这是一种平衡性资产分配方式,攻守平衡,难点在于中层的 40%的具体安排,在债券型基金和平衡型基金应多投入一点,股票型基金还是不要超过

15%为好。35岁左右的人比较适用,因为它进可攻退可守,在经济不明朗时可变为5—3—2,在经济形势好时可变为4—3—3。

4—3—3(进取型):

与足球赛中的阵型一样,这是一种进取型的理财方式,比较适用于30岁以下年轻人或投资经验丰富的人,及风险偏好人士,增加了高风险部分的投入,也就是说增加了理财者自己参与直接投资的部分,可充分满足其追求高收益和成就感的心理。

进可攻退可守是上策

太保守的投资理财是选择把钱放到银行的"定存"。事实上,不要以为定期存款是"最安全"的工具,因为定存无法有效抵抗通货膨胀,尤其是现在这么高的、持续的通货膨胀,它将使你的实质购买力降低,所以长期来看定存不见得"安全"。

太积极的投资理财是希望资产迅速倍增。但是,高收益的投资往往也伴随着高风险。希望一夜暴富,就得忍受资产以同等的速度消失。

理财的一个重要特点是过犹不及,太保守或太积极都可能使你的资产暴露在风险中。因此,投资时必须做适当的风险控制。

构筑理财金字塔六问

在构建合理的理财金字塔之前,必须先对自己家庭的理财状况进行深入细致的检查,这个过程可以通个问自己6个问题来开展:

1.你和你的家庭处于生命周期的哪个阶段?

是刚毕业没几年的单身贵族、是刚结婚的年轻夫妻、是孩子在上中小学的家庭、是孩子已经上大学的家庭,还是已经退休的家庭?

2.你和你的家庭的风险承受能力如何?

是保守型的,一点风险都不愿意承担;是平衡型的,可以承担一定风险,但不能太多;还是激进型的,就喜欢高风险高回报的短期投资?相信所有的人都喜欢高回报,但是请永远记住一条不变的定律"高回报永远伴随着高风险"。

3.你和你的家庭现有的资产负债表和收支平衡表如何?

也就是说您和您的家庭现有的固定资产、流动资产是怎样的?固定资产是指住房、汽车、物品等实物类资产;流动资产就是指现金、存款、证券、基金以及投资收益形成的利润等。另外就是您和您的家庭的收入情况和支出情况是怎样的,每个月有多少净现金流入。您和您的家庭有没有负债?负债多少?是恶性负债还是良性负债?利率是多少?

4.你和你的家庭的短期、中期和长期的人生目标是什么?

年轻的朋友可能是找份好工作,找个好伴侣;刚结婚的朋友可能是买房、买车,尽早偿还贷款;中年朋友则是为孩子的未来和赡养老人着想,那么是以后送孩子出国念大学还是在国内念大学;是专门为老人设立赡养费基金还是让老人未来和自己一起住;处于空巢期的家庭可能在积累资金为退休后的养老做准备等等。这其中又分短期目标、中期目标和长期目标。比如计划一年内买车就是短期目标,计划10年后送孩子出国就是长期目标。不同的人生目标伴随着不同的理财方式。

5.你个人和家庭成员的保障如何?

现在很多人没有任何保险就去投资,举例子来说明。有人把绝大多数的资产都投资于房产,结果家庭成员突然出了意外,需要用一笔不少的钱,又没有保险,只能靠卖房子变现。我们都知道房产的流动性是很差的,房子不是说卖就能卖出去,想卖得快就只能降低价格,结果损失了不少。又或者有的家庭,丈夫年收入20万元,妻子年收入3万元,孩子2岁,但是家庭只给孩子购买了很多保险,以为孩子好就一切都好了,但是突然有一天丈夫出了意外,家庭的经济支柱一下子失去了收入能力,或者收入降低很多,又没有保险赔付,家庭的经济情况急转直下。以上是两个非常典型的例子,很能说明问题:保险是理财成功的基础之一。

6.你和你的家庭是否具有丰富的投资经验?

要想在投资理财方面获得良好的回报,还必须具备一定的投资理财经验。如果确实具备这一条件,你当然可以自己进行具体操作,但也应当循序渐进、逐步摸索,只有在积累了非常丰富的投资理财经验之后,你才可以做到游刃有余。但如果你没有丰富的经验,或者没有充裕的时间自己打理,就要改变策略,可以考虑交给专业的理财师去打理。但在此之前,也应先对理财师的资历、水平和操守进行调查、测评,找出与你的投资理念比较一致而你又信得过的理财师。

考虑完了以上几个方面,才能真正涉及到投资领域。同样的资金,不同家庭有不同的投资方式,要根据家庭所处的生命周期、家庭的风险承受能力、保险情况、人生目标规划、资产负债情况、收支平衡情况、投资偏好、预期的投资回报率去制定投资方案。

最后,大家可以根据上面的内容对比理财金字塔的内容,找出自己的不足,纠正自己在理财方面的误区,为你的家庭铺就幸福之路。

对照家庭生命周期搭建金字塔

家庭是由不同的阶段组成的。从一对夫妻结婚建立家庭生养子女(家庭形成期)、子女长大就学(家庭成长期)、子女独立和事业发展到巅峰(家庭成熟期)、夫妻退休到夫妻终老而使家庭消灭(家庭衰老期),我们称为一个家庭的生命周期,相应的针对家庭即有家庭生命周期的概念。

我们来简单区分一下家庭的几个阶段:

家庭形成期:指从结婚到新生儿诞生时期,一般为15年。这一时期是家庭的主要消费期。经济收入增加而且生活稳定,家庭已经有一定的财力和基本生活用品。为提高生活质量往往需要较大的家庭建设支出,如购买一些较高档的用品;贷款买房的家庭还需一笔大开支——月供款。

家庭成长期:指从小孩出生直到上大学,一般为915年。在这一阶段里,家庭成员不再增加,家庭成员的年龄都在增长,家庭的最大开支是生活费用、医疗保健费、教育费用。财务上的负担通常比较繁重。同时,随着子女的自理能力增强,父母精力充沛,又积累了一定的工作经验和投资经验,投资能力大大增强。

家庭成熟期:指子女参加工作到家长退休为止这段时期,一般为15年左右。这一阶段里自身的工作能力、工作经验、经济状况都达到高峰状态,子女已完全自立,债务已逐渐减轻,理财的重点是扩大投资。

家庭衰老期:指退休以后。这一时期的主要内容是安度晚年,投资的花费通常都比较保守。

根据风险偏好选择投资品种

由于家庭、教育、年龄、财务状况、个人投资取向等因素的不同,人们对风险的承受能力是不尽相同的。因此投资者在进行投资理财之前,都要正确地评估自己的风险承受能力,这是明确投资目标、选择理财产品的前提。

你可以通过一些测试问卷,比较客观地了解自己属于哪种类型的投资者,从而正确制定相应的投资理财规划。下面的测试题,可供读者参考(全部为单选题):

(1)你的年龄属于哪个组别?

①66岁以上/25以下　②46于65岁　③36至45岁　④25至35岁

(2)你有多少年投资于股票(或基金、期货等)的经验(包括买入后长期持有及经常买卖投资产品)?

①没有经验　　　　②3年以下　　　　③3~6年

④7~10年　　　　⑤10年以上

(3)你现在是否持有以下投资产品

①银行存款、保本产品　　　　　　　②债券、债券型基金

③外币、非保本的货币挂钩结构投资产品　④股票,股票型基金,具投资成分的保险、产品

（4）你目前已投资股票、基金、期货的资产，大概占你总资产（不包括自住物业）的百分之几？

①0%　　　②0%10%　　　③10%25%　　　④25%50%　　　⑤50%以上

（5）一般而言，风险越高，潜在波动越大，潜在回报也越高。相反，风险越低，其波动越小，潜在回报也相对较低。在一般情况下，你可承受的波动幅度为多大？

①5%至+5%　②10%至+10%　③15%至+15%　　　④20%至+20%　　　⑤20%以下或+20%以上

（6）在一般情况下，在你每月的家庭收入中，有百分之多少可用作投资？

①5%以下　　②5%10%　　③10%25%　　　④25%50%　　　⑤50%以上

（7）当投资于投票（或基金、期货）等产品时，你比较接受下列哪种投资期限？

①1年以下　②1至3年　③4至5年　　　④6至10年　　　⑤10年以上

（8）你储备以作不时之需的资金，相当于多少个月的家庭开支？

①没有储备　　　　②3个月以下　　　　③3至6个月

④6至9个月　　　　⑤9个月以上

注：

分值：选项①1分、选项②2分、选项③3分、选项④4分、选项⑤5分

将你的各题得分相加，得出总分数，然后对照下表，即可得知你属于哪种类型的投资者。11分以下属于，保守型在风险和收益的天平之间，你态度鲜明地维护"低风险"乃是投资第一要义。你不愿意投资于可能使本金承受风险的产品。你比较适合投资低风险理财产品，可考虑投资货币市场基金。

高CPI下如何搭建理财金字塔

2008年头四个月份CPI（居民消费价格指数）同比上涨分别达到7.1%、8.7%、8.3%和8.5%。如果人们不能通过投资使自己的资产有效增值并超过CPI的增速，那么等待你的只有财富或快或慢地缩水。面对高通胀，更应构建一个安全的理财金字塔，分散投资风险，抵御通货膨胀，享受投资收益，达到资产增值保值的目的。

一般情况下，"金字塔"理财组合中的"塔基"部分可占家庭全部资产的50%；"塔身"保持30%左右的比例较合适，"塔尖"则为20%。当然，具体比例可视个人风险喜好、承受能力程度不同而作灵活调整，但在目前通胀加剧、市

场风险不确定性趋大的背景下,建议"塔基"部分最低比例不应少于 40%,"塔尖"部分最高比例则不超过 30%。当然这些应当根据各自家庭的具体情况而定。

黄金可按 30%的比例配置

尽管投资黄金很难通过长线持有获取高的投资收益,但是它非常适合中短线的投资。而在 CPI 的持续走高,近期 A 股又出现大幅震荡的情况下,黄金作为一种中长期投资,保值功能正在国内投资中升温。

由于黄金价格波动非常剧烈,可以有效的进行短差操作,但同时黄金交易量巨大,难有庄家进行操控,容易通过技术分析获取投资收益。而只要看对趋势,黄金做多做空都可以获利。另外黄金的价格走势一般与股票的走势呈现负相关关系,可以通过配置一定比例的黄金,分散投资(投机)的风险。

建议黄金可以作为一种特殊的资产配置,投资者可按照不超过其总资产 30%的比例进行实物黄金投资配置。

定投选股票型基金

根据大多数人往往缺少投资股票所需要的关注行情时间和理财技巧,建议投资者可以选择长期定期定额产品。目前基金定投可以选择 500 元/月,也可以选择 1000 元/月, 有的甚至低到 100 元/月。买基金对长期理财是不错的选择。

如果要达到对抗通胀的目的,投资者在选择定投基金产品时,应尽可能选择高风险、激进型的产品,例如股票型基金,不需要太担心选时的问题,也不需要理会股票市场短期的波动。事实上,由于采取了定期定额的方式,只要进行长期的投资(建议至少超过 15 年),就可以有效的降低投资风险,获取较高的投资收益。

从国际经验看,股票型基金是抵御通货膨胀有效的工具。据统计,从 1981 年到 2000 年的 20 年间,美国股票型基金年均收益率为 12%左右,而近 20 年以来美国通货膨胀率则基本维持在低于 5%水平, 股票型基金在长跑中战胜了通货膨胀,使很多投资者的个人资产在通胀周期中全身而退。

股票做价值投资

如果投资者有时间,也能承担投资风险,也可考虑适当投资股票。但建议投资比例不超过其总资产 50%的比例。

投资股票,风险高,要赚钱不容易,所以首要学习的是风险管理,而最有效的是"股神"巴菲特的价值投资策略。

以巴菲特近期的一只股票操作为例,巴菲特在低价长期持有中国石油的股票,赚了一大笔钱,但是去年中国石油涨到 12 元/股时,他认为已超出中国石油的价值,就坚决地抛掉中国石油的股票。事后,中国石油股票继续 12 元上涨到 20 多元,巴菲特根本就不再关心了,而投机者开始进场操作,他们享受了中国石油继续上涨的收益,但也承担了现在中国石油下跌的损失。而巴菲特作为价值投资者在股市里立于不败之地。

简单地说,投资要在股市上不败就是:选择被市场低估的、好的公司股票买入,长期持有,在市场回到其价值的时候卖出。因为根据经济的规律,价格是围绕价值而波动的,那么股票也会遵循这个规律,股价围绕它内在的价值而波动,所以投资者要选择股价低于价值时进入,这样风险就小了。而在股价回到价值后,市场还可能推动股价继续上涨,但这时要卖掉股票,否则一旦股价从高点回归价值时,会带来较大的损失。

从投资的时机来说,很多个股都已经跌得面目全非,有的跌幅过半,投资机会已来临。如果投资者对股市长期看好,可考虑适当买入,但最重要的仍是选择有投资价值的个股。

怎样才能将风险降至最低

金字塔式投资法:金字塔买入、倒金字塔买入、倒金字塔卖出。

定期定额投资法:可以作为零存整取的升级替代方式。

投资组合再平衡法:通过反向操作确保投资组合特性,接近当初所设资产配置目标。

一、金字塔式投资法

1.金字塔型买入法

金字塔型买入法,是指当基金净值或股票股价逐渐上升时,买进的数量应逐渐减少,从而降低投资风险。由于减额加仓的前提是市场上涨,此类方法不会错过市场上升趋势带来的获利机会,虽然不如一次性投入获利丰厚,但大大降低了市场下跌带来的风险。

2.倒金字塔买入法

前面所说的金字塔买入法适用于熊市转牛市的过程中,是顺势买入。与之相对的倒金字塔买入法则适用于当前的震荡市行情。股市波动在所难免,但只要经济长期向好,市场的重心必然慢慢提高。如果手里还有资金,可以随着股市的下跌加量买入股票、基金。举例来说,可以把手头的资金分成十份,在大盘 3500 点时先买入十分之一仓位的基金。随后大盘每下跌 500 点依次提高二、三、四成仓位。如果中途大盘回升,又可以用金字塔买入法加仓。

3.倒金字塔型卖出法

金字塔投资法的另一种形式是倒金字塔卖逆网法。与正金字塔相反,当股票价位不断升高时，卖出的数量应效仿倒三角形的形状而逐渐扩大出口，以赚取更多的差价收益。例如，看跌股市，则可以按一、二、三、四成仓位的顺序在价格上升阶段分批分批卖出。此种方法是在看跌的前提下随市场上升加量减仓，既能获得较好差价，又能减少风险。

金字塔式投资法是分批买入，卖出投资法的变种，相比后者，其优势在于随着风险的增加或释放，买入、卖出的量也随之变化。在具体操作过程中，投资者可以依据个人判断进行调整点位和仓位变动比例设定。

二、定期定额投资法

定期定额投资就是分批买入，它可以作为零存整取的升级替代方式，在积攒财富的同时进行投资，既达到平均投资成本分散风险的目的，又能摆脱选时的烦恼。尤其适合无大笔资金投资或没有时间研究经济环境和市场多空的人，是一种适合普通百姓的理财方式，尤其适合没有积蓄，但每个月有固定收入结余的投资者。

三、投资组合的再平衡

它是根据风险偏好完成资产配置后重要的一项工作，就是定期检查投资组合，使它不要偏离原来的目标。再平衡通过反向操作确保投资组合特性，以期尽量接近当初所设定的资产配置目标。不同市场的波动，造成各类资产价值的增减，占投资组合的比重也将随之改变。

再平衡的方法主要应用于长期投资，基金是极为合适的品种。也是遵循投资强迫自己卖高买低的过程，在这一过程中投资组合的风险也得到释放。

一个家庭的"金字塔"

一个家庭的组建其实是不容易的，一家大小的生活及开销都需要用心去管理，理财规划是当家者必须做好的首要问题。

"刚结婚时基本是我负责房贷，妻子负责生活开销，剩下的钱就自然放在银行里，没有进行什么投资。"杨先生和妻子去年结婚了，适应了从单身到已婚的身份转变后，两人的理财方法也从"单身"状态中转变了过来。结婚之后，除了房贷，家庭生活开销也多了，杨先生的做法是将两人的储蓄约30万元重新搭了个"金字塔"。为了方便管理，杨先生首先将两个人的活期储蓄集中进行了调整。"一般人对于家庭余钱的管理，不是存成一个定期，就是不管理直接放在活期账户。"杨先生说，无论是将存款存成大存单或者是集中存成活期，都不利于家庭理财，容易损失利息，"全部存成活期不用多说了，肯定损失利息，但全部存成一个定期，如果家庭遇到急事，即使很小一笔钱也要动用定期存单,这样一来全部的利息也就跟着损失了。"

在"金字塔"底层,杨先生就配置了 15 万元,其中 2 万元用于给两人购买意外险、重大疾病险等保障型保险产品,另外 13 万元存款金额则被他巧妙地呈金字塔形排开,分为 1 万元、2 万元、5 万元、7 万元进行储蓄。其中,1 万元是活期存款,其余几份则分别存成 1 年期、2 年期和 3 年期的定期存款。如此一来,杨先生认为,如果遇到急用钱的时候,即使提前支取存款,都可以减少利息损失。

在"金字塔"中层,杨先生分配了 10 万元资金适当进行黄金、股票、外汇等高风险投资。虽然是有风险的,但也是高收益投资。

在"金字塔"高层,杨先生只预留了 5 万元左右的份额,用于购买国债、保本保息理财产品、货币基金、分红险、定投基金等低风险的理财产品。

杨先生认为,不同的家庭情况、资金状况和风险承受能力都会影响理财"金字塔"的配置,但对于新婚夫妇来说,应该给自己的家庭理财"金字塔"保证最底层的配置,尤其是"备孕"家庭应保证充足的家庭准备金。

第七节 货币的流通与贬值

币值稳定在于流通中的商品和货币的比例保持相对不变,要么同比例减少(比如商品量减少万分之一、货币量也减少万分之一),要么同比例增长(比如、商品量增长千分之一、货币量也增长千分之一),否则币值必然变动。货币贬值、用老百姓的话说,就是钱不值钱了,现在一元钱买的东西没有以前一元钱买的东西多了。

它的发生有以下四个方面的情况:

一是商品量和货币量都减少啦,但是商品量自身萎缩的比例大于货币量本身萎缩的比例;

二是货币量没有变动商品量减少啦;

三是商品量没有变动而货币量增加了;

四为商品量和货币量都增加啦,但是商品量自身增长的比例小于货币量本身增长的比例。

我们从字面上说,前两方面情况引发的货币贬值,我们不能称其为通货膨胀;后两方面情况引发货币贬值,也不一定就是通货膨胀。不过我们对通货膨胀的概念,不应只从流通中货币的增长与减少的绝对量上确定;而应该考虑到相对应的商品量的比例,看看货币的投放量是否与商品的流通量相适应。

在这种意义上说：货币贬值就是通货多了。至于是否是通货膨胀，就应该按其货币贬值的程度来确定。因为币值的稳当是在与商品的交换中的相对稳定，它不可能保持一个定值不变，在一定的范围内的微小的增值和贬值是不可避免的。

超出这个范围的货币增值就可以称其为货币萎缩，超出这个范围的货币贬值就可以称其为通货膨胀。需要说明的是：这种一定的范围内的微小的增值和贬值，虽然是不可避免的，但它对发展经济同样是有害的，所以任何国家，不要寄希望以所谓微小的货币贬值刺激经济的增长。

第八节　收藏古玩与艺术品抗通胀

艺术品理财产品都有哪些？

1.艺术信托：是艺术品资产转化为金融资产的一种现象。从本质上讲，艺术品信托或证券化包括两层含义：其一，艺术品资产成为金融机构资产管理业务中的一种重要资产配置标的。金融机构通过向社会投资者发行基金份额(表现为银行理财产品或信托计划)，募集资金并将资金配置到艺术品领域，通过专业运作、组合化投资、运作渠道和资金优势，使得社会大众在没有艺术品投资专业经验和精力，没有购买高价艺术品实力的情况下，可以从艺术品市场中获取收益。其二，艺术品资产成为金融机构进行信用评级、资产定价的标的，也就是说收藏艺术品的个人或机构能够依靠手中的艺术品，获得金融机构的资信评级，进而获得资金的融通。

2.艺术基金：是艺术品投资基金的简称。艺术基金是一种投资工具，其投资标的物是艺术品。它以外部集合资金代客理财的方式，通过多种艺术品类组合的投资，为投资人实现投资资金的保值和增值。国内成立较早的艺术品投资基金是由民生银行在2007年成立，目前中国艺术投资基金的数量大约在70家左右。

艺术品投资要规避风险，必须恪守投资法则

第一是做足专业课。艺术品投资水很深，不仅不同画家的作品价格差异巨大，就是同一个画家，其作品的价格也能相差百倍千倍以上。毕加索画最贵的卖了一亿四百万美元——《拿着烟斗的男孩》，但是大部分的作品成交价还是

它的零头，只有几万美元到几十万美元。艺术品与普通投资品相比，它的定价体系存在很多偶然因素，在外人看来细微的差别，可能反映在最终价位上就是几个零的差距。这就决定了这个市场虽然馅饼很多，陷阱也有不少。比如日本经济最景气的时候，不少日本企业家以最高的价钱买回很多欧美大师的作品，这几年，日本很多企业成批地卖出当年买进的艺术品，价钱只有一半甚至是三分之一。

第二是买不同货进不同场。应该清楚拍卖市场与画廊的不同功能，要买稀世珍品或者古代近现代作品以及当代名家的早期作品就去拍卖市场，而对于当代艺术家的新作和普通艺术品，应该去画廊购买。

第三是长线投资，忌短线炒作。今年要远离前两年已经爆炒过的艺术品，比如翡翠，价格已经翻番，紫砂壶价格前不久也炒得过高。

第四是用闲钱投资。楼市、股市都是一个公开的交易平台，买卖均十分方便，但艺术品市场则是一个小众市场，流动性较差，你想要的东西未必买得到，而你想套现的时候，手里的艺术品却未必卖得出去。因此，切忌将活命钱、养老钱、救急钱去做艺术品投资。

艺术品收藏抗通胀？兴起与泡沫化同步

低迷的股市不是投资的好去处，民间借贷又有崩盘的危险，大量避险资本开始流向艺术品收藏领域，随即引发了国内新一轮的民间收藏热潮。一时间，上至社会名流，下至平民百姓，人人都在收藏艺术品。电视台的鉴宝收藏类节目越办越多，收视火爆；古物鉴定专家成了时尚大忙人；收藏、鉴宝类书籍纷纷登上畅销榜单。不过，艺术品收藏是否真的能抵御通胀？它能否成为一种大众投资的方式？这个市场是否存在泡沫？

面对高通胀下的流动性过剩，资金缺乏有效的投资渠道，文化成为了一个巨大的需求。因为文化本身具有蓄水功能，也是天然的投资品种。

艺术品是比黄金更好的抗通胀工具。但是收藏要看具体什么东西，只有资源类的、存量少的藏品才更值得收藏，保值效果也更好。

自 2004 年以来，中国艺术品收藏投资年回报率为 26%，文物、古玩每年升值率为 20%，已经超过风险系数较高的股票和房地产。比如，你的家庭若收藏了齐白石、徐悲鸿、艾未未或高更、梵高等艺术家的作品真品——假以时日，你的这些收藏品必然身价百倍。

进入须谨慎

对于大多数人来说，盲目进入收藏领域只是一场灾难。作为第三大投资理财工具,收藏的泡沫刚刚兴起,总有一天会破裂。目前已在市场中形成一个投资炒作的完整作业链条,该行业各种规章不健全,监管不到位。

有观察家称艺术品投资市场已经泡沫化了。这不无道理。

市场里有价位的虚幻性,就是在市场里面人为因素过多,背离市场规律,价格飙升。

设想下作为非艺术品鉴赏专家的你和你的家人,如何在国内的拍卖行拍下某位名家的赝品后找到可以报销这笔不会便宜的学费地方?

而你不慎购买到别的行业的假货,至少可以到工商局投诉,抑或有些赔偿,可是这个艺术品收藏拍卖这个行当里买了假东西,你除了打碎牙吞肚里,还能怎么样?

第五章 家庭投资分类:收益最大化

普通老百姓认为家庭理财就是投资,实际上理财和投资还是有很多明显的区别。投资是说投资者敢于冒于一个风险博取利益的最大化,家庭理财实际上是做资产的配置,在确保资金稳定的前提下追求一个稳定而长期的收益,这是两者很大的区别。

现在有哪些适合中国家庭投资理财的工具,分别适合什么家庭或阶段

一、常见的投资理财工具

1.银行存款。安全性灵活性好,但收益率较低,一般跑不赢 CPI。相比其他理财工具,银行存款的最大优势在于其灵活性最高:即使在休息日月黑风高的夜晚,你也可以将存款支取,通过刷卡、柜台或 ATM 机取现的方式完成及时支付。其他诸如基金、银行理财,都有交易时间限制、到账慢等特点,无法实现7 天 24 小时的想动就动。因为这个特点,银行存款几乎始终是居民必备的一种理财工具。

但是随着国家推进利率市场化改革以及未来银行业的深化发展,不同银行的存款的安全性将出现分化,相对应的利率水平也将出现差别,到时候就需要投资者进行银行信用风险分析了,而不是像现在在改革初期只需要考虑收益率即可。

2.货币基金。安全性几乎和存款一样,但收益率更高,灵活性接近,缺点是一般需要 12 个工作日才能到账。在降息周期里银行存款的选择价值会更高些,而加息周期里货币基金有比较优势。和存款相比,货币基金有个优势:银行定期存款如果提前支取会变成活期利息,货币基金却是持有几天算几天利息,无到期日,不会出诸如一年期定期存款在第 360 天提前支取会功亏一篑的情形。

货币基金起点金额 1000 元起。

3.国债。储蓄式国债收益率高于银行存款,安全性最高(这是个看起来比较奇怪的现象,一般条件下安全性更高的投资工具给的收益率应该会低些)。

国债流动性一般，可提前支取但是收益率需要打折扣。储蓄式国债的一个缺点是供不应求，在银行柜台难买的到。记账式国债其实大家可以通过交易所买，但是多数投资者不了解，一些保守的投资者似乎天生害怕价格波动，实际上如果能够判断即将进入降息周期，那么买记账式国债将更加理想。储蓄国债起点金额低100元即可。

4.银行理财。固定收益类的银行理财产品，收益率一般高于存款和国债，但是流动性较差，必须持有到期，安全性多数情况下不需要担心，因为有银行信用在里面。银行理财一般适合于投资期限一年以内的情况。起点金额5万、10万、30万都有，相对较高。除了固定期限、固定收益的理财产品，现在也有不少的银行理财是属于期限灵活可变、收益率浮动的产品。具体的安全性和收益性，就得看投资方向了，这个可以通过产品说明书或借助理财经理进行分析。

5.企业债券/公司债券。这里指交易所的企业债和公司债。中国交易所的债券迄今为止事实上的违约风险为零，从来没有发生过违约事件。我国严格的债券审批机制决定了债券在现阶段是一个风险极低但收益率又显著高于银行存款和国债的投资工具，比如目前的09名流债持有2年到期可以获得年化6.5%的回报。。灵活非常好，当天买当天就可以卖。起点金额1000元即可。不过做债券是需要面临价格波动风险的，因此如果没有一定专业知识基础或无专业人士指导，不建议中短期的投资行为，因为有价格波动风险，但是对于可以持有到期的投资者，还是考虑的。做债券的有利时机是降息周期，因此密切关注利率走向，会非常有助于投资债券。从长期来看，中国的债券迟早会出现违约事件，这种可能正在逐渐加大，因此我们需要享受眼前的好日子，但同时也要注意风险的防范。

6.公募基金。 这里面的学问非常大，因为基金分很多种，可以满足不同风险偏好、投资期限和流动性偏好的投资者的需求。一言以蔽之，安全性、收益性各个层级的应有尽有，一时半会儿无法说完。

起点金额1000元。另外特别提一下分级基金，分级基金的低风险份额非常适合长期投资，以2012年2月29日的价格买入，长期年化收益率基本在8%以上。而喜欢暴涨暴跌的投资者，则可以考虑高风险份额，满足自己的投机需求。大家可以各取所需。起点金额令人难以置信的低：100元足够在二级市场买一手了。

7.阳光私募基金。相比公募基金，整体业绩更好，2011年排名第一的阳光私募收益率30%以上，不过业绩分化也大。应该说，中国股市里的绝顶高手主要集中在阳光私募领域，因此还是有不少的基金长期大幅跑赢大盘的。起点金额为 100 万、300 万起。

8.信托。固定收益类信托现阶段来说相比 20062011 年的风险已经有所上升。预期收益率高,一般在 7%12%左右,流动性差。信托公司有着严格的风险控制措施,对于项目会进行尽职调查,且让融资方提供抵押担保物,即使融资方最终无力偿还,其所提供的担保物可以部分或全部覆盖融资金额和收益。另一方面,信托业有个潜规则"刚性兑付",就是说即使之前所有的风控措施最终还是不足以支付投资者足够的本金和利息,信托公司也可能自愿掏腰包补上差额,为的就是维护自己的信誉和形象。因为,虽然合同也写明了不承诺保本保收益,但是如果真的无法兑付,失去的将是一大批客户的信赖,而且也容易被同行业攻击,因此宁可赔钱也不能坏了名声。但是,有这个意愿和能不能真正实现"刚性兑付"是有差别的。 如果某个项目融资额非常大致损失惨重,不排除信托公司依合同行事不"刚性兑付"。信托行业迟早会出现第一起未实现预期收益的案例,只是时间的问题。当然,总体来说,信托行业的风险还是处在较低的水平,对于资金量大又追求稳健收益的投资者,信托是个不错的选择,但是需要多做功课做好项目风险因素的分析,从投资项目本身风险、融资方实力、信托公司实力等方面进行深入分析。起点金额高,100 万、300万起。

9.黄金。黄金历来被当做保值增值的理财工具,过去十年的走势印证了人们的观点。但是黄金的商品属性时其也具备了一定的风险,过去半年的纠结走势体现了其风险特征。流动性尚可。

10.外汇。

11.保险。

12.房地产。

13.期货。

家庭理财如何实现稳定收益?

靠定期储蓄打理闲钱的中国老百姓,朦胧中被 2006 年的牛市突然唤醒,然而这些新股民和新基民,经历这一轮牛转熊之后才知道,家庭理财规划,其实并不是买点保险、买点基金和股票那么简单,很多人后悔自己盲目进了股市,现在却被深套其中。

那么究竟如何制定家庭理财规划?在控制风险的情况下,如何实现稳定的受益?

理财规划

1.状况:家庭月收入在 5000~10000 元之间

控制开支构建家庭保护网

这个收入区间的投资者，大多是年轻夫妇，需要担负起包括成立家庭、自置物业及生儿育女等责任。面对各种不同需要，有效控制开支变得格外重要。这个阶段，最重要的是懂得如何保护已经拥有的财富。

在日常消费和供房贷的开支之后，剩下来可以投资的钱并不多，因此建议投资应该尽量放在自己身上，提升自身的谋生技能。

这里的谋生技能包括，自己的继续教育规划以及理财的技能，尤其强调要对自己的理财能力进行培养。现在很多人一拍脑袋的工夫就可以做股票、买基金，这样太不慎重了。想学车还要学几十个小时，何况是投资理财呢，这要比学开车更复杂。

这个收入群体尤其要关注的就是家庭保护网———保险。购买一份人寿保险，它可以保证你在遇上不幸时，你的家人免受债务的困扰，而且可以有足够的资金，应付将来的需要。

在购买保险方面，很多人都存在一个误区，即买保险货比三家，回报高才买。其实，购买保险就是替家庭买下一个保障网，保险单的内涵是足够保障，理赔信誉好，代理人服务到位。保险不是投资，高回报的保单，说不准背后保险公司财政有问题，到时候能不能赔付也成问题。

尤其要选好保险代理人，保险代理人代表保险公司提供服务，如果保险代理人变动比较大，就无法保障售后的服务，因此要选起码保障三年以上的工作经验，将其作为终身职业的保险代理人，如果仅做个一年半载，很可能过两年就不在这个保险公司工作，无法提供售后服务。

2.状况：家庭月收入 10000~20000 元之间

搭建多元化的投资组合

一般来说，进入这个收入区间的家庭，大多已经步入中年，经济环境比年轻时富裕得多，但清晰预算仍不可少，子女即将自立，却也是养育花费最多的一个阶段，而且退休后的养老金也要进行提前筹划。

首先，要好好运用额外的收入，增加储蓄；其次，建立一个多元化的投资组合。例如，组合之中可以包括房地产、股票、债券和基金，进行定期的投资。随着收入的上升，需要回顾一下你的保险需求：是否需要提高保险的保障范围，保额是否可应付现实的要求，保险是否适当全面。因为以后再买保险就太贵了。

很多人对养老金有一些误解，认为社保这块可以提供足够的养老金，实际上是不够的，社保提供的养老金也只有 2000~3000 元，考虑到通货膨胀的情况，未来这些养老金远远不够。因此在投资受益中要适当考虑养老金的准备。

这个收入群体要重点考虑投资,投资方式包括基金定投、黄金、银行理财产品以及债券。黄金可以占到投资总额的 20%,基金定投可以占 50%,债券或者债券型基金占到 30%,其中也可以考虑一些短期的银行理财产品。

黄金投资方面,建议可以买纸黄金或实物黄金,因为黄金的长期趋势是上涨的,因此长线持有。

基金投资方面,如果是做股票型基金,根据目前的股市情况,建议要做基金定投,但不要长期持有,可以设定自己的获利空间,并在市场达到高点之后分批卖出。实际上这次牛熊市就是一个教训,很多人不是没有赚到钱,而是因为赚到钱以后一直持有,结果很多人到现在为止还亏了不少钱。

3.状况:家庭月收入在 20000 元以上

增加股票房产投资

这个收入群体随着收入的增加,风险承受能力也大大增强;在投资方面,除了做基金定投之外,可以考虑投资股票和购买第二套房产,构建适合自己风险偏好的投资组合。

在投资房产方面,很多投资者对目前的房价高低无法判断,担心买了以后再"砸"手里,这里有一个很简单的方法,可以用收租率来判断房子的投资价值:如果年租金占总房款的比例在 7% 以上,这个房子才有投资价值。

再有,就是投资股票,投资者需要明确的是,买股票就是买盈利增长。要根据经济周期选出未来增长在 50%~100% 的股票。

在做股票方面,需要特别提醒的是"死了都不卖"的操作误区。这个投资方法比较适合牛市,牛市人人都是股神,买垃圾股都涨;但不适合熊市和猴市。熊市几乎是直线下跌,这个时候处于恐慌阶段,人人都不敢投,几乎没有利润;猴市的特征是上蹿下跳,这样的市场特征是有利润可赚的,但要强调的是波段操作。

要抛弃"信息垃圾"。不少股民亏损是因为听信了不少机构的讲座,但其中的真相,投资者需要加以辨析。

比如:2007 年 9 月份国际及国内的媒体都在报道一则新闻,巴菲特将他持有的大量中石油(8.72,0.01,0.11%)H 股全卖出,投资者都觉得他没有卖出最高价。但时间证明巴菲特是对的,他是少数能将中石油股票价格高点卖出,将利润拿回家的投资者。而大部分投资者却被深套,因此投资者应该清楚地知道,究竟应相信专家或是你周边的"信息垃圾"。

如果你没有跟着专家做投资的习惯,或无法接触股市中的常胜将军,那么可以使用另外一招:找周边 5 位"倒霉朋友",即那些买股票常常被套的投资者,与"倒霉朋友"反方向操作。这也是一位成功操盘手使用的一个方法,不妨一试。

家庭理财之投资理财赢利 8 误区

1.投资房产最安全

A 和 B 分别花 40 万元买了一套房子后又先后卖掉了。

在 A 卖房子时,当时有 25% 的贬值率,所以 A 卖得 30.8 万元,比买价低 23%。B 卖房子时,物价上涨了 25%,结果房子卖了 49.2 万元,比买价高 23%。几乎 60% 的人都认为 B 做得最好,而 A 做得最差。但事实上,A 是唯一赚钱的一个,考虑通货膨胀因素,他所得的钱的购买力增加了 20%。

2.房产是最直接的赚钱方式

最近房价狂涨,因此房产投资成为一大热点,面对租金收入与贷款利息的盈余,不少房东为自己的"成功投资"暗自欣喜。然而在购房时,很少人会全面考虑其投资房产的真正成本与未来存在的不确定风险,只顾眼前收益。其实,在现今情况下,房地产的高收益不过是短期行为,在贷款投资的情况下,未来的前途非常不确定。

3.分散投资才安全

在考虑资产风险时,很多女士都坚持要把不同的鸡蛋放在不同的篮子里。然而,在实际运用中,不少投资者却又走到了反面,往往将鸡蛋放在过多的篮子里,使得投资追踪困难或者"分心乏力",造成分析不到位,反而会降低预期收益。

4.投资方式太保守

在诸多投资理财方式中,货币基金是风险最小、收益最稳定的一种。但是,"央行"连续降息加上征收利息税,已使目前的收益率达到了历史最低水平,在这种情况下,依靠货币基金实现个人资产增值非常困难,一旦遇到通货膨胀,你的个人资产还会在无形中"缩水"。

5.新基金比老基金贵

很多女士都认为新发基金(面值发行 1 元)便宜,老基金由于净值高(目前均为面值以上)而"昂贵"。其实开放式基金不存在价格与价值的差异,衡量开放式基金是否具有投资价值的依据应是预期回报率,而预期回报率与基金单位的当前价位是无关的。

6.定期定额的收益率一定高

定期定额是许多基金公司宣传的一种懒人理财法,在他们的算式中,每个月存入 1000 元。在 40 年后退休时,你就可以拥有 100 万元的退休基金。但其实这种模型是建立在理想化的年收益下的,按照台湾 20 年的经验而言,投资定期定额,大多只能做到保本而已。

7.偏爱时尚投资

理财可不是时尚,能让主妇们随便地玩一玩再说,在没有弄清楚新的理财产品之前就贸然进入。有的主妇把信托产品当成债券来买,而信托有本金损失的风险,承担这种风险的代价是相当可怕的。因为它的收益率只是预测的,信托公司并不以自己的资产作为担保。

8.新股最好赚钱

因为投资股票非常复杂,所以许多主妇们热衷于新股的炒作。在实际中是否真的新股不败?翻一翻2001年中期之后的新股就可以发现,很多上市后定位在30元左右的小盘股,最后一路下跌,到目前不到10元的价位,绝大多数新股都遭到了夭折的命运。

无存款家庭理财:投资以债券基金和国债为主

有对夫妻两人2006年结婚,女28岁,男31岁,双方均有单位的医疗保险、养老保险,有一小孩,夫妻年收入约17万,收入比较稳定。

现有住房两套,一套100平方自住,一次付清房款,现价值约60万,一套面积160刚交房,已办理公积金贷款,贷款28万,20年月供2000;商铺一间,现价70万,办理商业贷款10年,租金刚好支付每月贷款本息。

另车辆一部福克斯两厢2006年购置,价值12万,另有股票15万,跌至5万多点。

现手头已无存款,问如何理财更好?

建议:你目前现金资产不多,未来理财依靠日常收入的情况下,建议你根据风险偏好组建投资组合,组合中以债券基金和国债为主,少量混合基金,投资方式选择基金定投,进一步减少投资风险。目前持有的股票,可以根据具体品种适当调整,有些股票不具有持有价值,在目前点位,调整是个机会。选择一些行业龙头股票,长期投资可能更好。

高中低收入家庭如何投资理财?

家庭投资理财是针对风险进行个人理财的有效投资,以使财富保值、增值,能够抵御社会生活中的经济风险。那么,高中低收入家庭如何进行投资理财呢?

由于每个家庭的收入、成员结构情况都不一样,家庭成员的心理承受能力、投资预期也大不相同,因此,每个家庭投资理财的方法也有很大差异。家庭理财要根据家庭的实际收入和支出情况，开源节流，让财富转动起来，拿有限的资本赚取更大的收益。现在家庭投资理财品种主要有：银行存款、股票投资、投资基金、债券投资、房地产投资、保险投资、期货投资等，这些新的投资品种逐渐成为个人投资理财的重要组成部分。

投资"二分法"：适合于低收入家庭，选择现金、储蓄、债券作为投资工具，再适当考虑购买少量保险；投资"三分法"：适合于收入不高但稳定者，可选择55%的现金、储蓄及债券，40%的房地产，5%的保险；投资"四分法"：适合于收入较高，但风险意识较弱、缺乏专门知识和业余时间者，其投资组合为：40%的现金、储蓄及债券，35%的房地产，5%的保险，20%的投资基金；投资"五分法"：适合于财力雄厚者，其投资比例为：30%的现金、储蓄及债券，25%的房地产，5%的保险，20%的投资基金，20%的股票、期货。

第一节 教育投资

从幼儿园到大学所需45万元家庭储备教育金

有数据显示，教育支出占家庭全年总收入的20%，从幼儿园到大学，再加上各个阶段所需的才艺费、补习费，粗略计算，至少要45万元才够，其中子女就读大学的家庭支出最高，如果孩子有留学计划，则可能还需要25万元左右。

在准备教育金时，有3个重点需要注意：

1.越早越好。开始规划的子女年龄（或准备积累的期间）愈早（长），时间复利的收益就愈好。没有时间弹性、没有费用弹性是子女教育金的两大特色。面对高学费的挑战，时间会是最好的朋友，愈早开始，计划愈容易成功。

2.理财目标要确定。子女教育金理财规划目标重点在于拥有足够的学费，因此关键在于资产配置。资产配置得当，子女教育费用便可放心。教育金是一项确定的需求，因此建议用确定的方法来解决。

3.教育金准备要充足。现在的大学教育，不单是比孩子的"智力"，也比父母的"财力"。根据自己的情况，为孩子准备足额的教育金是孩子拥有美好未来的基础。其中特别需要注意的是，豁免保险费保险很重要，因为，父母万一因某些原因无力继续缴纳保费时，对孩子的保障也继续有效，父母的爱心才能延续。

首先，这笔钱在孩子需要时就必须拿出来，也就是几乎没有时间弹性，所以要从宽准备，及早准备；

第二，在为孩子准备教育金时，要大概确定将来子女所需教育程度；

第三，必须考虑到教育费用的上涨率。

据统计，目前 4 年大学学费及生活费，在内地需花费 8.4 万元，赴英国留学需要约 58.2 万元人民币；而 15 年后，预计总费用分别为 16.7 万元和 117.4 万元。

最后，孩子的教育准备金必须要放在安全的环境中并使其保值、增值，因为一旦发生任何闪失，将来将有可能影响孩子的一生。因此，以股票、基金等投机理财方式来准备孩子教育储备具有一定的风险性与不确定性，而且也会被随时挪做它用的可能。可以采取教育保险等方式加以解决。

四种最适合家庭的投资方式

教育金的筹备方式较多，目前主要有教育储蓄、教育保险、基金、黄金四种形式。这些产品均有各自的特点，可根据家庭的风险投资偏好进行选择。

在孩子出生之后，采用基金定投实现教育金积累的方式，投资时间最少 5~10 年。

一般投资者很难选准投资时点，许多人没有时间去研究也不知道什么时机买入、什么时机卖出。采用基金定投，不论市场行情如何波动，每个月在固定时间定额投资基金，在基金价格较高时买进的份额较少，而在基金价格较低时买进的份额较多，长期累积，可以有效的回避风险，复利效果也非常明显。建议风险承受力较强的家庭重点关注。

保险也是不错的教育金储备方式。所谓教育金保险是一种能够为子女提供教育基金的保险，属于储蓄性质的保险产品，并具有一定的保障功能，以应对在不同阶段的教育费用。教育金保险为子女教育设立专门的账户，能够针对孩子在不同成长阶段的教育需求，提供相应数额的保险金。目前市场上该保险销售的大都是分红型险种，年金给付责任除了可以提供初中、高中和大学几个时期的教育基金以外，有的还包含毕业后的创业基金、婚嫁基金以及退休之后的养老基金。教育金保险并不是一种个人投资行为，它是由保险公司资产管理部进行的专业投资，以保证资金的安全和持续稳定的增值。

所谓教育保险其实就是一种储蓄方式，从孩子一出生就可以购买。其最大的特点是专款专用、风险波动小。而且，早投入负担轻收益高，同时，保险还可以抵御财务风险，转移人身风险，这点是其他理财工具都做不到的。但是其收益也偏低，和定期存款差不多，一般在 3%~4% 左右，较适合投资保守型的家庭使用。

还有一种不错的投资方式是购买黄金。黄金一直被看成是财富的象征，具有不可替代的保值功能,在目前通胀预期如此强烈的大背景下,黄金更是受到很多人的追捧。但是对普通投资者而言,很难准确判断黄金的未来走势,因此一次性大笔投资是具有风险的, 黄金更适合定期投资。目前部分银行就推出了黄金定存性质的产品,长期的分批买入,能够更好的平衡风险。

另外一种方式是教育储蓄,投资虽然稳定但收益有限,而且有数额限制,上限是 2 万元,且要在孩子上小学 4 年级以后方可购买,对于教育金储备增值的作用会比较小。

综合来看,收入比较高的家庭可以选择以黄金和基金为主的投资方式,而普通收入家庭可以更多的关注教育储蓄和保险。如果你厌恶风险,那么选择黄金和保险。但是没有一种理财计划能够适用所有家庭,围绕各个家庭不同的财务状况制定计划是最重要的, 另外还应该每季检查计划是否仍符合自己的投资目标。

刚有小 baby 的家庭理财教育规划

赵太太今年 34 岁,在外资企业上班,赵先生 36 岁,在一家企业上班,家庭收入在每年 19.8 万元左右。女儿 2 个月大,父母都已退休,现在帮忙带小孩。每年生活开销 7.2 万元,其他支出每年 1.2 万元。现在有现金及活期存款 7.5 万元,银行定期存款 1 万元,开放式基金 1.98 万元。有一套价值 30 万元的房产。去年向朋友借了 2 万元。赵太太和赵先生都投保平安的重大疾病险和意外险, 女儿有一份中国人寿赠送的医疗险 20 万。

理财目标:

1.准备购买价值 10 万~15 万元之间的车一辆;

2.2006 年刚付清房贷,并养育了宝宝。计划未来的五年,每年存款 6 万~8 万元;

3.宝宝两岁以后,每年计划除外旅游一次,费用在 1 万元;

4.计划将闲置资金参加股票和基金,股票占投资额的 20%,基金和定期存款占 80%。期待的收益预期为 4%。将参加定期定投;

5.开始为女儿储蓄教育基金,以基金定投为目标;

6.计划购买商业养老保险两份;计划用闲置资金购买万能险两份;

7.五年过后,如有合适的房产,计划在赵先生的家乡购置房产一处。

家庭财务现状

家庭收支情况(元/年)

收入		支出	
家庭工资收入	168000	生活开销	72000
其它收入	30000	住房贷款	0
其它支出	12000		
合计	198000	合计	84000

家庭资产负债情况

资产		负债	
现金及活期存款	75000	房屋贷款余额	0
银行定期存款	10000	消费贷款余额	0
开放式基金	19800	其它	20000
房产	300000		
资产总计	404800	负债总计	20000

家庭财务分析

收支情况分析

从赵太太家庭年收支情况来看,节余占收入的 57.6%,约合 114000 元。这样的储蓄比率是不错的,表明赵太太家庭日常控制开支和增加净资产的能力很强。对于这些节余的资金,可以考虑投资来实现资金的保值增值。

资产负债分析

从家庭资产的分布情况来看,74%都是房产,不动产占据了绝大部分,家庭资产的流动性不够,家庭银行储蓄比例偏高,远远大于基金等金融资产的投资金额。可以看出,赵太太家庭资金投资再增值能力不强。

赵太太家庭偿付比例情况。偿付比例是家庭净资产占总资产(负债+净资产)的比重,现在多数人买房都向银行贷款 10~30 年,贷款比例也在六七成,虽然房产成为总资产的重要部分,但是负债的比例过大,净资产比重就会大大降低。通常情况,这个公式的比值不能低于 0.5,否则也是个长期债务过高的信号。赵太太家庭这个比例是 95%,远远超过临界值 50%,证明家庭的偿债能力很强。20000 元的负债,赵太太可以视情况提前还款。若负债的利息低于资金的平均投资收益率,可以考虑暂时不偿还这部分负债。

流动性比例情况。流动性比例是家庭的资产中能迅速变现而不受损失的那部分资产与家庭的每月支出的比例,这个比例反映了家庭是否有足够的应急资金来应付突发情况。这个比值至少要大于 3,在 3 到 6 之间是比较合理的。也就是通常所说的,一个家庭中需要保留每月支出的 3 到 6 倍的现金存款,这样才能保证在遇到变故的时候,至少有维持 3 到 6 个月生活开支的现金。赵太太家庭的流动比例远超过 3,闲置资金过多,资产的再增值能力不强。

可以考虑将银行活期存款的部分用于投资。

从家庭购买的保险保障来看,目前的购买组合还不很合理。赵太太在外企工作,单位是否有购买社保等并未描述。建议赵太太及丈夫应该补充购买部分养老保险,家庭年用于购买保险的保费支出占家庭年收入的5%较为合理。

理财目标分析及建议

1.备用金

留够40000元左右的银行存款作为家庭备用金,以购买货币市场基金的形式留存。这样做的好处是,流动性强且收益不交所得税。这样一来家庭尚有35000的闲置资金可以使用。这部分的闲置资金可以考虑购买股票型或混合型基金,或短期人民币理财产品。这部分资金将作为未来的购车准备金。

2.储蓄计划,作为购车备用和教育基金

家庭每个月大概有9500元的节余,每年存款68万的目标不是问题,关键是,怎么让这部分资金尽可能地增值,以期更快速地积累财富。赵太太家庭处于家庭成长期,这个时期家庭成员稳定,子女教育负担将会逐步升高,家庭最大的开支是保健医疗费、学前教育、智力开发费。家庭风险承受能力较强,但要开始控制投资风险,投资建议以稳健为主。每月的节余资金可以考虑定期购买开放式基金,建议的基金投资组合如下表所示:

	原占比	调整为(%)	默认计算年收益率(%)
股票型基金	20%	40	9
配置型基金	40%	40	7
债券型基金	20%	20	5
货币市场基金	20%	20	3
合计	**100%**	**100%**	**6.20%**

这样投资23年,家庭可以稳定的获得年6%左右的收益,并且免税。这部分投资可以作为购车准备,和未来子女的教育基金。

3.购车计划

可以考虑将19800的基金卖出,加上部分定投基金的资金(40000左右)和前期的购车备用金用来购车。由于养车费用很高,购车后家庭花费将会增大,购车后家庭月度节余会减少,到时需要适当地调整家庭基金的投资组合。增加风险中等的基金投资,适当减少高风险基金的投资。

4.家庭保障计划

前面已经提到过这个家庭的保障计划的问题,目前保费的开支不算少,但保障的范围还不够,建议赵太太及丈夫应该补充购买部分养老保险,这样保障更加全面。一般来或,家庭用于购买保险的保费支出占年收入的5%就比较合理了。

关于 5 年后购买房产投资的计划,由于计划时间比较长,建议先做好近期的财务计划和安排,再做房产投资的考虑。

每月定投 1000 元 积攒孩子未来学费

林宝今年 29 岁,在一家企业做管理工作,月收入 7000 元左右,妻子小丁今年 27 岁,月收入 1500 元,俩人暂时租房居住,房租 1000 元/月。平时的一些日常支出,每月控制在 1500 元左右,目前有存款 8 万元,基金和股票 3.6 万元,林先生有社保和 20 万的商业保险均是单位缴,妻子有社保。

理财目标:

1.今年合理价格购房

2.2014 年添个宝宝,为小孩准备一定的养育和教育费用。

财务现状分析:

1.定期储蓄占家庭总资产的比率为:51.4%,资产结构不尽合理,生息率很低。这实际上损失了大量的利息收入,在赵先生急需资金购房期间,这种积累资金的方式急需改变。

2.收入支出比例为 23%,相对来看,这个指标还比较合理,但是趋于保守。

3.活、定期存款可以视为紧急预备金账户,但 8 万元过多,直接影响到资金的合理运用和资金的保值增值。

家庭财务隐患

1.还需注意的是,当前子女教育问题,林先生虽然已经做好了要孩子的准备,但是从资金专款专用上并没有体现出来。实际上子女出生后抚养和教育孩子问题是一个非常长时期的资金使用过程。例如,子女从小学到中学、大学的费用等等,这些资金必须提前考虑,否则将打乱全盘的理财计划。

2.从目前表中显示,林先生的保险是由单位支付,但是为林先生投保的什么利益并不太清楚。据我了解,一般单位给员工提供的险种,除了社会医疗和养老保险外,其余险种都是短期的意外伤害险,没有终身健康补充保障(林先生可以向单位咨询核实一下)。在我们的现实生活中,大病的发生是我们很多家庭财务链发生危机的主要原因。很多美满幸福的家庭,一旦一位收入人病倒,整个家庭都可能面临财务困境。

为此,建议应该全面提高保险意识,如果保险准备不充足,会影响到整个家庭资金的流失,甚至会带来更高的生活风险。

理财目标分析及建议:

1.提拨紧急备用金。该紧急备用金建议应按照 36 个月的费用,即 1 万元左右投放比较合理,可以投入到货币型基金或存在活期存款上。

2.投资及保险规划。

资金投向建议分成三个部分,流动资产 13.6 万元和每年的净收入 10.4 万元。还是应该放在稳定收益性的投资产品上,除了健康型保险支出外,还需投放到股票型、偏股性基金或定期定投基金产品上。如有精力炒股要有一定的专业知识,否则,将会套牢资金,得不偿失。信托资金没有一定的把握暂时不介入。

从保险资金分配来看,可以按照收入的 10%~15%资金来保险。为林先生妻子投保商业重大疾病保险,夫妇二人做好意外、健康保障(投保时可咨询当地的保险公司专业人员选择最适合的保险产品)。

从投资股票性基金的比例来看,可按照不超过现有流动资产 20~30%掌握。

子女教育投资方面。为了孩子的抚养和教育,可以每月存入 1000 元定期定投基金中,如果按 5%的利益计算,14 年林先生就会得到 24 万元的资金,正好是孩子上高中的时期。

3.房产投资比例

首先建议投资房产还是少首付多贷款,首付 35~40%即可。贷款可以按照 15 年 18 年贷都可以,每月还 1500 或 1800 元,因为林先生的有些情况还是未知数(小孩出生和林先生的行业不清楚),因此不能更确切的为林先生建议。其次,林先生的购房计划比较合适。根据林先生的需要,如有老人经常来往,可以买三室一厅的房子,否则可以减少面积。面积过大使用率低,对于林先生来说,也是一种浪费。

中等收入家庭的子女教育计划

吴先生今年 26 岁,在事业单位工作,每月工资 1008 元,年底还有预算外工资 1800 元。吴太太也是 26 岁,也是事业单位的,每月工资 1132 元,年底有各种奖金大概 2600 元左右。小孩 3 岁多,正在上幼儿园。

支出情况:1.固定支出:每月要扣公积金 101 元、医疗保险 38 元(其妻的工资已经扣过了每月公积金 254 元、医疗保险 34 元。)、一年的党费要 120 元,每月物业管理费是 20 元,每月电视费 12 元,妻子还在进修,学费 4000 元左右/学年(单位报销 70%),宝宝的学费 260/学期,中餐 50 元/月。

2.浮动支出:煤气水电费平均 95 元每月,吴先生每月的手机费平均 8 元,

吴太太每月的手机费50元(单位每月给报销36元),每月生活费每月500左右,宝宝的零食每月100元左右,服装费每年2000元左右,从明年1月开始要还房贷每月1012元。

3.其他不可遇见的支出大概每年要2000~3000元。

资产负债状况:1.住房一套,5.楼复式结构带车库共180平方,买入价8万,现在价值大概在20万左右。

2.商铺一间,今年我公积金贷款刚买的,2层带车库共148个平方,价格17.5万,公积金贷款10万,10年还清,从明年一月起每月还1012元,还欠开发商2.5万元,明年7月前还清。欠亲戚1万元(无息),房子今年12月底到手,估计出租后每月能有房租500元;银行存款无,都用作买房了,妻子的哥哥欠我们1.2万元。

3.投资基金每月200元,今年11月才开始的通过工行定投的。

4.保险1份,是吴先生的母亲买给我儿子的。

近期理财目标:5年内还清欠亲戚的2.7万,最好能有点节余。

远期理财目标:给宝宝预备20万,将来上大学用。

资产负债状况

资产	金额	占比(%)	负债	金额	占比(%)
现金、储蓄	2400	0.62	公积金贷款	100000	78.74
借出款	12000	3.08	其它借款	27000	21.26
家用住宅	200000	51.36			
商铺投资	175000	44.94			
资产总计:	389400	100%	负债总额	127000	59.56%
资资产:			262400	67.39%	

家庭财务现状

收支状况

收入	金额	占比(%)	支出	金额	占比(%)
吴先生的工资收入	10428 元/年	37	日常支出	2220 元/年	13.57
吴太太的工资收入	13584 元/年	48	教育费用	1320 元/年	8.07
吴太太的年终奖金	2600 元/年	9	生活费用	7800 元/年	47.68
吴先生的年终奖金	1800 元/年	6	休闲娱乐	2000 元/年	12.22
			小孩支出	520 元/年	3.18
			其他支出	2500 元/年	15.28
收入总计:	28412 元/年	100%	支出总计:	16360	100%
平均节余:12052					
平均节余:1004.33					

财务现状的分析

家庭收入构成中,夫妻的收入相差不大,属于"二人携手创明天"的类型。工资收入占到总收入的100%,显示家庭的收入来源较为单一。

目前家庭月度节余资金1004.33元,年度节余资金12052元,占家庭年总收入的42.42%。这一比例称为储蓄比例,反映了吴先生的家庭控制开支和能够增加净资产的能力。对于这些节余资金,吴先生可以通过合理的投资来实现未来家庭各项财务目标的积累。

根据家庭资产负债的构成来看,家庭总负债占家庭总资产的比率为32.61,低于50%的临界水平,在安全的水平。

理财目标及分析

近期理财目标:5年内还清欠亲戚的2.7万,最好能有点节余。根据现在的收支状况看,每月有节余1004.33元,今年12月交房,那样明年一月就可以把商铺租出去,按照吴先生自己的设定,每月就有租金收入500元/月,但是明年开始还款,1012元/月,吴先生和妻子的公积金合计是700元左右,这样租金收入和公积金就可以还每月的贷款。那么从明年起吴先生的每月节余应该还

有 1000 元左右。按照这样的节余,5 年内是可以还清欠款 2.7 万元(还有很多余钱的)。

远期理财目标:给宝宝预备 20 万,将来上大学用。现在每月节余 1000 左右,可以做一些投资,一部分做五年后内还亲戚的资金储备,一部分用来做小孩大学教育金的储备。

理财计划及对策

1.应急备用金的储备;目前存款 2400 元,这是用来交给开发商的钱,这样就没有什么闲置资金,应急基金是为了应付如暂时失业和其他一些意外情况而以高流动性的活期储蓄等形式准备的资金。由于夫妇的工作均较稳定,所以家庭的现金、活期储蓄及货币市场基金类资产能满足 3 个月左右的支出即可。建议留 4500 元左右做应急准备金。对于这笔资金,合理安排好存款结构可获得高利息收入,同时还能保证存款的流动性。

2.每月节余 1000 元左右,用一部分进行定期定投的投资,可以投资开放式基金,下面是建议的投资比例:

基金类别	预期收益(%)	投资占比(%)
配置型基金	6	55
债券型基金	4	25
货币型	2	20
合计	4.70	100

每月将 700 元做上述比例的投资,5 年后,即 2011 年时,将有 47241.65 元的基金投资本利收益。其中共投入本金 42000 元,投资收益 5241.65 元。到时可先用 2.7 万元进行还债。其他的可以继续进行来储备小孩大学的教育基金。十年后贷款还清后,可以追加每月投资的金额。

3.保险安排。目前都有社保,应该还是考虑一下商业保险。吴先生和妻子都是家庭的重要经济支柱,所以都要充足的保险保障。首先先考虑购买意外险,其次再购买疾病和重疾,养老保险依据家庭的经济状况来安排,现在还可以不考虑,以后如果投资收益比较高,可以用投资收益来储备养老金。

公务员家庭如何为女儿准备教育金

赵女士在一家知名国企工作,先生是基层公务员,家庭月收入在 12500 元左右。家庭资产除一套房改归己的 116 平方米住房外,还有 8 万元银行存款,2 万元国债,目前房产市值约 230 万元。女儿正上小学。夫妻双方单位都负担职工相应的医疗和养老保险费用。

近年来,赵女士一家用于提高生活质量的消费支出日渐增大,特别是在保证家庭日常生活开支的同时,用于旅游、文化等方面的消费逐年递增,家庭月总支出大约 8000 元左右,每月有 4500 元左右的结余。

资产分析

1.资产负债情况

赵女士家庭没有负债,资产负债情况良好。固定资产即自住房产占了家庭总资产的绝大部分。家庭投资主要是国债和银行存款, 现有的理财品种均属保守型投资,虽然较为稳妥,但综合年收益率仅为 2%左右,很难抵御物价上涨带来的资产贬值风险。

2.收支情况

从结余方面来看,赵女士家庭的储蓄比率为 36%,有一定财富积累效应。但如果赵女士继续保守理财的话,那时的家庭积累恐怕会捉襟见肘。

3.保障情况

赵女士家庭理财结构中没有保险类的投入,家庭成员的人身保险、家财保险几乎为零。

总体来看,赵女士家庭收入稳定,但支出较大。资产结构主要集中在低风险的存款和国债, 无法抵御通货膨胀对财富的侵蚀。家庭保障有待进一步加强。

理财目标

1.希望加强家庭财务管理,寻找合适的理财方案,实现合理的平衡。

2.为女儿准备教育金。

3.为家庭增加抗风险类投资产品。

理财建议

1.在风险可控的前提下,积极寻求收益高的理财产品。

在控制风险的前提下,寻找收益较高的产品,提高理财收益率。赵女士家庭资产中,银行存款过多,影响了资产的收益。

国债是所有投资渠道中最稳妥的理财方式,考虑国债不缴利息税、提前支取可按相应利率档次计息等优势,国债应作为家庭理财的首选品种。所以,赵女士应加大持有国债的比重,定期存款中,如果有到期或存入时间不长的,可以支取后转为凭证式或记账式国债。

2.适当进行风险投资,增加资产的张力。

中国股市日趋规范,在投资环境向好的情况下,如果购买一些10元以下的通信、金融、能源等高成长行业的股票,必然会取得较高的回报。同时,近来各银行争相推出了各种炒汇业务,这种过去被认为是"投机倒把"的理财方式,已经给许多汇民带来了不菲的投资收益。如果赵女士能通过合法途径换取外汇,可以到银行开户炒汇。因为国际汇市和中国存在时差,赵女士可以白天上班,晚上下班后在家里进行网上炒汇,这也算是给自己增加了一项兼职创收的"副业"。此外,如果赵女士对古玩收藏、金银纪念币有一定的了解,也不妨在价位低的时候囤货,等待升值。

3.教育基金积累早动手,同时加强子女教育的早期投入。

赵女士小孩还小,目前每年的教育金开支不多。以赵女士目前的家庭财务状况,孩子高中以前的教育金可以在日常开支中预留,不需刻意准备,而大学费用为硬性支出,且费用较高,需提前做准备。目前的大学教育金为每年2万元左右,大学4年费用为8万元,还将随着通货膨胀有所增加。赵女士可以每个月定投1000元,假设年收益为10%,6年左右可准备好小孩的大学教育金;如计划有条件送小孩出国留学,更应提前做好准备。目前出国留学费用每年折合人民币为1530万元,如果准备60万元用于小孩的出国留学费用,10年准备时间,假设年收益率为10%,则每月需定投3002元。如今多数学校在招生时对"特长生"有加分的优惠,赵女士不妨根据孩子的爱好,选择乐器、体育、美术等一项特长,投入一定学习费用,进行重点培养。这些早期的投资,在很大程度上能减少将来子女教育的开支,实际上也是科学理财。

4.购买一定的商业保险,进一步提升家庭保障水平。

在理想的情况下,我们在退休前会一直保持身体健康和财务安全。但也可能由于伤残、重疾、慢性病以及失业等原因而提前退休,而过劳死则与强制提前退休的状况类似。保险为我们的家人有效规避上述风险,提供了一个保护伞,但必须在风险发生前就获取它。投保的时间越早,保单的价格就越低,保障也更加全面。建议赵女士为家人购买一定的商业保险,主要是意外商业保险以及大病医疗保险。商业保险这个比重一定要适度,不要为自己增加多余的负担,建议将年保费总量控制10000~15000元区间内,遵循"双十原则"即保额为家庭收入的10倍,保费不能超过家庭收入的10%。

第二节　养老投资

明天,我们怎么养老

以社保制最健全的美国为例,尽管退休年龄在一再延迟,但社保仍然危机重重。2005年布什总统说:"2018年,社保将会出现入不敷出的情况。自那以后,社保缺口将逐年递增。到2042年,整个社保系统将被消耗殆尽,全面破产。"2010年美国许多州都承认,他们负担不起曾经许诺的养老金,要削减"曾经神圣不可侵犯"的社会福利。现在美国国会希望立法将退休年龄推迟到70岁。但推迟退休年龄无疑将遭到公众的抗议,甚至引发社会动乱,比如2011年英国政府推出了退休金改革计划,就引发了200万人大罢工。

养老投资12345

面对日益严峻的人口老龄化问题,传统的靠子女、靠单位的养老方式根本不足以使老年人维持以前的生活水平。因此,必须关注社会养老保险之外的商业保险。资料显示,中国已于2000年进入了老龄化社会,预计到2020年,中国60岁以上人口占总人口的比重将突破16%,届时对养老金的需求将是目前的10倍以上。"4个老人+1对夫妇+1个孩子",这种"421"模式在现代家庭结构中日渐典型。独生子女政策也在改变着中国的家庭人口结构,"养儿防老"的传统养老模式已不适应现代社会发展的需要,人口老龄化问题日益突出,国家财政面临沉重支付压力,社会基本养老保险体系不堪重负。很多工薪阶层也开始选择给自己购买养老保险,用他们的话说,"在相对宽裕的收入中'挤'出一部分,量力而行,为自己购买一份养老险,作为日后养老的经济补充。"需要提醒的是,商业养老保险这类产品有个特点,年龄越轻每期所缴纳的费用越少,如果想买保险则宜早不宜迟。养老保险由三个部分组成:

第一部分是基本养老保险(如社保)。

第二部分是企业补充养老保险(如退休金)。

第三部分是个人储蓄性养老保险(如商业保险)。

1.了解社会养老险。目前养老保险待遇的计算公式,退休时基本养老金到底是多少,由以下五部分之和构成:基础养老金+个人账户养老金+过渡性养老金+调节金+加发金额。总的说,养老金高低,取决于消费者的缴费基数、缴费时间、退休年龄。缴费基数越高、缴费时间越长、退休年龄越大,到退休时得到的养老金就会越多。缴费基数并非一成不变,是根据上年度社会平均工资确定的。随着社会平均工资的变化,以后缴费基数也将相应改变。事实上,消费者的养老保险该缴多少钱,到了退休年龄每月能领到多少钱,值得注意的是社会养老险是不具备人身保障的。

2.商业养老险也是投资。养老金的准备应该具备几个特点,一是安全性,二是收益性,三是稳定性。用商业保险的方式准备养老金,能够做到长期有计划的强制储蓄,保证积少成多,活到老领到老,不再担心长寿无依靠,安全稳定,收益年年增长,有效抵御通货膨胀。养老商业保险其实属于机构理财,本身就是组合投资。证券投资风险很高,行情随时变化,能确保用钱的时候就是价格最高、市场最好的时候吗?养命的钱是不能拿来赌的,只有把保底的钱准备好了,剩下的怎么变才能不会担心了。至于房产,谁愿意把最后的栖身之所随意换钱呢?银行固定储蓄采用单利计息,且利息随时波动,根本就不能低于通货膨胀。

3.按"原则"投保。购买养老险时一定要搭配一些意外、大病保险,才能真正抵御风险。另外,购买养老险应当遵循滚动投保原则。养老保险主要包括传统养老险和两全险。购买后者,无论被保险人在保险期间身故,还是保险期满依然健在,保险公司均要返还一笔保险金。不论在何时投保养老险,都不应考虑存在是否划算的问题,最根本的是对自己的收入有个合理的规划,即如何将自己的收入合理地分配到未来没有收入的那些岁月,以保证即使以后没有收入,也不会使生活质量受太大影响。

4.通胀风险的控制及险种选择。在选择养老保险时,可优先考虑分红型养老保险,其次可关注万能型终身保险,且要注意待选产品保障侧重点的不同。分红型寿险和健康险受利率影响较小,受通货膨胀的影响较小。万能型保险虽然受利率影响较大,但其利率采用复利计息,再加上长时间积累,将来养老金会得到保障的。

5."养老"要趁早。大部分保险公司都有投保年龄限制,一般55岁以后很难投保养老险,即使能够投保,难么投资成本也很大。因此,早日投保,保费也会相对便宜。买保险要与自己的年龄、人生阶段、身份相匹配,做到量力而行。购买保险要根据人生各个阶段做好计划,从保费支付角度而言,为了确保生活不受影响,不能盲目购买保险,年缴保费支出一般不要超出自己年收入的20%。

养老保险

社保分养老、医疗、失业、工伤、生育、公积金等等,下面我们就单看养老金。

养老金分两种，一种是单位缴纳部分占工资的 20%（上海是 22%），一种是个人缴纳部分占工资的 8%，其中单位缴纳部分和你无关，全部进入社会统筹账户（其实就已经花掉了，给现在的退休人员支付了养老金），个人缴纳部分进入个人账户。

如果你缴纳时长不满 15 年，那么你就无法享受养老金待遇，你可以将个人缴纳部分一次性领走，单位缴纳部分由于已经花掉了，所以跟你也已经没关系了。

假设你已经交满了 15 年，按照现在的规定有权利拿钱了，那接下来就是退休之后如何领钱的问题。中国人的平均预期寿命现在是 74 岁，你 60 岁退休的话，14 年是 168 个月，到时候你每个月能给拿的钱分两部分，一部分是个人账户除以 168，每个月领取 1/168 的个人账户余额。另一部分是当时社会平均工资的×%，其中的×是指你交养老金的年限，如果你只交了 18 年，那就是当时社会平均工资的 18%。15 年这个最低限制未来也有可能提高，比如提高到 20 年。

假设小白领王三在北京工作且长期定居，月薪是一万元，连续交满了 30 年养老金，那么他交的总额是：10000×28%×30×12=100 万，个人缴纳部分是 29 万。等到他退休了，每个月可以领取的养老金分两部分，一部分是个人缴纳除以 168，也就是 1700 元，另一部分是社会平均工资的 30%，因为他交了 30 年，4672×30%=1400。两者相加是 3100 元。这就是他每个月能拿到的养老金。

"养老"理财产品面面观

目前"养老"性质的理财产品特别红。而养老理财与普通理财不同的是以稳健和保本为主，并通过长期、低风险和较高回报的特点来跑赢通胀，保障退休之后的开支。目前，养老保险、银行养老理财、养老基金琳琅满目，究竟哪些产品能真正满足养老的需求？

新旧养老保险换汤不换药

以前，个人补充养老保障最常用的手段是购买商业保险。2012 年，个人养老保险种类与传统的单纯养老保险产品相比，功能更趋多样化。除了具备目前市场上理财型分红保险"快速返还"等一些基本特征外，还增加了重大疾保费豁免和年金双倍给付功能。

新型的养老保险虽增加了功能和提高了保障的范围，但仍然没有摆脱收益率偏低的诟病。从缴费到领取养老金，时间跨度可能相隔 10 年~20 年乃至更长，这期间投资者不得不考虑投入保费与领取养老险的收益关系乃至通货膨胀的风险。传统型养老险的预定利率一般为 2.0%~2.5%，其收益甚至低于银行存款,亦无法抵御通胀风险了。

传统型养老险只能起到强制储蓄的作用。分红型养老险保底利率通常低于传统型养老险,只有 1.5%~2.0%,但可以享受额外的不确定的分红收益,不过分红型保险费率相对较高,适合追求超额收益的人群。值得注意的是,越早领取养老年金,费率越高,对于分红型养老险来说,投资回报率也可能越低。

银行养老产品重"噱头"轻实质

为了打破"养老"只能依靠保险的这种单一局面,许多银行也将获取稳定长期回报的养老投资理念融入到产品设计中。

目前,养老理财产品的年化收益率大多介于 4%~5%之间,多为短期理财产品,而养老理财更应关注长期养老理念之实,而非一些打着养老之名的短期产品。从本质上看,养老型产品的门槛、风险、期限、收益等都是与现有理财产品区别不大,只是更加强调安全性、"保本或者略有盈利",照此来看,目前多数银行养老理财产品还只停留在宣传噱头上。

不输五年期定存的养老性理财产品

银行养老理财产品热销的同时,基金也没闲着。

从目前看,想获取长期稳定收益,同时收益不输五年期银行定期存款,具有此类"养老"性质产品的有国债、长期定存和低风险的中长期银行理财产品,都是不错的选择。另外,有部分积蓄丰厚的老年人,也可以选择银行发行的养老信托产品。这类信托产品期限较长,到期返本,更方便老年人。此外,长期年化收益率跑赢五年定期存款的债券型基金,也可以作为养老产品的投资标的。

需要注意的是,除了养老保险之外,其他的"养老"产品多为近些年的新产品,投资者在投资养老产品时,更要注意产品本身的收益、风险等因素,千万不要只重"养老",不重"产品"。

养老理财 N 种方式如何挑选

国债和定存最稳健

对于多数老年人来说,任何一种理财方法都不如存银行和买国债来得踏实。国债又被称为"金边债券",国家发行,比较安全;定期存款也同样是最稳健的投资产品。

国债种类很多,如凭证式、记账式等,但期限多为 3 年期、5 年期、10 年期甚至更长。不过,国债的收益率相比同期限存款利率稍高,因此也受到很多老年人的偏爱。前不久发行的 3 年期和 5 年期凭证式国债利率分别为 4.76%和5.32%,比目前央行 3 年期、5 年期定期存款基准利率 4.25%、4.75%,分别高出 0.51% 和 0.57%。值得指出的是，由于央行实行了新的"利率政策"，部分中小银行将中长期存款利率上调至基准利率的 1.1 倍，这样 3 年期及 5 年期的定存利率就达到了 4.675%、5.225%，与国债相差无几。

国债与定存虽然是比较稳健的养老方式，但是这类养老产品的流动性比较差。国债不可以提前赎回，而定存一旦提前支取，就要按照活期利率来计算利息。

银行养老理财产品更灵活

目前中国实现养老保障的模式较少，面对这一广泛的市场需求，商业银行已将触角伸向"养老"市场，目前已有多家商业银行推出了养老产品。

这类养老理财产品基本只针对老年客户发售。目前银行理财产品的最低门槛为 5 万元，部分养老产品只面向高端客户，普通客户难以申购。在期限方面，如：上海银行的养老产品期限大多为 6 个月到 1 年、华夏银行为 4 个月、招商银行为 3 年。值得一提的是，招商银行的金颐养老理财计划以 91 天为一个投资周期分段计息，若客户不赎回，资金将自动滚入下一周期，为投资者提供了相对安全、长期并具有一定流动性的投资渠道。

目前银行发行的养老理财产品多数投资于债券和货币市场等低风险资产，符合养老产品"安全"的概念，预期收益率也比普通债券类理财产品更有吸引力。但目前银行发行的养老产品期限普遍偏短，到期后需要老年人主动申购下期产品，操作繁琐且难以达到长期理财的目的，因此，选择滚动型养老理财产品较为适宜。

信托产品收益较高门槛也高

除了理财产品外，通过信托产品为自己赚取养老金也成为部分高端人士的选择。国内首款老年保障性信托产品诞生于 2011 年 7 月，为"元勋居养老年保障性(信托)基金"，由中国老龄事业发展基金会老年维权基金与北京沣沅弘投资有限公司、中融信托等金融机构联手推出，门槛为 50 万元。随后，华宝信托、上海国际信托等信托公司也推出了养老信托产品。

与银行理财产品相比，信托产品的收益率和起点普遍偏高。目前以 100 万元起点的信托，1 年期预期平均收益在 9%~10%。另外，信托是一次性投入，期限固定、中间环节较少，收益按年分配，到期返本，中途无需其他操作，对于老年人来说比较方便。

信托与许多银行理财产品一样，不承诺保本保息，但信托作为一种固定收益类产品，实际上有按期并按预期收益率来兑付的刚性要求。因此，投资者在投资信托产品时，要特别注意选择实力强、业绩优秀、重视风险控制的信托公司，选择风险小、还款来源和抵质押保证充足的信托项目。

实物黄金可适当配置

虽然"金本位"时代早已告终,但黄金这个昔日的"货币之王"的地位依然稳固。黄金具有抵抗通货膨胀的长期保值功能,因此,投资实物黄金是一个非常好的能够抵御通货膨胀的养老方式。

目前投资金条的规格主要有 10g、20g、50g、100g 等。目前 10g 投资金条的买入门槛在 3600 元左右。从 2008~2011 年,仅 3 年的时间,金价涨幅高达196%,收益翻倍增长,成为近年来最保值最赚钱的投资品种。鉴于黄金的避险及保值功能,普通投资者可以用手头的闲钱或者准备养老的钱购买黄金,将自己财产的 1/4 或 1/3 变为实物黄金。

实物黄金投资占用资金量大,资金流转周期长,适合资金量大的长线投资者。但黄金已经历了 10 年的牛市,从去年登顶 1920.35 美元/盎司的历史高位后,黄金时常出现宽幅震荡行情,因此黄金投资者在购金的时候不能冲动,应分批入市。

按揭养老尚待时日

"按揭养老"是近年发展起来比较"时尚"的养老方式,但要让国内的老年人接受还尚待时日。

一些银行面向中老年客户推出了专属借记卡,就包含"按揭养老"业务,即老年人本人或法定赡养人可以房产作为抵押向银行申请贷款用于养老。银行核定贷款额度后按月将贷款资金划入指定账户,借款人只需按月偿还利息或部分本金即可。按月偿还的利息或本金金额,银行在发放养老金前扣除,贷款到期后再一次性偿还剩余本金。不过,养老人本人须年满 55 周岁,并且拥有 2 套或以上住房。

"按揭养老"也可以看做"以房养老"的另一种方式。传统的"以房养老"就是将手中多余的房产进行出租,然后通过房租养老,而这种新的模式类似于国外广为人知的"倒按揭"。但是由于国内比较传统的观念,这种"按揭养老"方式并不能让很多人接受,更多的老年人还是希望通过存款、理财、退休金的方式养老。

丁克族如何趁早积攒养老金

45 岁的老张是典型的小城市"丁克"家庭,夫妻二人没有孩子。老张下岗后在一家民营企业工作,月收入 1000 多元;妻子 40 岁,下岗后在一家商场干促销员,月工资 800 多元,目前有存款 2 万多元。自有一套 70 平方米的回迁房。老张单位还好,上了养老保险,妻子是临时工,没有享受社会保险待遇,养老保险自己缴。两人现在最担忧的是医疗保障。目前他们办的是居民医保,大病住院可报销 50%左右,门诊只有 60 元的看病金额。想请教专家如何积攒养老金安度晚年。

号脉问诊

老张夫妻二人生活在小城市中,相对来讲日常生活费用的支出水平略低于大中城市。家庭风险保障比较缺乏,急需完善改进。

从家庭的资产负债情况来看,虽然尚无负债余额,但资产略显逊色,仅有 2 万多元的存款和 70 平方米的安居房固定房产。

对症下药

投资规划:根据张先生家庭情况,建议不要投资较高风险的金融产品,要以稳健、保守的投资策略为主。

建议老张可以考虑将这 2 万元存款取出转投入到银行定期推出的保本型人民币理财产品中,相对于银行储蓄来讲,在利息收益上还是略高一筹的。

其次也可考虑选择购买国债,国债从其安全性、流动性的角度考虑,完全符合老张家庭的投资属性。

另外,货币型开放式基金也不失为在风险收益权衡考虑后的较佳投资选择(每月结余 30%后的一半左右金额用作定期投入),特别是它以不收取申购、赎回费用、管理费用相对其他类型基金较低的优势特点著称。但投资者要承担不确定的利率风险。

保险规划:由于老张夫妻的年龄条件在投保个人商业保险下,无优势可言,特别是像医疗费用报销的险种,保险费用很是昂贵,再加上保险公司一些"起付线"、"免赔额"等条款的限制,显然得不偿失。在这里,建议自建一个家庭专项"医疗账户",即从每月的结余中拿出 55%左右投入到该账户中,可选择流动性、安全性、收益性兼顾的投资品种。

退休养老规划:以现在 3.5%~4%的养老金增长率来看,退休养老的筹划不当将会直接影响退休后的生活质量,以每年约 2160 元的保费支付水平,投保商业养老年金保险(一般以万能型、分红型的险种为主),交费期限不要超过 15 年,尽量不要选择有因被保险人在保障期间身故,便停止年金支付的条款约定的保险产品,待到夫妻双方退休时,便可领取养老金。

给父母的退休理财规划

现在年轻人工作忙,很少关注父母的生活状况,不了解他们的生活支出状况,以及他们担心什么。所以经常回到家里和父母聊聊家常,问问他们的担心和想法,不仅可以帮助你为他们做好退休后的理财规划,更可以和父母多些交流。

建立保险规划

在做任何理财规划时,保险都是首先要考虑的项目。子女长大成人后,不仅经济收入超过了父母,也有了自己的独立决策能力。孩子们开始担心父母未来的健康和养老条件,觉得需要给他们购买一份保险。那么究竟该如何选择呢?

在一个家庭中,往往是父母先为孩子购买保险,然后再考虑自己的保险。而当子女长大成人后,为自己的父母选择一份合适的保险,为他们的晚年生活提供保障,则是让父母们欣慰的做法,也是对父母养育之恩的最好报答。很多细心的子女都打算为曾努力赚钱、辛苦奔波的父母们准备这样一份贴心的礼物。

为老人进行保险规划,首先要考虑的是意外伤害医疗和住院医疗保险,两者可以帮助提高因意外急诊或患病住院的医疗费报销比例,且费用不高。但这两个险种通常有投保的上限,最高的投保年龄一般不会超过 70 岁,很多公司还会要求住院医疗保险在第一次投保时不能超过 60 岁,另外投保时已经患有的疾病及其可能一起的并发症都会作为除外责任,不予承担。对于重大疾病保险,如果老人已经退休,且未曾购买过商业保险,此时再购买已经非常昂贵了,因此以应急准备金的形式,应对严重疾病导致的大额费用支出。

方法一:转求其他理财方式

"保费倒挂"没必要,一时又找不到适合父母的产品,当然只能放弃保险,转而寻求其它储蓄型的理财方式,为父母积攒养老所需费用。

目前市场上理财产品丰富,各类保本基金、货币市场基金、低风险债券、外汇理财都可以成为孝子们为父母攒钱的渠道,安全系数也比较高。

方法二:尽量选择缴费期长的寿险

如果子女本身倾向于为父母投保,那么在购买这些昂贵的保险的同时就要注意选择期缴方式,而不是一次性付清保费,这样就摊薄了保费,等于增加了保障功能。不过值得注意的是,有些保险公司的重疾险没有提供较长的缴费期,投保人不得不选择 10 年、5 年等较短的缴费期,每一期的保费比较高,付出的保险费可能很快就与提供的保险金额等同。因此要尽量选缴费期较长的产品。并且单纯的寿险可作为主险投保,将意外险作为附加险投保,费率会更优惠。建议主险也尽量选择较长的缴费期。

方法三:子女加强自我保障

面对老年人昂贵的保险金,还有一种家庭保障安排技巧,就是让中年父母和子女"按比例分成"。因为这类家庭的子女工作年限较短,虽然工资高于父母，但经济能力还不足为全家都购买到足额的保险，所以不妨让已成年子女保"大头"，母亲或父亲保"小头"，既能让保费成本在可以承受的范围之内，又让全家都有基础保障，尽量分散家庭经济风险。

我们可以为自己选购较高额度的意外险，并搭配足额的医疗或大病险，然后为父母安排中低额度的医疗保障或基本社保，而不要给自己太大经济压力。

这种保障安排方法其实是把一个家庭的经济收入作为总体，子女为自己买足保险，万一发生意外能有足够的经济保障，那么也相当于"省"下了一笔钱可以为父母养老所用。

养老生活费用

养老涉及时间很长，养老费用的问题较为复杂，父母现在的积累状况、退休后的收入状况、日常的支出需要、通货膨胀率、预期投资收益率以及计划规划时间等众多因素决定了到底需要多少养老费用。在确定了预期的投资收益后，还需要选择适当的产品组合以实现预期，因此，寻求专业的理财规划人员的建议和方案，是实现制定完整、可行的养老生活费用规划的最佳途径。通常，可以采取以下两种方法计算养老费用：

其一，以先假设计划养老的年限，未来的预期收益，计算退休后每月可支配的养老金额；其二，先假设计划养老的年限，退休后每月期望的养老金，来计算目前的资金用作养老，计算投资者的预期收益需要达到何种水平才能达成该项的养老计划。

目前市场上可选择的养老险产品还是很多的。而各类养老保险各有所长，投保人在购买时还是可以考虑相互组合，以取长补短。通常来说，养老险买得越早，则投保人的负担相对较轻。因为保险公司最终给付被保险人的养老金是按保费的复利计算产生的。所以，投保人的年龄越小，储蓄的时间越长，在相同保额下，所缴纳的保费也就越少。

随着中国人口老龄化的不断发展，空账积累的数额越来越大，养老保障基金的支付将面临着巨大的压力。很多有社保的人，本以为每月按规定缴纳养老金便会衣食无忧，但通过分析，我们发现面对现阶段的经济发展形势和老龄化社会的到来，养老保险制度潜在的风险日益暴露出来。

目前，在中国，"421"的家庭模式普遍存在于当代社会的每一个角落，夫妻二人同时承担双方四位老人的养老责任。因此，养老问题日益成为每个家庭最大的困惑和首要的压力。作为子女，合理帮助父母做好退休后的理财生活规划，不仅可以实现自身财富的增值，也可以减轻自身的负担，同时更是一种孝顺的表现。

第三节 信用卡的理财学问

巧用信用卡免息期 收益或超活期 10 倍

银行信用卡有 20 天到 50 天不等的免息期，而多数持卡人并没有很好地利用，银行理财师支招巧用"沉睡"在活期账户中的"信用卡还款金"，也能获得比活期储蓄高出近 10 倍的收益率。

方女士上月刷信用卡购买了一款相机，这个月底正好是还款期。"其实当时刷信用卡的时候，借记卡里就有 1 万元流动资金。"方女士说，1 万块钱放在活期账户上也没有多少利息，刷信用卡还不如刷借记卡，还省得还款。

自有资金放在活期账户上睡大觉，这样用信用卡消费就变得毫无意义了。招行理财师支招，可以利用银行各类短期理财，使刷信用卡消费利益最大化。

如货币基金，参照去年，平均 7 日年化收益率为 3.45%，按此计算，1 万元资金在 20 天和 56 天的周期中，货币基金中所产生的收益分别为 19.17 元和 53.67 元。如果存活期，收益仅为 2.78 元和 7.08 元，两者收益率相差近 10 倍。

除货币基金外，银行的通知存款短期理财产品也是"信用卡还款金"的好去处，如银行 7 天通知存款，7 天一计息，利率为 1.49%。此外，还有银行短期理财产品。

针对"信用卡还款金"理财，通知存款和银行理财产品的不足之处在于账户余额必须在 5 万元以上才可办理。如果具有一定的黄金投资经验，炒黄金也是一个不错的选择，但是风险较大。无论选择哪种投资方式，都需计算好信用卡的还款期限，投资期限不要超过信用卡的最后还款期限。

信用卡使用常识完全指南

信用卡实际上是一个提前消费的载体，允许持卡人在备用金不足的情况下信用支付，同时具备取现，网络支付等诸多功能。目前，在国内大多数银行申请信用卡的同时会免掉用户的首年年费，开卡送礼品赠积分礼品，从小到钥匙扣大到电脑电视。但是，银行在提供给你礼物的同时，通常也规定了必须使用该卡的期限。

关于申请：现在信用卡的办理也比较简单，只需要提供您的住址和工作证明以及您的身份证复印件就可以了，而且信用卡从业务功能到外观设计都越来越完善,越来越吸引人,所以很多朋友打开钱包全都是卡。在使用的时候随便抽一张刷卡消费,等到还款的时候发现不知道该还哪张卡,结果造成欠款,增加没有必要的负担,也许很多朋友正为此而烦心。

关于年费:首年免年费并不意味着年年免费。信用卡一旦激活即使从来没用过,超过免费年限的也要收取年费。如果持卡人没有按时缴纳年费,银行将会在持卡人信用卡关联账户内自动扣款,如果关联账户内余额不足以支付欠款,按透支消费处理。超过免息期后,按照规定收取透支利息及滞纳金。目前各家银行都推出了不限额度刷卡消费六次就可以免掉当年年费的优惠,最重要的是大家可以利用这段时间来选择适合自己的信用卡,以满足自己的需求。

关于使用:通常情况下,有一到三张信用卡就可以满足您的需要,对于已经拥有多张信用卡的人来说,则应选择还款便利,服务质量好,功能全面适合自己的一张或三张卡使用就可以了。对于经常外出工作的朋友来讲,可以申请有宾馆打折、航空里程积分的信用卡再配合一张商品消费打折的信用卡。时尚的朋友则可以选择比较潮流和个性的卡片。总之,在申请和使用信用卡的同时,请您选择适合自己和自己需要的,结合自己的经济状况量力而行,以防止没有必要的麻烦。

关于还款:一般情况下,您可以到银行的网点柜面还款。由于工作繁忙没有时间去银行办理还款的,可以选择信用卡的附加功能(比如:关联卡自动还款功能,电话、网上银行还款等)进行还款交易。如果您没有按照规定时间还款的话,银行将会按照规定收取利息和滞纳金。对于长期欠款未还且催款无效,银行就会将个人信息输入国家个人征信系统,这样的话对您以后的个人贷款和申办其他信用卡产生影响。

关于安全:也许您在使用信用卡的时候只是刷卡,那请您一定要注意卡片安全。现在很多银行都推出了消费密码加签名的支付方式。这样的话,对用卡安全起到一定的安全保障作用。但最重要的是要保护好您的密码和卡片。在消费完成时,请核对您的消费清单。当您输入密码大于 1 次时,请您次日查询您的信用卡交易清单,防止重复交易让您遇到麻烦。

信用卡理财须知

现行法律规定,只要经银行催收两次且持卡人三个月后仍不还款的,一旦金额达到 5000 元,公安机关便可以涉嫌信用卡诈骗罪刑事立案。在不少信用卡官司中,有的消费者是因为没有吃透信用卡使用制度,有的则是遭遇银行设下的消费陷阱。

利息比本金还高

银行起诉的利息金额得到法院全部主张,但为何利息金额要比本金高呢?

信用卡利息计算方式属国际惯例,都是由银行精算师计算的,它的计息方法和按揭购房利息计算不一样。

信用卡利息是按利滚利计算,方式是:第一个记账周期(第一个月)产生的利息,滚到下一个记账周期时作为本金,然后该笔转为本金的利息又开始计算利息。而按揭购房的利息则是一次性计息,一般是一年调一次。

信用卡欠款时间越久,利息就会像滚雪球一样越滚越多。如消费者透支本金 7000 多元,第一个月利息只有 69 元,当累计到第 18 个月时,当月利息就达到 153 元。18 个月利滚利的利息总额为 2200 多元。

免息期制度

每家银行的信用卡都规定了透支还款的免息期。银行在推销业务时,往往重点宣传免息,对其他限制条件不会作过多说明,导致许多持卡人不知道免息期的具体规定,并为此经常多遭利息。

信用卡免息期的计算是按一个账单日计算,并非从消费之日起计算。在免息期内还款不需要支付利息,但许多人对此有误解,比如一个账单日以当月 20 日为期限,18 日前透支 3000 元,到 18 日归还;19 日又透支 2000 元,许多消费者会理解为在下一个账单日的 19 日前还清这 2000 元,都不会遭收利息,这样的话就错了不但要支付第一笔 3000 元的利息到 18 日,还要支付第二笔 2000 元的利息到还款日。只有在第一个账单日到期日即 19 日、20 日两天归还那 2000 元,这两笔钱才会不算利息。

最低还款额制度

不少持卡人为少还钱,会钻银行政策空子,认为每月还款时可以不还完,只需按最低还款额度还钱就行了。其实,最低还款额只是保证持卡人使用信用卡的信用额度不受影响,并非每月偿还最低还款额就可以万事大吉。如果每月只按最低还款额还款,需要支付以从上一个记账日开始所欠透支金额为基数,按照每日万分之五计算的利息。

双币信用卡制度

很多信用卡是双币信用卡,人们通常认为用美元支付用人民币还款比较方便。但在还款过程中,持卡人还款需要承担汇率差额,相对还款额度可能偏高。比如一周前透支时的美元结算汇率,比一周后还款时的美元结算汇率低,消费者就要多支付差额汇率,因为还款时是按照还款之日的汇率计算。使用人民币账户偿还外币账户,还需要在银行另行签订协议,并非开卡时就自动激活该功能。

学会信用卡合法"套现"

时下，虽然办理信用卡的人越来越多，但并非人人了解如何玩转信用卡，并能在不用成本的情况下合法"套现"。在此介绍三大"妙招"。

三卡交替用，免息借"卡"款

万平的工资收入属于中上水平，原本日子过得比较滋润。但自从买车后，除了每月需还 3500 元车贷外，每月的汽油、保养等消费支出亦不菲，日子过得比以前紧多了。一次，万平和一位在银行工作的朋友聊起此事，后者建议她到银行办理 3 张信用卡交替使用，如此就可享受长达 50 天的小额免息贷款，最大限度缓减了车贷和日常消费的压力。

具体操作如下：万平办了 3 张信用卡，账单日分别是每月 5 日、11 日和月底。在每月 6 日到 12 日期间，先刷账单日是 5 日的卡，得到最长的免息期。在 12 日到 30 日期间，刷账单日是 11 日的卡。每月 1 日到 5 日，刷最后一张卡。由此，即可将每月的大额消费分解到近三个月的时间里。

虽说使用信用卡，若在账单日的第二天开始消费就能享受最长免息期。不过，信用卡一多，账单日也容易搞混。所以，除应合理掌握每张卡的消费额度，还应制定一张明细表，不仅把每张卡的账单日记清，还款日也需逐项列明，以免因耽误还款而被银行罚息。

代人"消费"，拿卡"生"钱

每次朋友聚会 AA 制，结账时，方萍都主动要求埋单。这并不是因为她大方，而是她都是刷自己的信用卡，朋友们再把各自的份子钱给她。如此，方萍的信用卡消费积分越来越多，可换得很多小礼品。而每当朋友有大额购物需要，她也会主动陪同，也是用自己的卡为朋友付款，再收取现金。对此，方萍不无得意，信用卡取现可是要手续费的，而她的这种方法却是一分不用，照样会从银行"借"出钱来。

现在用信用卡消费，懂得享受免息优惠的人不少，但像方萍这样精明的却不多。当然，要像她那样专为朋友"埋单"，以此向银行"借钱"，其实并非易事，因为自己不一定总是朋友"拼餐聚会"中的主角，身边也不一定时时都有需要大额消费而又没信用卡的朋友，而且有些消费还无法获得积分，如买车、买建材等。

买货币基金，用卡钱"赚"钱

叶楚的理财方式主要是购买国债和基金。在办了一张信用卡后，她发现了刷卡理财新招：每月发薪后，留出部分备用，剩余的钱购买货币市场基金，平时的开销则尽量刷卡，她把基金的赎回日定在信用卡还款日前两天，这就等于用赎回的基金的钱，去还信用卡的钱。虽然目前货币市场基金收益率在2%左右，但比银行活期储蓄的收益还是高不少，每月到了基金赎回之日，叶楚就会赚到两者间的差价，获取间接"货币"收益。

这种利用免息期，间接用信用卡投资基金获益的方法，是不错的理财技巧。但是，投资基金毕竟有一定的风险，用此种方法购买基金时一定考虑到自身的偿还能力，避免因偿还能力不足和透支额超过信用额度，被银行"罚款"。

教您读懂信用卡对账单 关注对账单中的风险

信用卡对账单相信很多人都不陌生，每月一封风雨无阻，可是不少持卡人看都不看就把这些对账单仍进了垃圾箱，或是随手乱放，要知道，这张对账单上写满了你的个人信息，一旦被有心人拾获，将给你带来巨大的风险。怎样读懂信用卡对账单？

周洁是一家外企的经理人，她的工作性质决定了她一年有200天都在出差中度过，而她的信用卡账单的邮寄地址写的就是公司，长期的出差在外让她根本就没时间看寄过来的账单，有段时间由于银行的疏忽忘记寄了她都没发觉。然而，这些看似并不起眼的银行信用卡对账单，不仅可能让你的个人信用受到损害，甚至还可能泄露你的个人隐私。

在信用卡对账单上，持卡人的个人基本信息被暴露无遗：姓名、联系方式，卡号、邮寄地址、信用额度、消费明细、当期欠款额、累计积分等。而通过这些基本信息，而一旦这些信息被有心人获得了，这些交易信息很可能成为他们进行犯罪的帮手。

因此，对账单和你的信用卡卡片一样重要，请一定好好保管。如果确实因为工作或是其他原因无法及时有效的收到对账单，可以选择让银行以短信或是电子邮件的方式寄出对账单。

信用卡对账单上的各种数据较多，但只要抓住其中"本期应缴金额"、"最低还款额"、"到期还款日"、"预借现金额度"等这几栏最重要的数据就能明明白白看懂账单了。

"本期应缴金额"是在最近一个到期还款日要缴纳的金额，旁边还会有一栏"最低还款额"，通常是应还金额的10%，如果经济实力允许，建议全额缴纳"本期应缴金额"；当然您也可以按照"最低还款额"进行还款，这样既可以保证个人信用，也可以继续在可用的透支额度范围内使用您的卡片。

"预借现金额度"指银行授权持卡人可从 ATM 机中取现的额度,一般而言,预借现金额度可以根据持卡人用卡需求设定,它包含在信用卡总的透支额度内。与借记卡不同,用信用卡在"预借现金额度"内取现需要支付利息,每天约为万分之五左右,此外部分银行还规定要支付手续费,因此在用信用卡取现前建议先了解清楚收费状况。

信用卡的十大雷区

越来越多的人开始办理信用卡,这很大程度上也得益于信用卡营销人员的提成。事实上,信用卡营销只是银行的外包公司完成的,他们并非银行职员。如果不是高额的利润诱惑,银行也不会大力推广信用卡,有些银行的信用卡中心是外包给台湾人做的,看看湾卡奴的境况就知道台湾人多么厉害了。至于催款,也是外包给讨债公司的,对外名义是某某律师事务所。

雷区 1:存款无利息,取款要收费

很多人分不清借记卡(储蓄卡)和信用卡(贷记卡)的区别。信用卡有别于借记卡的地方一是可以透支,二就是最关键的一点:存款无利息,取款反而还要收费!不仅仅是透支取款要收费,就连取出溢缴款(多还款的钱,实际上是你自己的钱,不是银行的钱)也要收。手续费在取款金额的 1%~3% 之间不等,有的银行还有每笔下限,如浦发手续费下限就是 30 元,哪怕你只取 100 元也要收取 30 元手续费。

雷区 2:透支取款没有免息期

上面说了取款要收费,对于某些人可能可以应急,但是透支取款不同于透支消费,它是没有免息期的,从取款当天开始,只要有隔夜,就会产生每天万分之五的利息,并且每月计算复利!年化利率接近 20%,远远高于贷款利率,没有钱消费真不如去办贷款的划算!

还不止这些,如果你在最后还款日没有还上最低还款额(10%),不但有万分之五的利息等着你,而且还有 5% 的滞纳金。

雷区 3:超限费的陷阱

借记卡余额不足就不可以再刷,而信用卡呢?多数信用卡支持超信用额度刷卡,称为超限。但是如果在账单日之前不把超限部分还上,就会有超限部分 5% 的超限费!信用卡毕竟不是存折,用户不能随时看到明细,往往不知道信用额度还剩多少,就这样稀里糊涂被收取了超限费。

雷区 4:无密码交易和无卡交易的盗用风险

最早出现在中国的一批信用卡是没有刷卡密码的,只有取款密码,当时输入刷卡密码只是为了和银联的系统相兼容，其实刷卡密码只对借记卡有效，信用卡随便输入 6 位数就能通过验证。后来的一些信用卡虽然有了刷卡密码，但往往默认是没有设置的。银行口口声声说这个没有密码是国际惯例，但是国际惯例是出现盗刷，损失由银行、商户、保险公司承担，中国的银行做得到吗?!

后来的信用卡虽然有密码，但只是银联网络的刷卡密码，对于 VISA 和 MasterCard 这样的网络仍然是没有密码的。在国外走这类线路刷卡密码是无效的，国内部分商户也支持 VISA 和 MasterCard，比如家乐福，走这些网络也没有密码验证。其实国内本应该走银联网络的，走 VISA 和 MasterCard 会产生美元账单，这种情况叫"内卡外抛"，应该是被禁止的，除非是国外卡不支持银联。

无卡交易就更危险了。在国外的网上银行，只需输入信用卡卡号、有效期、姓名、签名栏后三位的 CVV2，就可以支付，无需密码和实物卡片。在国内，某些特约商户(比如携程、DELL、亿龙)只需要持卡人姓名、身份证号、卡号、有效期、CVV2 就可以在电话里支付，让人很不放心。

还有就是非常原始的手工压单交易。信用卡上的数字都是凸出的，用压印机压制到压敏复写纸上，就会拓印出信用卡，再写上金额和签名商户就可以请款了，也不要密码，很危险，可以多张拓印或者制出伪卡拓印。这本是几十年前计算机和网络不发达时期的产物，当时就有信用卡了，西方一直有这个传统，现在计算机和网络这么发达了，居然还没有淘汰这种危险落伍的方式。十多年前的信用卡欺诈多是这种方式，当时网络不发达，不能联机验证卡片真伪，这也是信用卡上有激光防伪标志的原因。

雷区 5：自动关联还款的陷阱

很多人为了防止忘记还款，会把借记卡与信用卡绑定自动关联还款。但是这里有个问题：关联交易至晚必须在最后还款日 2 天前完成，因为关联功能验证成功最长需要 2 天，这 2 天内是不能还款的，如果你的最后还款日刚好在这 2 天以内，就会还款失败，哪怕借记卡里有足够余额。

雷区 6：重复还款的陷阱

有些人在设置了自动关联还款后还手工还款，觉得这样是双保险，万一手工还款记错金额，还有自动还款补救。其实，系统在自动还款的前一天生成扣款文件，如果你手工还款是在最后还款日，且在自动还款之前，那么仍会产生重复的自动还款，更要命的是，这样往往会产生溢缴款，而取回溢缴款又要收费——明明是银行的过错，却要你承担。

雷区 7：退货的陷阱

刷卡购买的商品退货时，钱退回原卡而不是退现金。如果你已经还款，而么退款后就可能产生溢缴款，结果同雷区6。所以尽量用没有取回溢缴款手续费的信用卡买大件商品。

雷区8：年费陷阱

很多人为了帮朋友完成指标办信用卡，办下来了又不用。好在首年一般免年费，次年就要收费高额年费了。很多银行规定不激活卡片也要收取年费，有的部分卡种甚至规定核准卡片之日起2个月内要刷卡一次才可免首年年费，注意是核准卡片的日期，不是客户激活卡片的日期，问题是客户不打电话询问，怎么知道核准日期呢？

雷区9：失卡保障

有些银行有挂失前48小时乃至72小时的失卡保障，说得信誓旦旦，但是实际操作很难得到理赔。首先凭密码交易不能索赔(包括取现)，其次身边人员(包括保姆)所为不能理赔，还有一堆的免责条款，总之是很难，基本可以视作没有用。

雷区10：强制推销保险

有些银行信用卡中心有专门的保险组，专门给客户打电话推销保险。客户只要被纠缠得在电话里同意参保就被扣款，无需密码，连合同都没有搞清楚，而银行员工可以赚取高额提成。有时是邮寄合同，你一签收就扣款(是签收邮件而不是合同)。

信用卡分期付款名堂多　网上商城购物需谨慎

近年来，各大银行推出了信用卡分期还款和网上购物等业务，尤其是分期还款免息优惠的推出，让许多市民热衷于透支信用卡，然后分期还款。

信用卡分期还款业务虽然能减轻持卡人的经济压力，但其付出的成本并未减少。

分期还款手续费较高

市民杨城今年6月买了一台电脑，信用卡刷卡6000元，并申请了12个月的免息分期还款。想想每月只用还500元，他觉得十分划算。但当他收到第一个月的银行账单时，却发现应付的500元变成了932元，这额外的432元从哪儿多出来的呢？

杨城打电话到银行客服热线，工作人员告诉他，432元是手续费，免息分期付款是要收取手续费的，3期手续费率1.95%，6期3.6%，9期5.4%，12期7.2%，18期11.7%，24期15%。杨城每月分摊的本金为500元，手续费是432元，手续费在第一个月一次交清，所以第一个月要支付932元，以后每月为

500 元,一直到 12 个月的还款期满为止。

现在银行贷款的基准年利率为 5.31%,而采用分期还款 12 期的手续费为 7.2%左右,比基准利率高许多。

分期付款业务现在成为各大银行争夺的战场,各银行都推出了多种组合方式,期数从 3 期至 24 期不等。其中,多数银行的分期手续费是在第一次还款时就需要一次性支付,少数银行则按月支付。

所谓手续费其实就是分期时的利息,只是叫法不同而已。如果市民购物上 600 元,采用分期还款,手续费是固定的也必然要收取,而利息可能因为贷款使用期限不同而变化。据介绍,市民一旦办理了分期还款,中途想要撤销就没那么容易了,即使撤销或提前还款,手续费仍是全额收取。

虽然市民向银行申请贷款难度不小,手续流程繁琐还可能遭拒,没有分期付款简单。但是,9 期以上的分期还款手续费率会高于同期贷款利率不少,对于收入不稳定的持卡人来说,会因为提前消费给未来生活带来压力。

网城商品暗含手续费

今年 8 月,市民陈先生从该银行的网上商城搜索到了一款自己钟爱的品牌手机。银行网上商城注明该手机的市场价格为 2458 元,而在银行网购只需要 2148 元,还能分期付款,且没有任何利息和手续费,陈先生于是毫不犹豫地订购了一部。

收到手机后不久,陈先生在一家手机专卖店发现,自己这部手机在市面销售价格仅为 1850 元,自己多却花了 300 多元,相当于交了分期付款的手续费。

一位银行业内人士透露,银行网上商城商品的报价往往要高于市场中间价,其实就是银行已经把手续费转移到这些商品的价格上了。

有些银行一年前就打出了"免息免手续费"的服务,但一些"免息免手续费"的商品的分期价格中间却是有利可图的,其价格一般比市场实体店的售价稍微高一些。

银行是会收取分期的手续费的,商家为了促销,可能先将这部分钱支付给银行,然后商家再通过提高销售价格转嫁给消费者。

所以,客户在办理分期付款时,首先要考虑自己的资金情况,对比最低还款和分期的利息差,同时要全面了解商品的价格,综合评定分期是否划算。

另外,购买银行信用卡网上商城的产品,如果产品的质量出现问题,银行是不予赔付的。也就是说,产品只是商家挂在银行页面上借地方卖的,在整个网购分期付款过程中,银行只负责收费,不负责赔偿,购买需谨慎。

精心计算用足免息期

用信用卡,最大的好处是可以先透支后还款,享受免息期。免息期是指贷款日(银行记账日)至到期还款日之间的时间。因为客户刷卡消费的时间有先后,所以享有的免息期长短不同。目前,各家银行的免息期大约都在20天到50天左右,要想充分享受免息期,一定要在透支消费前弄清楚银行的账单日和还款日,计算好还款时间。

持卡人只要在还款日前还清当月对账单中所列明的全部金额,就无须缴付利息。但是,信用卡的透支免息只限于刷卡消费,如果透支提取现金,银行会从透支当日开始按万分之五计息,年息高达18%。信用卡对账单上还有一项是"最低还款额",也就是信用卡客户每月还款的最低限额。最低还款额通常是透支额的10%,再加上本期费用利息和上月累计最低还款额未还部分。这样无疑减轻了持卡人的还款压力,但是银行要收取利息。

信用卡内的存款不计利息,所以持卡人不要提前在信用卡内存放大量现金,因为这样既无法提高你的透支额度,还会让你损失这些钱本应得到的利息。另外现金透支是不能免息的,信用卡仅在刷卡消费透支时才能享受免息期。

持卡人进行信用卡还款时,最好打出提前量,信用卡的还款方式很多:柜台现金还款、柜台转账还款、自动柜员机(ATM)还款、跨行转账/汇款还款、自动划账还款、电话银行转账还款和网上银行转账还款等。

若是跨行还款,一般会收取少量手续费,转账往往需要23个工作日,所以最好打出一定提前量。虽然多家银行都规定还款当即生效,人民币入账耽误的责任都由银行承担,但是也有银行存在着滞后现象。

持卡人及时全额还款,不仅不会白白让银行吃利息,还能给自己留下良好的信用记录,银行会帮助持卡人积累信用积分,到一定时候提高持卡人的透支额度,或者任何银行在办理房贷、车贷时,可以帮持卡人减少审批程序。

走出信用卡的6大误区　勿把信用卡当储蓄卡

由于对信用卡相关条款不熟悉,所以不少持卡人在使用时会走进消费误区,"不使用就没成本"就是其中之一。不过有了银监会才"未激活的信用卡不得收取年费"的规定后,这个误区就没有了。

信用卡持卡人要注意规避其他6个误区,以免让自己增加开支。

误区1:把信用卡当储蓄卡。在信用卡里面存钱,银行肯定高兴,损失却在持卡人。市内银行人士称,首先,银行不会支付利息,相当于给银行一笔无息贷款;其次,持卡人把钱存进去以后又取出来用,将要支付一笔信用卡取现手续费。各银行的收费标准不一致,有的银行收取1%,最少要收10元,有的银行收取 2.5%，最少要收 50 元。

误区 2：分期付款可捡便宜。各家银行都推出了信用卡分期付款业务，让持卡人用信用卡在商场购物后，与银行约定分成多少次还清透支金额，银行在约定还款期内不收透支利息。但银行并不会白白地把钱借给持卡人用，只是把信用卡透支利息变了个花样而已。持卡人在办理免息分期还款时，银行每月要收取一定标准的手续费，一般比同档次的贷款优惠利率高得多。

误区 3：免息期可随意透支。各银行的信用卡都有免息期，许多信用卡的免息期都在 50 天左右。免息期内，一些持卡人认为可以免息使用，根本不考虑信用卡的透支额度随意透支。持卡人超过银行批准的信用额度透支时，不能享受免息期待遇，要从透支之日起支付透支利息。

误区 4：取现金也有免息期。有认为信用卡取现和刷卡消费是一样的，都可以享受免息期待遇，其实信用卡取现和刷卡消费的政策完全不同。信用卡取现还要缴纳高额手续费。

误区 5：享受最长的免息期。不少持卡人总想享受最长的免息期，自认为自己是最后一天还款的。其实，自动存款机还款和跨行还款不是即时到账的，要花 1~3 天。银行会从持卡人消费那天起计算不准时还钱的超期利息，而不仅仅是超期的那几天。所以，特别要提醒那些没有将信用卡与借记卡捆绑在一起使用的持卡人，尽量提前两三天去还款。

误区 6：双币信用卡的便利。一些持卡人看中双币信用卡的就是外币消费、人民币还款的便利。其实这种便利不简单，有的银行规定持卡人必须到银行网点现场办理购汇，然后打入账户还款；有的银行提供电话购汇业务，但是持卡人如果到期忘记通知，即使卡内有足额人民币，也不能用来还外币的透支额。

四大不良习惯让你沦为"卡奴"

2010 年，小周办理了 12 张信用卡，授信总额高达 13 万元，但他的年收入却不过 2 万多元。一度无节制地用卡后，他只能靠向高利贷借款 10 万元来偿还信用卡欠款。父母得知后，倾尽所有为儿子偿还了债务。同时，还致电卡中心，告知儿子没有还款能力，希望以后不要给他办卡，将其拉入"黑名单"。但没想到的是，仅仅过了 4 个月，小周又从 9 家银行办出了 13 张信用卡，这次不但欠了银行十几万元，还欠了十几万元高利贷。最终，父母不得不卖房还债。

报道一出，有人对信用卡中心的审核制度提出了质疑，既然申请人已经被列入"黑名单"，为何还能再次办卡？也有人对小周父母的管教提出质疑，小周既然已是成年人,为何他在用卡方面毫无节制,甚至在父母为其还债后又欠下更多债务?

在大家对事件发表评论之余,我们更应该从中吸取教训,反观我们本身的用卡习惯,是否也存在着这样那样的问题呢?如果无法将这些陋习摈除,或许有一天你也会成为第二个"小周"。下面我们就来一起看看,最有可能带来麻烦的用卡坏习惯。

习惯一:盲目办卡,管理失控

卡中心的开卡活动总是颇为诱人,"开卡后消费一笔即送积分"、"开卡后消费满三笔可获赠礼品"等形式多样,加上很多异形卡具有个性化特点、联名卡具有双重卡片功能,往往都能吸引众多年轻人申办。不知不觉中,你的钱包里就可能堆积了五六张甚至更多信用卡。

先不论你从这些卡片中获得了多少好处,单是管理起来就会非常麻烦。比如年费,一般只要持卡人顺利开卡,卡中心就有权利收取年费。尽管现在的年费政策较为宽松,多是"首年免年费,刷满×次后免次年年费"或"首年免年费,刷满××元后免次年年费",但对于拥有多张信用卡的持卡人来说,稍有疏忽,就不得不支付该笔成本,除非你的卡片都是终身免年费的。

又比如每月的还款。通常我们只有一张工资卡,同行信用卡可以绑定自动还款,而他行信用卡则需通过其他途径还款。网上银行、手机银行再发达、还款渠道再多,每月光是数算着最后还款日都会让人烦心吧。

因此,理性办卡并注重卡片的实用功能,而不要被表面的花哨或是一次性的活动所吸引。

习惯二:不停分期,"减压"变"增压"

有人或许会说,"信用卡分期多好呀,1万元分12期还款,每期只需还款不到1000元,一点压力都没有。"

的确,分期能分散大宗消费或是高额账单的压力,但更应该看到的是,分期有成本,且成本不低。如果你习惯了不停分期、不停为自己"减压",实际上会付出更多。如果无法改正这一习惯,就会永远被分期所累。

假如持卡人7月消费了2万元并申请分六期偿还,每期手续费0.6%,那么他之后每月就需要还款3453.33元,其中120元为分期手续费,六期手续费共720元。若持卡人9月又有了一笔1万元的消费,同样分六期偿还,那么每期就需要还款1726.67元,其中手续费60元,六期手续费共360元。表面看来,持卡人的还款金额得到了分摊,但原本两期的欠款却分别延长至六期,叠加部分每月的还款金额并不低,为此所需增加的手续费成本也达到了1080元,欠款金额有增无减。

因此我们认为，持卡人申请分期应在实在无力一次性全额偿还欠款的情况下进行的，而没有必要对有能力偿还的欠款进行分期。对于卡中心举行的分期优惠活动，比如分期送积分、分期送礼品活动也应有所衡量，毕竟你需要付出实实在在的手续费。

习惯三：透支取现来还款

欠款无力偿还，除了申请分期外，一些持卡人还会选择更糟糕的方式，就是利用其他信用卡透支取现，"拆东墙补西墙"来堵住漏洞。而由此造成的结果是，欠款越来越多，最终无力偿还。

我们知道，信用卡透支取现并没有免息期，卡中心会按日计收取款金额万分之五的手续费，年化利率高达18%，这一成本远高于一般贷款利率。以透支5000元为例，20天的利息就需要50元。不仅如此，一些卡中心还会设置取现手续费，1%至3%不等，这更是让持卡人"雪上加霜"。

值得注意的是，一些信用卡具备预借现金服务，可满足紧急现金需求，或是紧急转账需求，但其成本与透支取现是一样的，同样按日计收万分之五的利息。

此外，还有一些持卡人对于无力一次偿还的欠款会选择仅还"最低还款额"部分，这当然能保住信用记录良好，但却会增加利息成本。卡中心会从持卡人消费当天开始计收每天万分之五的利息，不再有免息期。通过对比我们发现，只偿还"最低还款额"部分所引起的利息成本，通常会高于分期还款手续费。因此，这种做法只适用于临时救急，比如两三天内能还上全部欠款的，否则，持卡人还不如分期还款，锁定成本更妥当。

习惯四：弃用卡片不销卡

你的抽屉里有多少睡眠卡呢？要知道，睡眠卡的隐患可是很多的。遭到"弃用"的信用卡如果不能及时注销，很可能产生年费，更糟糕点就会被他人盗用。

先来说说年费，正如之前所说，如今的年费政策通常需要持卡人消费满一定笔数，或是金额方可免去下一年的年费，若你的卡片未曾申请过注销，那么这个规则依旧有效。持卡人长期不用卡片的结果只会是达不到免年费的门槛，从而平添成本。

再来看看卡片安全问题。如果被你弃用的卡片不慎遗失，很可能被他人盗用。因此，比较妥当的做法是弃用后销卡，再保险点就是销户。所谓单卡注销即仅对持卡人名下的某一张信用卡进行注销，而整户注销，则是注销持卡人整个账户，其名下所有卡片都会被注销。两种注销均只需电话申请即可，且不收取任何费用。

据卡中心工作人员介绍，持卡人选择整户注销的话，必须还清所有欠款，而选择单卡注销且还有其他在用卡片时，就无需满足这一条件了。因为各张卡片的欠款均会汇总到同一账户中，持卡人只需按账单要求继续还款即可。也正是为了确保持卡人销户时账户中没有欠款留下，销户申请一般需 45 天后才会正式生效，而销卡申请一般即刻生效。

第四节 房产投资

投资不动产的误区 房价上涨不入账

在我们的日常生活中，存在着一些理财误区，它们会使我们在理财时盲目乐观，而这种乐观情绪有时会影响到我们的判断。

误区之一 不提折旧

按照企业的会计准则，固定资产是要提折旧的。这一点看起来是很简单的，可真正想到这一点的人并不多。譬如说，我们买了一台彩电，价格是 3000元，预期的使用寿命是 10 年，那么它每年的折旧就是 300 元，而这 300 元要算成主营业务成本。换句话说，我们所说的家庭主营业务成本除了日常开销外，还要包括折旧。

实际上，家庭固定资产包括的东西相当多，除了家具、家电外，还包括房产（必须有所有权）和装修。我们知道，一套房屋装修的成本也是很高的，刚装修好时，样子很不错，可随着时间的流逝，房屋的装修也会变得陈旧起来。通常，宾馆的装修是按照 10 年折旧的，作为家庭，我们也可以以此做参考。如果一套房屋的装修费用是 10 万元的话，每年的折旧费就是 1 万元，这笔开销虽然不牵扯到现金流出，可也不是一笔小开支。同样的道理，房产本身也是要提折旧的，只不过折旧的年限长一点，通常是 50 年，一套 50 万元的产权房一年的折旧费也是 1 万元。对于自住房，提不提折旧似乎影响并不大，反正是自己住。但如果是投资性房产，靠出租赚钱情况就不同了，不提折旧会使账面的利润很高，实际的收益却很低，许多开发商就是利用大家不注意折旧这一点，在广告上算出年收益率接近 20%，吸引投资者购房。如果不具备一定的财务知识，是很容易上当受骗的。真有这么高的利润率，开发商就不会卖房了。

误区之二 月还款当成本

对于多数购房者来说，还是需要银行贷款做支持的，这样每月就会有一笔按揭还款。通常这笔钱被记入了成本，每月的收入中很大一块都是还按揭的钱。但这样处理是不够科学的,我们可以这样来分析,开发商在收到首付款和银行贷款后,已经全额收到了房款,这和我们一次性付款没有什么区别。房产到手后,就变成了固定资产,而固定资产是要提取折旧的,上面已经说过了。在我们的按揭还款中,包含两部分,一部分是本金,另一部分是利息。本金已经体现在固定资产中了,因此,不能在作为成本了。而利息则应该算做财务费用。由于利息是按月递减的,折旧是每个月相同的,因此,在开始几年,费用和成本是比较高的,到后期会相对减少。

误区之三 房价上涨不入账

我们经常听到周围的人在说,去年买了一套房,今年升值了多少多少。实际上,只要房子没出手,升得再多也是不能入账的。既然房屋要提折旧,为什么升值的部分不考虑呢?难到买了房子就只有贬值的份?

根据会计学审慎性原则,是不能把房价的上涨算到收益里面去的。相反,如果遇到房价下跌,市价低于成本价,还必须提取固定资产减值准备。

再换一个角度来看这个问题,如果房产升值了,绝不会只是一套、两套升值了,肯定是周边的房产都升值了。如果将手里的房产变现,是可以取得一定的利润的,但如果要在同样的地区再买一套房,同样要付出更多的资金,房产即使升值1倍,也不可能让你的一套房变成两套房,除非是搬到更偏远的地方去。

当然,在有一种情况下,房价上涨的部分是可以入账的。那就是,用房产作为公司出资,这时候可以将房产的评估值作为出资额,房产增值的部分就可以计算进去了。这样做的好处是固定资产价值提高了,折旧也跟着提高了,公司实现的利润相应减少,可以少缴所得税。

普通工薪族如何换三室一厅房

万女士,33岁,会计,健康,大专学历,计划55岁退休。

爱人32岁,大专学历,健康。儿子6岁,健康,小学一年级。现有现金资产2万,金融投资产品3万,房屋2套,一套市值12万,自住,一套市值12万,投资,无贷款。万女士年收入2万,爱人2.5万,家庭年支出在2.4万。万女士有平安万能险,年缴费4000元,已缴2年,儿子平安万能险年缴费5500元,已缴四年,爱人平安万能险每年6000元,缴费2年。

理财目标:现在主要是打算换一套三室一厅的住房,在当地房价约为2800/平方。

子女教育金的准备主要是从个人保险中考虑,无老人赡养。

从万女士提供的资料看,保险产品占据了家庭支出的大部分,合计保费支出每年15500元,占据家庭年度收入的34.4%,而资料并没有说明这部分支出是不是包含在年支出2.4万以内,如果在此范围,可以计算年生活支出在8500元左右,对于一个偏僻的三线城市来说,这个消费水平式适中的。如果不包含在这个范围,那么家庭消费和保险产品都需要调整,因为按照以上支出,年结余会很低(4.52.41.55=0.55),如果购置3室一厅房屋,日常还贷资金都不够。建议如下:

1.保险规划的调整。家庭年保费支出远超出了家庭收入的合理比例。而且是以收益较低的万能险为主。万能险侧重投资,保障功能会弱化,投资分红能力相对于基金而言,更是不具备优势。我们建议,区分投保目的,把万能险拆分为单纯的保险和基金投资,这样保障额度和投资分红能力会大幅提高,而且保费会远低于现有费率。

2.购房规划。现有2套房屋,自住一套,一套投资使用。建议投资使用的房屋变现,变现资金用于三室一厅房屋的首付款项,剩余部分可以考虑利用公积金或者商业贷款实现。这样家庭压力会小一些。如果按照你支出金额包含保险费率假设,每年剩余资金在2万元左右,房贷月供还是可以承担。

3.教育规划。投资市场是风险与收益共存的市场,投资期限越长,风险越低,从她的投保意图看,是为了孩子的教育准备。这是一个误区,她可以选择基金定投的方式,实现孩子的教育资金积累,而且收益会远高于保险收益。风险通过时间得以分散。

4.资金增值,如果房贷解决后每月还有部分剩余,可以考虑基金定投,检验定投收益和保险分红的收益,看那个收益更好一些。

第五节 保险投资

保险与理财的关系

一般我们说的家庭理财,其目的是使我们的家庭财产保值和增值,并满足生活的需要。而我们每个人对生活的要求是不一样的,有人锦衣玉食才觉得舒服,也有人粗茶淡饭就很满足;前者要追求高回报,后者只要保证资金安全就可以了。所以理财就是根据个人的目标,同时考虑对风险的偏好和承受能力,合理的安排各种投资组合的过程。

保险是一种风险管理工具,是"为无法预料的事情做准备"。有些事情一旦发生,会严重危及我们的理财规划。投入少量资金购买保险,可以在意外情况发生时弥补我们的经济损失,使理财规划得以顺利进行。同时所以保险可以说是理财规划中必备的一项。

现在说起"保险理财",其实有两层意思。其一就是利用保险产品的保障功能,来管理理财过程中的人身风险,保证理财规划的进行。这一点不仅必需,而且非常高效。比如我知道有一些人不认同保险,同时也知道他们中的很多都持有大笔存款,因为要"以防万一",这笔钱既然不敢花,其实就像是自己给自己做的保险。如果他们到保险公司投保,其实远用不了那么多钱,就可以得到同样的保障。多出来的流动资金,可以投入到其他金融产品中去,创造更多受益,这样不是更有效率吗?

其二是保险本身附带的理财功能。近年来,保险公司还设计出很多新产品,可以在保障功能的基础上,更实现保险资金的增值。相对其它金融产品,因为其风险很低,所以收益总体来说比不上基金、股票,但是非常稳定。也正因为如此,它特别适合那些对金融市场并不熟悉,或者工作繁忙,没时间打理自己的投资的朋友。

和大家分享一个经验,就是在理财规划中保险该占多大的比例。一般如果只应用其保障功能的话,建议不要超过年收入的 10%;如果同时看重其理财功能,建议可以在整体规划中占到 20%~40%,因为保险毕竟不是高收益的投资工具,您可以根据自己的风险偏好进行调整。

家庭保险理财的 5 个阶段与 6 张保单

成功与富有是每个人的愿望,但高收入并不意味着拥有财富。拥有财富的唯一有效方法是进行周全合理的理财。人生阶段的不同,理财呈现着不同的特点。

一、求学期。这个时期的财务来源主要缘于父母的供给,压岁钱和勤工俭学获得的收入成为有机补充。这个时期,财务开销较大,出多进少,属于典型的消费期。理财以教育投资为主,同时可考虑购买保费较低的意外险和医疗险。

二、家庭形成初期。此阶段刚步入社会,薪水不很高,生活走向自立,开始财物积累。此阶段突出特点为热身工作而又喜交友旅游,敢于尝试消费和接触新鲜事物。理财应注重培养自己定期储蓄的习惯,为成家等积累资金;同时可抽出部分资本进行投资,目的在于获取投资经验。在人寿保险方面,重点考虑购买定期寿险和长期重大疾病保险,受益人为父母。一方面年轻人的保费相对低廉;另一方面,体现孝子之责,防范风险发生。

三、家庭形成前期(20年左右的时间)。这个阶段经济收入增加且相对稳定,家庭建设支出也最为庞大,包括贷款购房/车,置办家具,抚育子女、赡养老人等。由于家庭收入由一份变成两份,而消费则由原来两个单个个体变成一个家庭单位,所以很容易积累资金。这个阶段,可拿出20%左右的资金用于基金、股票、证券等投资;而由于家庭责任的增加及房贷等银行债务的存在,因此家庭经济支柱寿险额度要提高,累计保险金额最好包括各项贷款、五年的生活费、子女生活教育费、亲属抚养金、医疗费用等中的几项或全项。夫妻双方的健康险额度在此阶段要及时补足,受益人为夫妻双方。

四、家庭成熟期(50岁前后)。这个时期家庭债务逐渐减轻,子女也走向独立,而自身的工作能力和经济能力都进入佳境,家庭开支也相对较少。所以此阶段可扩大投资,理财的侧重点宜放在资产增值管理上,并以稳健型投资方式如债券为重点。这个阶段不建议过多选择风险大的投资方式,因为一旦赔损,再去从新积累财富会带来生活负重的尘累。保险选择上,以投资型(如万能险)、养老年金型保险为主,侧重生存回报、养老规划,而长期保障型寿险的保费在此阶段会相对较高,此阶段不是最佳的选择时期。此阶段由于是疾病多发期,所以医疗险又是必要的选择。

五、退休期。安享晚年是每个人的向往,若能与伴侣徜徉于金色的海滩,感受波涛拍岸的声音,那将是一种美好的享受。这个阶段的理财是让金钱为精神服务,一方面整理一下过去的理财工具,安排好养老金的领取方式,准备颐养天年;另一方面,则要开始规划遗产及其避税问题,因为保险是免征遗产税和利息税的且指定受益人,所以它将是这一阶段理财的最好工具之一。

以上五个人生的时期,各有其显著的特点,理财的侧重点和方向也因此而异。但理财的根本原则是一致的,即通过现在的安排做好将来的准备。在财务安排上,虽然每个时期每种理财方式投入的资金多少会存在较大差别,但大体都不出"理财金三角"框架——在每年的财务收入中,拿出10%左右购买保险,用于风险管理;30%左右用于投资理财,包括置产、子女规划等;60%左右用于日常生活费用。

在年收入财务分配中,风险管理的资金虽然相对较少,但对于现代的家庭和个人却极其重要,不仅可以随时随地提供个人与家庭成员在生活中各方面的实际保障,并且也保护了其他90%的年收入,更能够保全辛苦累积的资产不会因为收入来源的中断或减少而遭受折损。而这种投资表现于人生的不同发展阶段,就形成了人生必备的六张保单:

第一张保单,年轻时为父母(寿险、意外险);

第二张保单,结婚时为双方(健康险为主);

第三张保单,贷款购房时为家庭(寿险为主);

第四张保单,生 Baby 时为子女(教育险、医疗险为主);

第五张保单,40 岁时为养老(养老险、投资险为主);

第六张保单,55 岁时为遗产(投资险、两全险为主)。

六张保单,是对未来生活方式的一种安排,保的是一种赚钱的能力,保的是让今天的拥有在明日依然存在并且更加富足,它与家庭理财的其他方式共同构成了一个不可分割的整体。

应该说,理财是一生都进行的活动,你不理财,财不理你,没有理财规划肯定会财务失败。做一个充满"财智"的现代人,让自己的人生变得成功而富有。

保险有助理财重点在规划

今年 29 岁的李森拥有一个完美的三口之家。自己是世界 500 强公司的部门经理,月收入 15000 元(税后);太太是公司职员,月收入 2500 元(税后),目前有一个 1 岁多点的孩子。家庭资产包括活期存款 10 万,房屋贷款 20 万(10年还清),有车无车贷。每月生活支出包括房贷 2500 元,生活开支 2500 元。李森之前的家庭保险状况是,夫妻双方均有社保,无商业保险。儿子出生 2 个月后,在某保险公司购买了教育金(年缴 6000 元),附加少儿重疾 20 万、少儿意外 20 万。

针对目前李先生的家庭保险状况,财规划师建议采用"新单":

李先生:爱的延续定期寿险保额 50 万元(年缴保费 2000 元),保障期限至60 岁;

重疾两全保险计划 20 万元(年缴保费 7400 元);

意外伤害保险保额 20 万元(年缴保费 340 元)。

李太太:重疾两全保险计划 20 万元(年缴保费 6700 元);

投保意外伤害保险保额 20 万元(年缴保费 340 元)。

合计家庭年缴保费:16700 元。

保险有助理财,重点在规划

一个家庭的生活目标无外乎 6 大方面,房子、车子、孩子、伴侣、老人,和自己的一辈子,保险强调续保的长期性,如果不能对客户今后的理财作出清晰的指导,客户因为不会理财而无钱续保的可能性很大。

如何对家庭风险进行有效管理,就是保险规划的一部分。能够针对生活中的风险,分析保险需求,选择合适的保险产品,这就是保险理财规划师的服务范畴。

眼下,中国银行、保险等各类金融机构总数接近万家,国内理财市场规模也已远远超过千亿元人民币,金融理财师行业存在数十万人的缺口等待填补,这个新兴的市场需要越来越多的专业理财规划人士。

相信随着市场的成熟,更多的保险理财规划师受益于更多的个人和家庭,让保险理财走出误区,赢在规划。

保险理财的十大误区

举个例子来说:小王在 A 和 B 两家保险公司分别购买了保额 10000 元的医疗费用型保险,满以为一旦患病,可以得到双重赔偿。承保后,小张有次住院一个月, 共花费 12000 元的费用。小张拿着住院证明先到 A 保险公司获赔了 10000 元,再到 B 保险公司,却被告知,只能对剩下的 2000 元进行理赔。

按照保障的具体内容来划分,医疗保险可以分为两种,一种是医疗费用型保险,一种是医疗津贴型保险。所谓费用型保险,是指保险公司根据合同中规定的比例, 按照投保人在医疗过程中所花费诊疗费和合理医药费的总额来进行赔付;而津贴型保险,与实际医疗费用无关,保险公司按照合同规定的补贴标准,对投保人进行赔付。小张这里投保的就是费用型保险,所以即便买了同类型的多份保单,得到的赔偿不会超过自己实际的支付。而重复投保,相当于双保险的说法是错误的。

误区一:保险理财可以发横财

保险理财是通过保险进行理财,是指通过购买保险防范和避免因疾病或灾难而带来的财务困难,对资金进行合理安排和规划,同时可以使资产获得理想的保值和增值,而不是发横财。一般来说,保险产品的主要功能是保障,而一些保险所具有的投资或分红只是附带功能。

误区二:消费险种,投保好像得不偿失

很多人都会这样认为,买了保险后如果平安无事就应返还保费,如果没有保费返还总有一种得不偿失的感觉。例如某人寿的个人住院医疗保险, 年支付保费 1101.77 元,每年享受到 33.725 万元医疗保障。

误区三:保额要高,过度投保无妨

选择一定数量的险种投保,保障额多了当然是好事情。但是,如果不考虑自己的承受能力,什么险种都想买就不切实际的。

误区四:隐瞒病史,未必露馅

如果你曾经有 10 年的吸烟史,不要存有侥幸的心理,以为可以隐瞒。即便保险代理人跟你讲,这没有什么大关系,但哪天你患上肺癌,这吸烟史上的一个"无"字,可能就是理赔纠纷的焦点。

误区五:只要投保,都能提供保障

保险的保障范围有时和想象的不一样。如:保险公司愿意赔的"重大疾病"和生活中真正的"重大疾病风险"是不同概念,许多疾病都是在其免责范围之内的。

误区六:孩子保险,比大人更重要

家长们在给自己孩子买保险时存在有相当大的误区,家长们都觉得给子女保得越多越好,大人甚至为了孩子宁愿省下钱来自己不买保险。

误区七:分红保险可以保证年年分红

分红产品并不能保证年年分红。分红产品的红利来源于保险公司经营分红产品的可分配盈余,包括利差、死差、费差等。

误区八:买了几年保险没发生意外,保险费白交了

有些人会觉得买保险不划算,如果不出险,钱不就白花了;如果出险了,则又伴随着一种保险带来厄运的感觉。其实,买保险是防万一,不出事最好。有了保险,随时都处在保险保障之下。

误区九:寿险产品大部分是死后或快死时才能得到的保险,因此保了也没用

保险保障的是在发生不幸时的资金财务,而不是疾病或死亡。目前的寿险产品有终身寿险、养老保险和大病、住院医疗等健康保险。

误区十:只要存了钱,没必要再买保险

保险和储蓄都是应对风险时的办法,但是它们之间还是有很大的区别:储蓄灵活性很强,可随时存取;而保险的保险费是不能随意取回的。

第六节 证券投资

股票投资需具备"想象力"

享誉世界的英国物理学家霍金只有两只眼睛和两个手指头能动,但他的研究对象却是距离最遥远、空间最辽阔的宇宙,这个全身瘫痪、话都不能说的科学巨人,研究着宇宙的过去和未来,他能做到这一切都是凭借一种特殊能

力"想象力"。

股市是天堂,又是地狱。投资者该怎样做,才能不下地狱而入天堂?理性随机投资模式中的"理性",就是解决问题的法宝。但想要飞向投资盈利的天堂,光靠理性和技术方法还不够,只有运用股票投资艺术中的"想象力"和随机卖出的操作手法,才能进入盈利的天堂。

实业家们一生都像蚂蚁一样忙于生产,很少有时间去想象。除非像已故的苹果总裁乔布斯"想要改变世界",才可能用丰富的想象力创造出最富科技时尚魅力的苹果系列"作品"。与实业不同,股票投资行业不需要忙碌,投资者大量的时间是在广泛地阅读、观察和瞑目想象。在他们眼里,看到了浙江地区生产皮鞋、服装,微利的养家糊口式企业的辛劳,但绝不买这类企业的股票;他们看到了造纸、化工行业正走向衰退,也不会买这些企业的股票;他们还看到了电子产品、汽车公司激烈竞争的"惨状",所以也不会买这类公司的股票。他们所做的就是观察、想象谁是未来能给股东带来巨大回报的成长企业,哪类企业能站在时代发展的前沿。他们希望投资的,只能是这样的企业。

什么行业会是好行业?什么公司会是成长性公司?盲目的投资者总是在听消息、看近期的新闻。与此相反,真正有想象力的投资者总是在想现代社会什么商品总在升值?如冬虫夏草、茅台酒,于是他们偏向于投资不可再生的,或是有独特竞争优势的企业;又如医药、健康是人类永恒的追求,于是他们可能喜爱有核心技术和特殊产品的医药企业。

在对行业发展变化的总体把握中,想象力思考的方向在于:其一,历史发展趋势的变化,即低端制造业不断向高端制造业、机械化简单生产重新转向手工艺术性生产、劳动密集型企业向高科技企业进化、高耗污染企业向低耗环保企业转换,以及先进的保健医疗、金融服务、特殊消费业等成为时代主流的产业;其二,过去的不能再生的宝贵物品,包括矿业、资源等越来越值钱;其三,现处于产业链上端的企业、名优企业、垄断性强的非竞争性企业,总是能稳定赚钱的企业;当然,未来有升值潜力的企业也是投资者永远的爱。

对大盘运行的分析也需要想象力。一般来说,牛市的顶部一定会冲过大多数投资者认为的"铁顶"点位,熊市的底部一定会跌穿大多数投资者认为的"铁底"点位。所以,股市不仅需要技术分析,更需要想象力,从而对大盘运行的顶与底有一个艺术性的超常规分析。

当然,股票投资艺术的"想象力"不能是凭空随想,而是根据时代的发展变化,想象行业与企业的发展变化,是一种创造性的前瞻性的对投资对象的想象。这种想象力不仅在实践中能得到验证,还能得到其他投资者的响应。这样就能先人一步,买到好的股票。而缺乏想象力的投资者,就只能跟在别人后面追了。

新股民速成指南

假设有一位老兄打算现在就去证券公司开户，他首先应该知道自己是否具备基本的投资素质。下面这个简单的智力题是个很好的测试。

小明是个小朋友，他的同学小甲会制作弹弓，于是他就花了 10 块钱向小甲买了个弹弓玩，不久就玩腻了，于是小明就以 12 元的价格把弹弓卖给了小乙，可后来小明又想拿弹弓弹人家玻璃，于是想问小乙买回，小乙趁机喊价 14 元，小明不得不多花 2 元买下，不久他又玩腻了，于是以 16 元的价钱卖给了小丙。我们的问题是：小明最终赚了多少？

A：小明最终不赚不亏；

B：小明最终赢利 2 元；

C：小明最终赢利 4 元；

D：小明最终赢利 6 元。

类似的问题曾经被心理学家用来测试普通大众，看似简单的题目竟然有相当一部分的人回答错误。相信读者肯定早就知道正确答案应该是：赢利 4 元。因为小明其实只做了两笔交易，第一次 10 元买入 12 元卖出，第二次 14 元买入 16 元卖出，分别获利 2 元。错误答案中选择 B 的比例较大，他们在计算的过程中，把小明 12 元卖出后 14 元买入算作了 2 元亏损，于是得出赢利 2 元的答案。

我们完全可以把例子中的"弹弓"换成"股票"，只做了两次简单的买卖，连获利多少都算不清的话，建议他还是不要涉足股市交易了。甚至于还有些人在知道了正确答案之后还弄不明白，继续坚持错误答案，对于这些人有这么一句忠告：还是回火星吧，地球很危险的！

通过了小测试之后还有很多内容要学习，好在股市中大部分东西都很简单，可以通过弹弓的例子来加以说明。

小甲原本做弹弓就是爱好，但他后来以 10 元的价格把弹弓卖给了小明，这个过程称之为 IPO，即首次公开发行弹弓，如果小甲原本不认识小明，而是通过邻居二狗子牵线搭桥才做成的交易，那么邻居二狗子就被称作上市承销商，或者叫保荐机构，由二狗子保证这个弹弓是能弹玻璃的好弹弓。大部分投资银行的主要收入来源就来自二狗子做的事。二狗子如果是个聪明人，他就会在每年的二、三月份把各种玩具介绍给小孩子们买，因为那时候小孩手里压岁钱较多，能卖出好价钱。所以我们会看到，但凡牛市总会伴随着大量的 IPO，而熊市很少有 IPO。如果小甲主动找二狗子要求他帮忙推销弹弓的,那这个过程称之为"路演(Roadshow)",英文字面意思就是小贩们在路边展示货色好坏。

现在二狗子被小甲说服了,打算帮他推销弹弓,于是找到小明试探他愿意出多少钱买,这个过程称之为"公开询价",他们问下来觉得一个弹弓差不多能卖810元(价格区间)钱,但由于当前正好是三月份,小孩子们手里压岁钱很多,于是最终价格是区间的上限——10元。

此后弹弓就转手到了小孩子们的手里,其中小明、小乙和小丙都是投资者,但他们之间也有区别。小明要买弹弓是为了玩,这相当于很多投资者买股票是为了拿到固定的分红,只要分红比银行利息高就会一直持有;小乙纯粹是个投机分子,他买到弹弓之后很快就高价脱手了,还赚了两块钱;小丙以16元的高价买下了弹弓,假设他没办法脱手,那他就是最后的倒霉蛋,被深度套牢。我们的例子大大简化了,现实中的小明、小乙和小丙何止千千万万。

中国的情况还有点特殊,小甲最初的那些弹弓以及制作弹弓的工具是别人送给他的,并不是他劳动赚来的,在他想卖出弹弓的时候就遇到了很多反对声,居委会大妈跳出来说:你卖掉弹弓就是国有资产流失。小甲争辩说:可是我一个人玩不了这么多弹弓啊,最后这些东西还是要烂在我手里。大妈说:这我不管,你要是卖了,你就有钱了,有钱就会腐化堕落,就会学坏,去网吧、去游戏机房,何况凭什么你有这些宝贝别人却没有,大家一样都是人啊,根本就不公平嘛,我就是不喜欢!

小甲有些失望,他发现弹弓的价钱和自己无关了,因为反正他也不可能再卖弹弓,但小孩子们的需求很大,他们要更多更好的弹弓。小甲两手一摊,说:你们爱找谁找谁,反正我这儿是没有。就这样,弹弓熊市来了。

二狗子一看没了收入来源可不答应了,他动员爷爷出来说句公道话。爷爷说:玩弹弓嘛,是好事。那个居委会大妈就当她不存在,反正她也不能拿你们怎么样。以前的陈年旧账别去管它,天天翻旧账还做不做事情了,我们要向前看嘛,小甲你还是继续卖弹弓,这算是老店新开张,但之前别人买过你10个弹弓,你就再送人家3个,大优惠之后呢,你再恢复原价。于是"股改"开始了,大优惠活动又被称之为"支付对价"。

小甲能继制造弹弓,而且他手头也还有一大批弹弓,他忽然发现最近弹弓非常流行,但凡是个小男孩都要买一个,于是他可以做两件事:第一,他可以制作更多的弹弓卖给大家,这就是"增发新股",如果他把弹弓全部卖给二狗子而不卖给别人,那就是"非公开的定向增发";第二,他可以把手头现有的弹弓脱手,这就是"大股东减持",一般是他觉得弹弓价格太高了,想要马上套现。如果只能卖一点点,就是"小非",很多的话就是"大非"了。

弹弓市场日渐火爆,精明的二狗子又想到了赚钱的好办法,他注意到小孩子们需求的多样化,有些小孩现在没钱,可几个月后会有钱,但他们担心到时候就买不到便宜弹弓了;还有些小孩预期自己几个月后就会对弹弓失去兴趣,希望玩腻了还能高价卖掉。于是二狗子立马找到小甲,告诉他有个靠卖白纸就能赚钱的好办法,小甲很感兴趣。二狗子说:"你在一张白纸上写'保证你半年后能以10元的价格从我手里买弹弓',另一张写'保证你半年后能以8元的价格把弹弓卖给我'。只要这么写了,白纸也能赚钱。"小甲半信半疑,但还是照做了。果然,两张白纸上市当日就被抢购一空。他还隐约从小孩子们口中听到"认购权证"、"认沽权证"之类的词,二狗子告诉他,这就是指那两张白纸。

不久之后,弹弓市场的火爆程度已经超出了所有人的预想。忽一日,二狗子东游,见两小儿辩斗,问其故。

一儿曰:"我以当下弹弓价高,而三月后价廉也。"

一儿曰:"我以当下弹弓价廉,而三月后价高也。"

二小儿互不能决,问二狗子,二狗子亦不能决。二小儿笑曰:"孰为汝多知乎?"二狗子大惭不能言。

二狗子回到家一拍脑袋想到个赚钱妙计,他发现那两个小孩并没有在玩弹弓,他们只是坐在路边谈弹弓的价钱会涨还是会跌,于是他找到爷爷,要求爷爷借给他一间房,二狗子要开个赌局,把路边的小孩请进来,让他们在赌局里赌涨跌。据说这个赌局五月份就要开张了,大门口写了四个大字"股指期货"。

"认购权证"、"认沽权证"和"股指期货"都属于衍生品交易,言下之意是他们都是衍生出来的东西,交易的对象并不是那个弹弓,但多少总和弹弓有关。

以上差不多把当下股市大部分内容都已经概括,似乎总有些人并不希望别人能全部理解,所以故意用不知所云的复杂语言来解释世事,就类似中国古代的士大夫以及欧洲中世纪的教士们,前者用文言文后者用拉丁文,目的就是不让老百姓能听明白,借此显示自己是"专家"。笔者只希望这篇白话文能对新投资者们有些帮助。同时,在别人称你为散户时,可以理直气壮地说:"请不要叫我散户,其实,我是一名投资者!"

谨防股票诈骗"八大招数"

股票诈骗公司充分运用心理战术,抓住个别股民贪婪的赚钱心理,使用"8个绝招"实施诈骗。

招数 1:第一通电话,初步建立信赖感

通常,诈骗公司的业务员会假借公司宣传活动打来电话,把近期主力机构操作内幕及最新盘面信息免费提供给股民,博取信任。同时,业务员借机了解对方的资金量、判断对方属什么类型的股民等信息。挂电话时,业务员会再次强调自己的名字,最后留下电话,为下一次联系作好铺垫。

招数 2:第二通电话,引起注意,激发兴趣

业务员会借助股民手中股票打击其信心,然后吹嘘自己推荐的股票,以挑起股民的兴趣。

招数 3:吓唬空仓股民

业务员会故意营造让人恐惧的气氛,迫使股民跟他"突围"。

招数 4:自吹自擂诱惑散户

业务员会说:"我们机构拥有最大的人脉网……提前获得一些上市公司精确信息,在不理想情况下,我们的客户照样获利。除此外,我们每只股票都有资金参与运作……要是机构参与运作,那股票想不涨都难。散户自己做,震荡的行情反而很难把握,跟紧我们,您就是紧跟主力机构的步伐。"

招数 5:让股民"自愿"交钱

业务员会举例说明,形成对比,产生落差,给客户吃"定心丸"。

招数 6:"贼喊捉贼"迷惑股民

业务员会说:"很多客户都只考虑到能否赚钱,但忽略了重要一点,要和正规机构合作。2007 年证监局查处了一大堆非法机构,受伤的不仅是散户,我们老牌机构也被新股民当成了骗子……所以,你要选择好的机构、买到好的股票才能赚钱,否则既浪费行情又赔钱。"

招数 7:让股民"画饼充饥"

业务员会进一步吹嘘自己推荐的股票都是短期内上涨多少多少点的。

招数 8:诱惑被套股民

业务员会说:"解套不能等,要积极去做,做波段……你固执的投资思维只会错过很多赚钱机会,浪费很好的行情,你已错过很多赚钱机会了,还想再继续错下去吗?你没信息来源就该紧跟私募财团来做,让我们的操盘老师来帮你处理。"

第七节 债券投资

家庭理财买哪种债券最合适

罗女士今年 34 岁,在一家私营企业工作,每月工资 1600 元左右。她丈夫今年 39 岁,在街道办事处工作,每月到手收入约 1000 元,缴存公积金 300 元,两人都按照工资标准购买了社保,每月的社保费均是 200 多元。

孩子今年 7 岁,上小学一年级。每月的家庭开支在 1700 元左右,此外每年为小孩缴纳 3000 多元的保费。居住的房屋是单位宿舍,居住权为 50 年,已住 20 年。

现在的家庭资产是:丈夫公积金账户 3000 元左右,刚买的股票型基金 7 万元,混合型基金 2 万元,银行存款(人民币 1.5 万元,美金 9000 元)。

罗女士有两个理财目标:一是积累孩子的教育基金,二是积累养老金。

财务状况分析:罗女士家是比较典型的双职工低收入家庭。虽然经济状况比较紧张,但同样是可以进行理财规划。从家庭财务情况报表可以看出,罗女士的家庭处于零负债,每月支出后还有一些结余。

从罗女士的家庭财务状况来看,投资组合风险中等偏低、收益中等偏高是罗女士家庭的最优的投资策略。因此,罗女士把主要财产投资到基金上是明智的选择。

但是,从罗女士的理财档案可知,罗女士买入基金的点位可能有些偏高。的确,对普通投资者而言,很难精确选择进出时机。因此建议投资作长线投资。

结合罗女士的理财目标,我对其理财规划如下:

第一,由于罗女士缺乏选时能力,建议罗女士将每月家庭节余 1000 元定投到一只股票型基金上。要选择一些历史比较悠久,规模和实力较强,业绩稳健的基金管理公司旗下的基金品种。

第二,B 股是历史遗留产物,同股同权而不同价,这给广大投资者提供了一个非常好的投资机会。同时,随着人民币不断升值,目前美元资产面临贬值风险,因此,建议罗女士用 9000 元美金去购买。

第三,在 1.5 万元人民币存款中,留 6000 元作为家庭备用金,剩余的 9000 元用于债券投资,可以买一些大型企业的企业债,收益率可达到 4%~6%之间。

第四，由于市场环境存在种种的不确定因素，建议至少3个月或半年与专业理财师做一次交流，以便作出调整。

怎样参与可转债申购？

很多投资者都参与过新股申购，但参加过可转债申购的投资者却并不多。新股申购制度改革后，网上申购设有限额，因此，资金量大的投资者资金使用效率受到了限制。其实，除了申购新股，申购可转债也是一种低风险的投资方式，并值得投资者关注。

可转债全称为可转换公司债券，与其它债券一样，可转债也有规定的利率和期限，但和一般债券不同的是，可转债可以在特定的条件下转换为股票。不考虑转换，可转债单纯看作债券具有纯债价值或直接价值。如直接转换为股票，可转债的价值称为转换价值。在计算时，转换价值等于对应股票的价格乘以转股比例。比如，某可转债的转股比例为10，当对应股票价格为11元时，转换价值为110元；当股票价格为9元时，转换价值就是90元。一般而言，可转债的价格不会低于其纯债价值或转换价值，因而价格存在下限。当可转债对应股票表现不好时，可转债股性偏弱债性偏强；而当股票表现出色时，可转债的价格更多受到股票价格的影响。

随着新股发行的重启，可转债的发行也开始活跃起来。可转债上市后涨幅一般在30%左右，在近期新股上市后平均涨幅下降的情况下，这样的收益也是相当可观的。可转债的申购和新股申购类似，但也存在不同。首先，可转债的发行面值都为100元，申购的最小单位为1手1000元，且必须是1000元的整数倍。由于可转债申购1手需要的资金较少，因而获得的配号数较多，中1手的概率较申购新股高。其次，股票申购时实行T+3规则，即申购资金在申购日后第三个交易日解冻，而可转债申购则采用T+4规则，资金解冻在申购日后第四个交易日。投资者需要注意的是，每个股票账户只能申购一次，委托一经办理不得撤单，多次申购的只有第一次申购为有效申购。

除了直接申购外，由于可转债发行会对老股东优先配售，因而存在所谓的抢权申购策略，即投资者可以在股权登记日之前买入正股，然后在配售日行使配售权，获得转债。抢权申购需要持有股票至股权登记日，因而存在一定的风险，投资者在股票价格较低、市场较好时采用较为妥当。投资者认购转债时，可根据自己的意愿决定认购可配售转债的全部或部分，但每个账户中认购额不得超过规定的限额。配售的缴款期仅有一天，一般在股权登记日后的一个交易日。由于优先配售采取取整的办法，实际配售量以1000元为单位，凡按照配售比例计算配售量不足 1000 元的部分,视为投资者放弃,所以投资者必须拥有一定数量的股票数才可能配售到可转债,如果股票太少则可能失去优先配售获得可转债的机会。

第八节 现金管理

家庭的现金流入包括:

1.经常性流入:工资、奖金、养老金及其他经常性收入。

2.补偿性现金流入:保险金赔付、失业金。

3.投资性现金流入:利息、股息收入及出售资产收入。

家庭的现金流出包括:

1.日常开支:衣、食、住、行的费用。

2.大宗消费支出:购车、购房及子女教育。

3.意外支出:重大疾病、意外伤害及第三者责任赔偿。

家庭的现金流管理是要将收入与支出尽可能的匹配起来,使家庭保持富余的支付能力,而且富余的程度越大越好,越富余说明财务状况越自由。

家庭现金管理策略

通常而言,一个家庭所预留的现金,应该是 6~12 月左右的生活费,对于有贷款的人而言,可再预留 2~3 个月的贷款。这部分现金的管理,大部分可放在货币市场基金中,需要时赎回。在此之上,医疗保障不足的家庭,或有一些其它近期重大开支项的,可多留一些应急资金,整体数目建议不要超过 12 个月的生活费用。具体预留多少现金,每个家庭都会不同,主要根据:

风险承受能力及意愿:风险偏好低可预留较多现金;持有现金的机会成本:有些家庭有较好的理财渠道,可少预留一些现金;现金收入来源及稳定性:家庭工作人数较多,有其它收益并较稳定,可少留现金;现金支出渠道及稳定性:如家庭开支稳定,意外大项支出较少,也可少留现金;非现金资产的流动性:如果大量的资产是房产或实业投资等变现周期长,变现价格不确定性高的流动性差的资产,需多留现金。

无论采取何种策略,每个家庭都应至少预留 3~6 月现金以应付日常生活开支。我们推荐家庭使用货币市场基金或短期人民币理财产品来管理自己的预留现金,以及将一些尚未决定投资方向的现金暂放于此。全球范围观察,货币市场基金是许多家庭管理现金资产的最佳工具。

考虑其相对储蓄较高的收益水平尤其是良好的流动性,家庭可以多多利用,以减少现金的机会成本损失。当然,投资人也需要密切观察市面上各类现金管理工具,及政策利率等的变动,随时调整,及寻找更合适的投资品种。

家庭现金巧管理

注意资金的流动性

所谓个人的现金管理就是管理资金的流动性,什么时候用钱,都可以比较方便地转化为现金用于对外支付。有些家庭现金总是供小于求,要么就大量花信用卡的钱,要么就经常向别人借,还有另外一种家庭,资产全部是活期存款,要多少都拿得出来,名曰银行利息太低。这两种极端都是不科学的。

货币基金值得尝试

理财专家说,正确的现金管理思路一般是,备足 3 至 6 个月的生活费,以应付各种突如其来的状况。其他现金可以进行保险保障需要、或者其他各类的投资。个人和家庭的活期储蓄只需要准备 1 至 2 个月的需要就可,其他的现金直接通过银行的网上银行和银基通系统购买货币市场基金,由于货币基金年收益比活期利息要高,流动性又很好,赎回方便,所以直接提高了现金的收益能力,又不会耽误大事。

发挥信用卡的功能

如果现金留得少,虽然避免了朋友借钱的尴尬,但自己遇上紧急消费时怎么办?有专家建议,每人可以有 1 至 2 张信用卡,信用卡额度相当于家庭月支出的 3 至 5 倍。这样紧急花钱的时候尽量用银行的免息贷款来处理。到期按账单日期还清就行。不过,还是尽量不要用信用卡取现,这种高额贷款是得不偿失的。所以,有一部分资金可以利用银行开通的"自动转存业务",把活期存款的一部分按你的约定自动转成通知存款或定期存款的业务,这种方式也可以实现利息最大收益。

家庭现金管理可以从以下几方面着手:

1.充分利用电话银行、网上银行等自动化管理,实现随时随地账户查询、资金调拨、投资等功能,做到灵活调度和省心监管;

2.把日常盈余高效运作起来充分盘活资产,提高收益;

3.合理利用财务杠杆,借助融资渠道,有效弥补短期资金缺口,及时把握市场良机。

试试银行短期理财产品

此外,可以考虑最近非常流行的银行短期理财产品,它们的投资期限从 1

个月到半年,具有较强的流动性,而且有不少保本产品可以选择,收益基本为活期存款的 3 倍左右。

另外,一个家庭最好要设立三个"小金库"。

三个"小金库"指结算、投资和消费三类基本账户。结算账户用于家庭的固定收入比如工资奖金等、固定支出比如公共事业费、保险缴费、贷款还款等和其他家庭零星往来收付。投资账户专用于家庭投资。消费账户则用于管理家庭的日常消费,通常使用信用卡比较合适。

对于现金管理大的思路是尽量减少活期存款,更多使用现金管理工具。货币基金、信用卡、自动转存账户是你的有力工具。但要弄清各类工具的特点是否符合你的习惯。把多出来的资金更多地投入适合自己的领域,将是理财成功的起点。

第九节 不动产增值管理

不动产增值"三注意"

1.注意把握投资时机

任何投资甚至包括任何买卖、生意和股市,买入时就已经决定了输赢、胜负和赔赚。换句话说,输赢、胜负和赔赚都不主要是取决于卖,而主要是取决于买,买得贵就赚得少,买得便宜就可

能赚得多。或者可以说,能不能赚取决于买,赚多赚少取决于卖。其实,最好的投资时机是在经济低潮,这时买楼、买股都划算。但人们普遍都是"买涨不买跌",这实际上是一个误区,因为受人性弱点贪和怕的影响,跌的时候谁都怕损失钱财而不敢投资,而涨的时候又一涌而上,未必能买到好的价位和物品。就算买到了合适的价位和物品,又由于贪念作怪而被套牢。这样的例子比比皆是,不胜枚举。

近年来,房产投资按业态分布以投资住宅、商业公寓、铺面、写字楼为主。投资目的以自住和投资并重的混合型为主,由于目前市场上中小户型和中低档次的住宅楼盘较少,所以二手房市场非常火爆,由于二手房面积比较较小、地段比较好,具有较高的投资价值。酒店式公寓、热炒板块商铺都成为投资热点。

2.注意明确自身投资能力

要在能力范围之内进行投资,投资理财就是将财产或闲置资金充分利用

起来,发挥最大的效用,达到最大限度地升值。但不能盲目地以为"借鸡生蛋"是个好方法,但也会有"鸡飞蛋打"甚至"杀鸡取卵"的可能。要在保证日常生活正常的情况下,进行合理、理性地投资,不要因本小和利小而不为,只要"肯为"就一定会"有为",只要方法正确,同样可以收到本小利大的投资效果。

由于不动产投资与金融行业存在着相互依赖与牵制的关系,受到国家政策、政治、经济等多方面的影响,因此要有丰富的投资知识与理念,了解各种业态的投资利好,了解区块价值与发展前景,了解楼盘潜力与投资回报率,才能在繁杂的信息中更好地进行投资,将风险降到最低。

3.注意具备长期利益的观念

投资不动产是一项长期的过程,不仅是资金的积累,更是投资经验与理念的积累,不能一蹴而就,在各种投资市场出没的大多不是真正的投资者,更多的是短线投资甚至是急功近利的投机者,他们往往目光短浅,心态浮躁,短期内也许能获得一些既得利益,但久赌必输。股神巴菲特的投资理论的核心就是集中投资绩优股并长期持有,因此他能成为世界的首富。而一般人既没有恒心,也没有毅力,却总是期望一夜之间就能发财、暴富。其实,如果没有正确的投资理财的观念和方法,那些一夜成富的投机商、赌徒和暴发户,过不了多久就会被打回原形。因此,要成为投资理财的高手,就必须要抱持长期投资和长期获益的理念。

市场上没有最好的投资产品,只有最适合自己的投资方案。风险与收益是相对应的,要根据自身的需求与特点,如风险承受能力、资金的使用安排等,然后选择适合自己的理财产品进行资产配比,并长期坚持下去,不"盲从"与"唯利",理性、稳健地投资。

第十节　用好公积金

巧用公积金贷款的 1234

住房公积金是中国城镇职工和单位按照法律规定缴存的一种长期住房储金,职工缴存的住房公积金和职工所在单位为职工缴存的住房公积金,均属于职工个人所有。从理财的角度来看,用好用活公积金,融通公积金的购房融资、储蓄积累、养老补充等主要功能,具有更加现实的意义。如果合理利用公积金账户,能够给自己带来不少便利,但在规划公积金理财时,也应注意一些事项:

1.公积金不能直接用作购房首付

很多朋友都存在着这样的误区，认为住房公积金贷款可以直接用作购房首付，从而盲目估算了自己的首付能力。其实不然，如果是新购房，首付款只能用自有资金或者其他途径来解决，并在缴付首付款购房后，才能按规定提取公积金。

2.关于夫妻中一方先行办理了公积金贷款

根据规定，不论是在结婚前还是在结婚后办理的公积金，只要夫妻双方中有一方办理过公积金贷款，公积金管理中心系统上就会有相应记录，在上次贷款未还清前，夫妻任何一方均不能再申请使用公积金贷款。

3.尽量按月提取公积金

国家对住房公积金管理较严，在用途、贷款、提取等方面都做出了严格的规定，但随着形势的变化，特别是为应对高房价，国家主管部门以及各地住房公积金管理部门都对住房公积金的管理和使用，做出了诸多人性化的规定，使符合条件的购房或者租房者可以享受到公积金的多重好处。

现在国内很多城市已做出了公积金可以按月提取的规定，且租房者也可以提取公积金用于房租支出，这大大方便了公积金缴存者。尽可能提高公积金贷款使用额度，尽可能办理公积金按月提取，这样既避免了住房公积金闲置在账户里，又可以帮助购房租房者减轻供款压力，改善财务状况。

4.住房公积金贷款可作为稳健投资

住房公积金账户利息较低，但对于不具备提取条件，且无投资理财经验的缴存者来说，也没有必要盲目提取公积金，可将其作为资产配置组合中的稳健或者保守配置，经过较长时间的复利效应，也可以积累一笔可观的资金，用于子女教育或者未来的养老等支出。

第十一节 外汇投资

什么是外汇投资？

外汇投资，是指投资者为了获取投资收益而进行的不同货币之间的兑换行为。外汇是"国际汇兑"的简称，有动态和静态两种含义。动态的含义指的是把一国货币兑换为另一国货币，借以清偿国际间债权债务关系的一种专门的经营活动。静态的含义是指可用于国际间结算的外国货币及以外币表示的资产。通常所称的"外汇"这一名词是就其静态含义而言的。其特点是风险大，但风险可控，操作灵活，杠杆比率大，收益高等。

外汇投资主要有哪些币种?

美元、欧元、日元、英镑、港币、澳大利亚元、加拿大元、新加坡元、瑞士法郎、新西兰元。

全球外汇交易中,美元的交易额占 86%,美元是目前国际外汇市场上最主要的外汇。

外汇投资必经 3 阶段

1.新手盲动期

对投资市场的幻想,怀着一夜暴富的心态,或听道听途说,或被劝诱,在没有充足充分的准备下踏足外汇市场。这一阶段的人大致可以分为:对汇市的风险一无所知或知之甚少,完全不懂得资金管理。或者是分析水平,特别是技术分析水平有限, 操单往往凭道听途说或所谓的专家指导。其次是实际操作经验不足,遇突发事件易惊慌失措。然后是心态不正,想赢怕输,对亏损没有心理准备。遇亏损时,不会合理地调节心态,不肯服输,死顶硬抗。这一阶段的汇友的表现往往是频繁进出且进出单量大,大输大赢。

特别是在初有斩获时,这种现象就越明显。但处于这个阶段的汇友,最后往往是以惨败结局。

2.谨慎期或动摇期

处于这一阶段,许多汇友新手已经过了汇市的风雨不定,也在汇市中受过打击。在失败的教训下,经验和技术日趋成熟并逐渐老成,对各种做单技巧的掌握亦趋于熟练, 对预想范围内的失误与损失也有了相当的承受能力。但这一阶段的最大特点是对新手阶段的失败仍不忘怀, 过于相信技术分析等,热衷于对某些技术信号与技术细节的过细分析, 缺乏对大势判断的自信。在这一阶段的汇友眼中,到处都是阻力,遍地都是支撑,想下单,又怕在下个阻力位被挡住,始终感到难以下手。即使进单,也是遇阻即跑,难以获得大的利润。处于这一阶段的汇友往往没有大输大赢, 很多盈利往往葬送在自己的失误中。愈是这样,愈变得谨小慎微。

3.成熟期

这一阶段的最大特点:心态的平和。对汇市中的风浪已习以为常,不再会因汇市的波动及一俩次的胜负而亦喜亦忧而且对汇市有着较强的判断力。

能比较详细完整的掌握大动向大趋势,可以忽视对自己目标前的阻力与支撑。处于这一阶段的人,对技术分析已了然于心,但又绝不迷信技术分析。他们能够细心的掌握汇市的风吹草动。在他们看来,任何的评论与消息,都不过是为我所用的参考,听而不信。其次是操作手段的熟练。处于这一阶段的人,清楚地知道汇市的风险。因此,他们也最知道怎样来保护自己。他们自信却不自大,懂得运用合理的操作手段来规避风险。因此他们才能成为汇市的真正赢家。

外汇投资 6 注意

1.善用理财预算,切记勿用生活必需资金为资本:要想成为一个成功的外汇投资者,首先要有充足的投资资本,如有亏损产生不至于影响自己的生活,切记勿用自己的生活资金做为外汇投资的资本,资金压力过大会误导自己的投资策略,徒增外汇投资风险,容易导致更大的错误。

2.善用免费模拟账户,学习外汇投资:初学者要耐心学习,循序渐进,不要急于开立真实外汇投资账户。不要与其它投资者比较,原因是每个人所需的学习时间不同,获得的心得也就不同。在仿真外汇投资的学习过程当中,自己的主要目标是发展出个人的操作策略与型态,当获利机率日益提高,每月获利额逐渐提升,证明可开立真实外汇投资账户进行炒外汇。

3.外汇投资不能只靠运气:当自己获利外汇投资笔数比亏损的外汇投资笔数还要多,而且账户总额为增加的状况,那证明已找到外汇投资的诀窍。但是,若在 5 笔外汇投资中亏损三千元,在另一笔炒外汇投资中获利四千元,虽然账户总额是增加的状况,但千万不要自以为是,这可能只是运气好或是冒险地以最大外汇投资口数的外汇投资量取胜,投资者应谨慎操作,适时调整操作策略。

4.只有直觉没有策略的外汇投资是冒险行为:在仿真外汇投资中创造出获利的结果是不够的,了解获利产生的原因及发展出个人的获利操作手法是同等重要。外汇投资直觉非常重要,但只靠直觉去做外汇投资也是不可接受的。

5.善用停损单减低风险:当投资者做外汇投资的同时应该确立自己可以接受的亏损范围,善用停损外汇投资法,才不至于出现巨额亏损,亏损范围依账户资金情形,最好设定在账户总额的 3~10%,当亏损金额已达你的接受限度时,不要找寻找借口试图孤注一掷去等待行情回转,应立即平仓,即使 5 分钟后行情真的回转,不要惋惜,原因是你已经除去行情继续转坏、损失无限扩大的风险。投资者必须拟定外汇投资策略,切记是自己去控制外汇投资,而不是让外汇投资控制了自己，以免自己伤害了自己。同时，外汇投资应按照账户金额衡量投资量，不能过度使用外汇投资金额量。

6.彻底执行炒外汇投资策略：不可找借口推翻原有的决定，在此记住一个最简单的原则——不要让风险超过原已设定的可接受范围，一旦损失已至原设定的限度，不要犹豫，立即平仓。

外汇投资 3 技巧

假定投资者严格的遵守买卖交易原则，深信各位必然都可以在外汇市场上获利。理由在于金融市场属于极富纪律性的专业领域，市场的理论及信息分析可以慢慢的学习和实践，在做交易时多一分谨慎，坚守原则便多一分获胜的机会。所以遵守买卖原则运行预定好的交易计划，是外汇交易中不可或缺的不二法门。

1.局势未明采取观望：在决定买入或卖出外汇之前，一定保持对市场乐观看法，必须具备充足的投资信息、市场信息以及平和轻松的心情。

2.切忌逆势：俗语说："顺势者生，逆势者亡"是有其道理的。在外汇市场上可改为"顺势者赚，逆势者赔"也言之有理。我们要谨慎的观察市场，加上客观的基本分析，辅以历史轨迹的技术分析，便可以顺势入场。

3.切勿因小失大：想做就做我们入场前后都应先预定买入或卖出价位、获利及停损点位。但这仅是预测，不要过于拘泥某一特定价位。只要价位上的偏差不是距离原先设置的目标价位很远，应顺势做最后的买卖决定。

外汇投资的 4 误区

1.缺少充分的准备，盲目投资

不少投资者发现不同外汇的存款利率是不同的，就想把低息货币换成高息货币做存款，得到较高的存款利息。想法很好，但进而的行动很盲目——根本不管各种外汇的走势如何，现在所处的汇率水平是高还是低，盲目地进行兑换。他们认为，反正我还是要做存款，那又何必在意一点点的点差呢？其实，只要换个角度看，他们就会意识到这种看法的片面性。打个比方，如果某客户完成兑换后，半年内，汇率下跌3%，而他仅仅得到了2%的税后存款利息，那么其实他还是有1%的损失存在。其实外汇买卖除了对外汇专业知识有一定的要求，还要密切关心相关国家的经济、政治情况。因此，不管是出于什么目的去做外汇投资，都应该事先做一些准备，了解各种货币的走势及趋势，分析何时是相对安全的投资点位，进行合理投资，才能获得投资收益，同时也是对自己投资的真正负责。

2.缺乏风险意识,认为外汇投资稳赚不赔

一些投资者认为外汇买卖是一种输时间,不输金钱的投资。他们认为外汇买卖没有什么风险,汇率涨上去就抛出,赚取差价;汇率跌了,就把钱存定期,赚取利息,只要有利息,那就总能弥补损失,大不了时间长一些而已。殊不知,任何投资都是有风险的,在投资时一定要设立必要的止损点,这样才能规避一定的投资风险。举个例子来说,当初欧元面世时,许多人都看好它的前景,纷纷在 1.13 买入欧元,然而欧元却步入了漫漫的下跌之路,最低跌到 0.82 左右,而且一跌就是两年多。如果这样的损失用利息来弥补的话,可能至少要七八年,甚至更长。但如果设立止损点的话,损失就不会如此惊人,而且有可能做一个"倒差价",在漫漫跌势中获取投资收益。在高位止损是为了有机会在低位再次做投资,是为了保存实力。天下没有免费的午餐,做投资就一定要有风险意识,要先想风险,再想收益。

3.人云亦云,盲目跟风

在投资者较为集中的投资场所,这种情况时有发生——许多投资者围着一两个"大户"进行取经。这些投资者多半是对自己缺乏信心,又"眼红"别人的收益,盲目崇拜,也就盲目跟风,没有自己的投资主见,别人买什么,自己也跟着买什么。殊不知在投资时,每个人都有自己的看法,每个人都有自己的实际情况,别人合适的,自己未必适合。再辉煌的业绩也只代表过去,并不能预示未来。今年 2 月,澳大利亚元从高位 0.80 处回调,此时市场中传言澳元至少能涨到 0.83,许多盲目跟风者在 0.76~0.79 处大举买入,但是看到的却是澳元一直跌到 0.68,损失惨重。因此,投资时要有自己的主见,要知道,别人的意见只能做参考用,要用自己的分析与见解来判断汇率的走势,分析是上涨途中的合理回档,还是下跌途中的暂时反弹,进而指导自己的投资方向。经验是逐步积累的,不要盲目跟风,造成不必要的损失。

4.急功近利,频繁操作

有些投资者在投资时,总觉得手中持有的货币涨得慢,涨得少,因此频繁地买进卖出,但效果却事与愿违,收益不大。其实,频繁操作需要时刻注意行情的走势,而大多数投资者是上班族,没有过多的精力来时刻关注汇市的波动,因而投资的效果也就是事倍功半。而且,如果发生屡买屡套的糟糕情况会使投资者的心态失衡,陷入一个恶性的循环。所以,投资者要学会忍耐,甘心寂寞,尽量克服自己的浮躁情绪,等待机会。投资者一定要充分地相信自己,以平和的心态把握最佳的入市机会,做足波段,争取收益的最大化。

第十二节　慎购风险型理财产品

购买理财产品　看明白说明书是必须

您买家庭理财产品的时候，阅读产品说明书了吗？

"没怎么看过"。也有家庭会这样回答你，产品说明好几页，不知该看哪些重点。专业人士会告诉你：购买理财产品时，有些内容必须留意。

募集期和到账日需要弄清楚

理财产品募集期结束后才开始计算收益。例如，一款理财产品从18日开始卖，募集期到25日。如果刚开始发行市民就买了，钱已经打到银行账户，要留意这几天是如何计息的。有银行按照7天通知存款给利息，也有按照活期存款给利息，还有银行不给利息。

第一种利息最高，不给利息的最不合适。

此外，市民还要留意到账日，"有些理财产品到账日就是到期日，到期那天，钱就能回到自己账户，有的在到期日后，还需要一两天，甚至三四天才能到账。如果钱到期后需要马上用，尤其要留意到账日。别急等用钱的那天，钱到不了账。

预期收益率是否包括手续费

市民还要留意理财产品的预期收益率，一般预期收益率是指年化收益率。市民看到收益率的时候，不要以为自己购买的金额乘以这个数字就是自己的收益了。

例如，花10万元买60天期限、预期年化收益率4%的产品，如果到期达到这个收益率，实际收益并不是有些市民理解的4000元（10万元×4%），而是657.5元（10万×4%÷365×60天）。

预期收益率里是否包括了手续费，也需要留意。

有些产品收益率就是客户净收益，有些还包括客户要缴的手续费，如果是后者，到期后再扣除手续费，实际收益率就不如写的那么多了。

附加条件投资方向务必留意

要特别留意理财产品的附加条件，理财产品基本上都不能提前支取。如果产品期限超过1年，达到1年半，甚至更长，需注意极有可能是银行代销的第三方产品，而不是银行自己的理财产品。

买理财还必须要看产品投资方向，投向金融债券、央行票据，风险较低；

投向资本市场,例如股票,风险相对较高。如果产品投向范围过广,要留意所有投向的风险。

如果有的收益率过高,应提高风险意识。

7.1 万亿银行理财产品被设限

按照银监会 2013 年出台的"8 号文件"规定,商业银行应合理控制理财资金投资非标准化债权资产的总额,理财资金投资非标准化债权资产的余额在任何时点均以理财产品余额的 35% 与商业银行上一年度审计报告披露总资产的 4% 之间孰低者为上限。

按照"8 号文件"规定,商业银行应合理控制理财资金投资非标准化债权资产的总额,理财资金投资非标准化债权资产的余额在任何时点均以理财产品余额的 35% 与商业银行上一年度审计报告披露总资产的 4% 之间孰低者为上限。《通知》同时还规定理财产品与投资资产需一一对应。

政策对各大银行的影响到底有多大?这在很大程度上取决于现有的银行理财产品中非债权资产的设置规模到底有多高。

中金公司分析,截至 2012 年末,行业理财产品余额为 7.1 万亿元,如果按照债权、权益类投资占 40% 计算,"非标债权"约为 2.8 万亿规模。参照 8 号文件中"35%"或"4%"的非债权资产规模限定,对银行理财市场的总体影响约为 3500 亿元。

"8 号文件"的出台被认为旨在规范现今资管市场存在着的乱象。从 2008 年至今,银行理财产品借助"资金池"模式,规模急剧扩大的同时,理财产品与投资资产不能一一对应,难以分账管理的弊端也日益突出。在套利动机的驱动之下,大量的银行理财资金先是借道信托,后借道券商,以"通道业务"脱离监管视线。而分析人士认为,这两者正是促使近日监管新规定出台的直接原因。

低风险理财产品照样有陷阱 投资需理性

尽管银行理财、保险理财产品相对风险较低,但也有一些产品是与资本市场挂钩的。目前有部分类型理财产品面临"零收益",甚至亏损严重。您要理性投资,提高专业知识,避免踏入理财"陷阱"。

陷阱一:预期收益高赚钱多

目前,理财产品说明书所称的预期收益率,并不等于实际收益率,但从字眼上看还是有一定的误导作用,预期收益也可解释成到预定的日期能获得的收益。

陷阱二:短期理财没风险

在销售银行理财产品时,工作人员表示短期理财产品占用资金时间短,可按周期随时赎回,没什么风险。但在详细看了产品说明书后,发现购买起点为5万元,而且赎回须以千元为单位,保证理财账户不低于5万元。

陷阱三:保险理财最保险

林先生 去年初投入20万元购买投连险,到去年底资金已经缩水7万元,最后他选择了退保。业内人士万先生认为,目前的市场水平下,中国并不具备发展投连险的市场条件。

陷阱四:境外机构更专业

投资者王先生花6万元委托一家境外机构在内地的子公司理财,几个月后发现只剩下一万多元。一些境外机构成立的顾问公司根本没有资格代客理财,但想要追讨资金,需与境外律师进行协作,法律成本很高,最后只好作罢。

正确认识担保公司推出的担保理财产品

1.正确认识担保理财:担保理财产品,就是非融资性担保公司推出的民间借贷项目的资金筹措方式,是指小型微型民营企业,在生产经营期间遇到产品项目短时资金短缺时,急需借款,而去银行贷款,要么审批期限太长,要么不符合银行贷款的各项规定,许多业务机会是稍纵即逝的,这时候通过担保公司的认真核查、风险分析,认为企业能够按时还款,帮企业寻找社会上手里有闲散资金的居民,企业向居民个人借款,同时把自有的或者第三方的财产抵押给出借人,担保公司同时也承担还款的连带责任。这样的借款模式,是最现实地解决小微企业短期借款难题的方式。

2.正确认识担保理财收益率的高低:随着国内市场上从事担保理财的担保公司的增多,居民逐渐认可了担保理财的安全性、灵活性,但对收益率的高低有不同的认识,从收益来讲,肯定是收益越高越好,但从实际情况来看,并非如此,因为出资人的收益高,转嫁在借款人的头上的借款成本也就高,那么借款人的生产经营效益不佳时就有可能出现还款困难,为什么一些人借高利贷,无力还款,就是高利贷的高息把借款人压垮了。从根本上讲,出借人和借款人能够在正常的资金成本范围内得到各自的要求就是最好的结果。这也说明并非担保理财的收益越高越好。

第十三节 合理避税

什么是合理避税?

合理避税也称为节税或税收筹划,是指纳税人根据政府的税收政策导向,通过经营结构和交易活动的安排,对纳税方案进行优化选择,以减轻纳税负担,取得正当的税收利益。合理避税更多的是一种财务收支安排,是一种在税收最小条件约束下的金钱组合游戏,也可以看作是公民与政府之间的博弈。

家庭理财合理避税的原则

1.合法性原则

家庭税收筹划要在税收法规、税收政策、税收征收程序上来选择实施的途径,在国家法律法规及政策许可的范围内降低税负,获取最大化的税后价值。

2.价值原则

家庭税收筹划的主要目标是帮助其获得最大化税后价值或税后收益。因此,价值取向是实施家庭税务筹划的首选因素,价值越高,筹划的意义就越大。反之,也就失去了筹划的意义。

3.效益原则

家庭纳税筹划的根本目的,是通过实施筹划来节约税收成本,实现减轻家庭税负和谋求家庭的税后最大效益。因此,当存在多种纳税方案可供选择时,要充分考虑,选择总体税后收益最大的方案。

4.风险原则

家庭税收筹划尽管可以为家庭提高税后收益,但也面临着各种不确定因素。因此,在进行家庭税收筹划时,要尽力管理风险和控制风险,尽最大可能降低风险,转移风险,分散风险,以减少损失。

家庭理财常用的5大合理避税策略

1.收入巧安排 节税也光荣

林太太是一名导游,在一家旅游公司工作,我们都知道导游业务分淡旺季,所以林太太的工资在一年中波动不稳。林太太2011年9月份工资加奖金拿到3500元、10月份3500元、11月份9500元、12月份9500元。如何进行筹划才能降低税负呢?

纳税分析:如果不进行税务筹划,林太太应缴纳的个人所得税为:9、10月分别应纳个人所得税为0元;11、12月分别应纳个人所得税:(9500 3500)×20%555=645(元);林太太合计纳税=645+645=1290(元)。

纳税筹划策略:如果将林太太这几个月的工资改为每月发放6 500元,即总收入不变,只是将工资在四个月内平均发放,那么林太太在9—12月份应扣缴个人所得税为:(6 500 3 500)×10%105×4=360(元)。

可见筹划后,林太太可少负担个人所得税1290 360=930(元)。

在实际生活中,由于各种因素的影响,许多行业的职工会出现一年内收入不均衡的情况,收入的不均衡直接导致个人所得税的纳税不均衡,且总体上会加重纳税人的负担。这时,企业可根据对个人年内收入情况的预计做出收入分期的适当安排,在企业旺季少发一些工资、奖金,然后在业务淡季再适当补充发放。这样使各月工资收入相对均衡,相应减少应缴税额。

2.年终奖细分析,巧发放个税减

某公司办公室主任黄太太2011年12月份取得工资、薪金5 500元,当月一次性获得公司的年终奖金24 000元。

纳税分析:按照相关规定,黄太太12月应纳个人所得税款为:工资部分应纳税额=(5 500 3500)×10%105=95(元);奖金部分应纳税额=24000×10%105=2295(元);12月该纳税人共应纳税=95+2295=2390(元)。2011年9、10、11月份假设工资还是5 500元,该纳税人还应缴纳95×3=285(元)的个人所得税,这样黄太太9~12四个月共应纳税:2 390+285=2675(元)。

如果该公司财务人员将黄太太的年终奖金分四次发放,即9~12月每月平均发放6000元,12月的600元可以作为奖金发放,9、10、11月份的奖金可以作为工资一块发放,这样,该纳税人四个月的纳税情况计算如下:12月的工资应纳税额为95元,12月的奖金应纳税额为6000×20%555=645 (元);9、10、11月每月应纳税额为:(5500+6 000 3500)×20%555=1 045(元),则四个月共应纳税95+645+1 045×3=3 875(元)。

通过对年终奖金税务筹划前后的比较可以知道,第二种发放奖金的方法使纳税人多缴纳税款1200(3875 2675)元。

许多人对年终奖金的发放有认识上的误区,总觉得年终奖金不应一次性发放,而应该分解到几个月中去发放,以期达到避税的效果,但事实却并非如此。通过上述案例分析我们知道,在实际操作中,应该根据实际情况采取不同的年终奖金发放方法,以达到合理避税的目的。

3.巧用个税优惠政策避税

《个人所得税法》对几十种情况作出免税或减税优惠,如:省级人民政府、国务院部委和中国人民解放军军以上单位等颁发的科学、教育、技术、文化、卫生、体育、环境保护等方面的奖金;国家统一规定发给的抚恤金、救济金,军人的转业费、复员费;保险赔款;国债和国家发行的金融债券利息等可以免征个人所得税;企事业单位按规定缴纳的住房公积金、基本养老保险费、基本医疗保险费和失业保险费,免征个人所得税等。

例如,林先生 是天津一家公司的中层经理,每月的工资薪金所得扣除养老保险及公积金后为 1 万元,则林先生 每月要缴纳 745 元的个人所得税,这对林先生 来说,是每月一笔固定且不小的"流失"。而公积金免征个人所得税,根据天津市的相关规定,补充公积金额度最多可交至职工公积金缴存基数的30%。如果林先生 通过单位,按缴存基数 1 万元交纳补充公积金 3 000 元,则林先生 每月交纳个人所得税变为 245 元,节省了 500 元。该部分资金不但避开了个人所得税,同时享受了无利息税的存款利息。利用公积金进行贷款购置房产,还可盘活公积金账户中的资金,享受公积金贷款的优惠利率。

4.妙用福利支出避税

公司员工的一些个人收入可以采用非货币的办法支付,采取由公司提供一定服务费用开支等方式,例如免费为职工提供宿舍,免费提供交通便利,提供职工免费用餐等,这样公司替员工个人支付这些支出,公司总开支没有增加,且公司可以把这些支出作为费用减少企业所得税应纳税所得额,员工个人在实际工资水平未下降的情况下,减少了应由个人负担的税款,可谓一举两得。

那些为他人提供劳务以取得报酬的个人,也可以考虑由对方提供一定的福利,将本应由自己承担的费用改由对方提供,以达到规避个人所得税的目的。如由对方提供餐饮服务,报销交通开销,提供住宿,提供办公用具,安排实验设备等。这样就等于扩大了费用开支,相应地降低了自己的劳务报酬总额,从而使得该项劳务报酬所得适用较低的税率,或扣除超过 20% 的费用(一次劳务报酬少于 4000 元时)。这些日常开支是不可避免的,如果由个人负担就不能在应纳税所得额中扣除,而由对方提供则能够扣除,虽减少了名义报酬额,但实际收益却有所增加。

5.劳务报酬的纳税策划

费太太是西部某城市知名的设计师,每月收入不菲。2011 年 10 月费太太的收入如下:给某设计院设计了一套工程图纸,获得设计费 20000 元;给某外资企业当了 10 天兼职翻译,获得 1500 元的翻译报酬;给某民营企业提供技术帮助,获得该公司的 30000 元报酬。

纳税分析：如果费太太将各项所得加总缴纳个人所得税款，则其应纳税所得额为（20000+15 000+30000）×（1-20%）=52000（元），应纳个人所得税额为52000×40%-7 000=13800（元）。

纳税筹划策略：如果费太太分项缴纳个人所得税，则可节省大量税款：设计费应纳税额为：20000×（1-20%）×20%=3200（元）；翻译费应纳税额为：15000×（1-20%）×20%=2 400（元）；技术服务费应纳税额为：30000×（1-20%）×30%-2000=5 200（元）；总计应纳税：3200+2400+5 200 =10800（元）。

可见，稍加筹划即可少缴 3000 元税款。

所以说，虽然劳务报酬适用的是 20% 的比例税率，但由于对于一次性收入畸高的实行加成征收，实际相当于适用 3 级超额累进税率。因此一次收入数额越大，其适用的税率就越高，所以劳务报酬所得筹划方法的一般思路就是，通过增加费用开支尽量减少应纳税所得额，或者通过延迟收入、平分收入等方法，将每一次的劳务报酬所得安排在较低税率的范围内。

值得一提的是，家庭理财的避税策略远远不止这五种，而且在具体操作中，这五种策略也不是一成不变的，而是可以相互转化，结合使用的。

第十四节　基金收益

如何选好"基"？　基金定投三大纪律

国内大众理财观念的普及、提升使各路理财产品应运而生，具有分批投资、复利增值、平抑波动、抵御通胀等优点的基金定投，也赢得了众多投资者的参与。

虽说基金定投不必主动管理，但也不能一"投"了事，在坚持长期投资纪律的基础上，适当运用一些策略，可以进一步提高收益。

第一大纪律与策略是选好"基"。

投资者应了解所投基金的"家庭背景"，它是哪家基金管理公司的，曾经推出过哪些产品，其它产品的收益水平如何，这点很多投资者会遗漏。买基金就是买基金公司，公司整体业绩尤其重要，一只基金业绩表现好，不代表公司整体投资能力出色。除了你准备投的基金外，它的兄弟姐妹也应当业绩优良，这才证明投资团队的管理能力。

第二大纪律与策略是了解"基龄"。

它诞生于牛市还是熊市。如果是在 2006 年以前成立的基金，必须格外留意它在熊市中表现。只有牛市里赚钱,熊市里抗跌的基金,才能证明投资和抗风险能力,才值得长期拥有。现在市场上基金定投营销活动如火如荼,投资者尤其应该看一下所要投资的基金的累计回报,过往每年的收益情况和评级,以判断这是不是一只优质基金。

第三大纪律与策略是定投要有恒心。

市场短期涨跌难以预测,通过定投降低成本,分摊风险,是定投最大的优势。许多投资者恰恰忘掉了这一点,"中途下车",偏离了定投的初衷,也失去了应该享有的复利增值益处。"在别人恐惧时贪婪,在别人贪婪时恐惧",在股市下跌时增加基金定投,待股市上涨时,开始减少自己的定投份额,至"获利满足点"时定投份额达到最低,那么最终结果不但会优于指数表现,而且比在股市上涨时开始投资基金获得的收益还要高。

投资基金避开六大误区

基金定期定额日渐受到投资者青睐,这种投资方式不但能平均成本、分散风险,而且类似于"零存整取"储蓄。不过定投毕竟是一项新业务,需避开诸多误区。

误区1:任何基金都适合定投定投虽能平均成本,控制风险,但不是所有的基金都适合它。

债券型基金收益一般较稳定,定投和一次性投资效果差距不是太大,而股票型基金波动较大,更适合用定投来均衡成本和风险。

误区2:定投只能长期投资定期定额投资基金虽便于控制风险,但在后市不看好的情况下,无论是一次性投资还是定投,均应谨慎,已办理的基金定投计划,也可考虑规避风险问题。如原本计划投资5年,扣款2年后如果觉得市场前景变坏,则可考虑先获利了结,不必一味等待计划到期。

误区3:扣款日可以是任一天定投虽采用每月固定日扣款,但因为有的月份只有28天,所以为保证全年在固定时间扣款,扣款日只能是每月1日28日;另外,扣款日如遇节假日将自动顺延,如约定扣款日7月8日,但如果次月8日为周日,则扣款日自动顺延至9日。

误区4:只能按月定期定额投资是一个误区。一般情况下,定投只能按月投资,不过也有基金公司规定,定投可按月、按双月或季度投资。现在多数单位工资一般分为月固定工资和季度奖。如月工资仅够日常之用,季度奖可以投资,适合按季投资。如果每月工资较宽裕,或年轻人想强迫自己攒钱则可按月投资。

误区5：定投金额可直接变更按规定，签订定期定额投资协议后，约定投资期内不能直接修改定投金额，如想变更只能到代理网点先办理"撤消定期定额申购"手续，然后重新签订《定期定额申购申请书》后方可变更。

误区6：有人认为定投的基金赎回后，定投就自动终止了，其实，基金即使全部赎回，但之前签署的投资合同仍有效，只要你的银行卡内有足够金额及满足其它扣款条件，此后银行仍会定期扣款。所以，客户如想取消定投计划，除了赎回基金外，还应到销售网点填写《定期定额申购终止申请书》，办理终止定投手续；也可以连续三个月不满足扣款要求，以此实现自动终止定投业务。

第十五节　多元化投资组合

家庭的理财方式一般分为以下几类：储蓄、债券、保险、收藏、基金、股票、房地产、外汇、期货等等。

每个家庭都应该根据自身的投资强项、风险承受能力、可使用的资金规模、现有理财方式和预期的资金用途等来选择理财产品。通过科合理的搭配达到一个最优的投资理财组合。对百姓来说，理财要注重科学组合，以把风险分散开来。

主要可采用分散投资资金的方法，也就是我们常说的"不把全部鸡蛋放在同一个篮子里"，尽量地将投资风险分散在几个不同的投资上，以便互补。根据相关研究分析结果表明，当一个投资组合中包括了30基金或者股票时，将能明显有效地降低个别风险。一个慎重的、善于理财的家庭，应把全部财力分散于储蓄存款、信用可靠的债券、股票及其他投资工具之间。这样，即使一些投资受了损失，也不至于满盘皆输。有关专家建议，最适宜普通家庭闲余资金投向的比例是：40%的资金用于银行储蓄；30%的资金买债券；10%的资金买股票；10%的资金买保险；10%的资金用于其他投资。

资产组合配置就是在一个投资组合中选择资产的类别并确定其比例的过程。资产的类别有实物资产，如房产、艺术品等；还有金融资产，如股票、债券、基金、保险、银行存款等。当投资者面对多种资产，考虑应该拥有多少种资产、每种资产各占多少比重时，资产配置的决策过程就开始了。

多元化投资组合是当代家庭财务规划的必然趋势，即从单一的非系统的投资理财模式演变为两种或更多的系统的投资理财模式。多元化投资组合最大的优势就是能达到收益和稳健相兼顾，从而真正实现家庭财务的保值增

值。

多元化投资组合原则

1.扬长避短原则。可以适当增加自己所擅长的投资理财方式的资金量,以期更高效的回报。

2.兼顾收益和安全原则。合理搭配,多元化理财,弱化投资风险,尽可能地追求稳健收益。

3.长短期相结合原则。这样可以在获得较高收益的同时,又不局限近期资金的使用;对于部分不使用的资金,作长期规划,以期一个长远的收益。

4.循序渐进的原则。初期可以尽量追求稳健,在不断的习和实践过程中适时适度增加高收益资金的比例。

第十六节 储蓄有妙方

银行储蓄哪种适合您?

1.活期存款

特点:无固定存期、随时存取、存取金额不限。适合所有客户,其资金运用灵活性较高。

2005年9月21日起个人活期存款按季结息,按结息日挂牌活期利率计息,每季度末月20日为结息日。

活期储蓄的存折、银行卡(借记卡)可以作为水电费、通讯费等日常费用的缴费账户,省时省心。另外转、汇款十分便利。

2.定期存款(整存整取)

特点:起存金额低,多存不限(50元人民币起存)。自由选择存期、款目,可与银行约定是否转存(转存后利息归为本金)。

适合目前有结余,未来没有打算支出的顾客。

可提前支取一次,支取部分按支取当日挂牌活期存款利率计息。

3.定活两便储蓄

事先不约定存期,一次性存入,一次性支取的储蓄存款。起存金额50元。有活期之便,定期之利的特点。

适合有较大额度结余,但不久的将来需随时全额支取使用的客户。

4.零存整取

事先约定金额,逐月按约定金额存入,到期支取本息。对于资金积累起的顾客十分合适。另外与基金定投有异曲同工之妙。

但需要说明若中途漏存,应该在下月补齐,否则视为违约,按应实存的金额和实际存期计息。

5.整存领取

事先约定定存期,整存金额一次存入,分期平均支取本金,到期支取利息。起存金额为 1000 元。

如到期日未领取,以后可随时领取。此项业务不得部分提前支取。

适合那些有正比较大款项收入且需要在一定时期内分期陆续支取的使用客户。

6.存本取息

一次存入本金,分期支取利息,到期支付本金的定期储蓄。起存额度为 5000 元。

取息可以是每月、每季度、每半年一次。

若提前支取本金,利息按取款当日银行挂牌公告的活期储蓄的利率计息,存期内已支取的定期储蓄利息要一次性从本息中扣除。

适合有款项在一定是其内不需动用,只需要定期支取利息以作生活零用的客户。

7.个人通知存款

不约定存期,支取时需要提前通知银行,约定支取日起和金额方能支取。

有 T+1、T+7 两种,即一天通知存款和 7 天通知存款。5 万元起存,最低支取金额 5 万元。

适合拥有大额款项,在短期内需要支取该款项的客户。

目前有些银行退出了一些特色业务,可以使存款的本金和利息进行自动滚存。

储蓄赚钱 10 大绝招

储蓄早已不是将闲置资金放进银行然后被动地等待了,如今去银行存款,完全可以通过一些新方式的组合,一边实现稳健生财,一边保持高度的资金灵活性。

两家外资银行立下"定存 3 年,利率不如 1 年"的新规,打破了储户们心目中关于银行"高息揽存"的思维定势。

实际操作中,多留意储蓄中的一些技巧和方法,少计较存款利率本身的高低,或许能得到意外惊喜。

7天通知存款:定活之间最佳选择

1.智能方式:超5万元自动提息

林先生近期有购置新车的打算。在选购意向已经定得差不多的时候,他就开始"化零为整"做起了准备——把一笔3个月到期的定期存款和手头2张银行卡里的活期存款集中起来,共计13万元,转到其中一张Z银行的卡上。他心里想着一旦成交,随时可以一次付清。

不料,该品牌汽车4S的店员说,该款车型目前全市缺货,需要预订。交付车价5%的保证金后,必须预留30~35天厂商才能交货。"不过快的话,半个月可能就能提货了,这个不好说。"对方告诉林先生。

林先生盘算着,既然当中留了1个月左右的空窗期,总不能让那十几万元就这么躺在活期账户里睡大觉,想办一个月定存吧,又怕万一车子提前到货丧失定存的意义。自然而然,他想到了7天通知存款。

来到X银行办理,柜台服务人员推荐了一个新招数:同样是7天通知存款的性质,该行办理的原则是"满5万元自动设置为7天通知存款"。具体运作是,只要账户内余额超过5万元,就按照7天通知存款的利率计息;一旦支取后,余额不满5万元,则按活期利率计息,直到余额再次跨过5万元的"门槛"。

并且,支取时和一般的活期账户一样,随时支取即可,无需提前7天通知银行,银行系统会自动记录余额。

该柜台人员提醒林先生,如果在该银行办理"智能通知存款",那么连续7天以上余额超过5万元(含5万元)则全额按照7天通知存款利率计息,不足7天则按1天通知存款利率计息,最后一两天的"尾期"利息比按活期计还更划算一些。

从目前的利率情况来看,目前市场上1天通知存款和7天通知存款的年利率分别为0.81%、1.35%。7天通知存款的年利率是普通流动账户0.36%活期利率的3.75倍,而且是复利计息。

以林先生为例,如果他存的是活期,那么7天的收益率为0.36%/365×7.7天里的收益为130000×0.36%/365×7=8.98元;若存的是7天通知存款,那么7天的收益率则为1.35%/365×7,收益为130000×1.35%/365×7=33.66元。

假如林先生35天后取车付款,那么存活期的利息仅为130000×0.36%/365×35=44.9元。而采用7天通知存款的话,至多可以经历5个"7天",以复利计息的话,利息收入要超过33.66×5=168.3元,是前者的4倍。

2、常规方式:谨防"仅第7天有效"陷阱

同样是7天通知存款,王先生不久前刚得到过一个教训,损失了不少利息,也让她看清其中的陷阱。

2008 年 10 月底,王先生在 Y 银行存入 7 万元的 7 天通知存款。今年 5 月 9 日,王先生按照 7 天的约定通知 Y 银行柜台,准备悉数支取账户里的本金和利息,打算转存到 J 银行。

7 天后,也就是 5 月 16 日,王先生来到柜台办理取款,除了这 7 万元之外还取了其他的存款,共计 9 万元。

因为要求取现金且数额较大,于是银行方面建议开本票支取。不过由于只能在周一至周五开本票,当天并未顺利取得钱款,王先生不得已又在 5 月 18 日上午再次去了 G 银行。该银行柜台开具本票后,王先生发现回单上显示,7 万元这半年多以来的 7 天存款利息只有不到 150 元,而他根据"7 天"的利率粗略计算了一下,利息实际应该差不多有 600 元。

王先生非常疑惑,于是致电 Y 银行投诉,认为利息计算有误造成了他的损失。银行方面回应,该银行 7 天通知存款一定要在通知后的第 7 天当天取款,否则整个存期都计为活期,正是因为王先生取款日超过了电话后的第 7 天,按照规定是按活期利息计算。

对此王先生非常不满:银行方面并没有告知他只有 "第七天" 取款才有效,并且银行明明知道开本票要耽误几天时间,也没有告知他由此会造成利息损失。但银行方面坚持表示,如此执行是在统一原则规定下按照标准流程执行的,因此不能为此负责。

几番纠缠之后,最终,银行方面虽然就工作人员未能尽提醒义务向王先生道了歉,但拒绝赔偿利息损失。

按照 7 天通知存款利率 1.35% 计算,王先生应得的利息为 70000×1.35%/365×212=548.9 元,而根据活期利率计算,利息为 70000×0.35%/365×212=142.3 元,足足少了 406.6 元。

建议:一般来说,储蓄通过柜台预约取款,如果在预约取款日不能去柜台取现金的,可以通过电话银行把卡内的通知存款转活期备用金,或者通过电话银行做预约,则到取款日自动转活期备用金,避免逾期未取造成损失。

除此之外,一些银行的智能型 7 天存款可办理自动转存功能,以 7 天为单位进行一轮轮的滚动式存储,最后不满 7 天的部分则按照活期利息计算,可有效避免利息损失。

定活期组合法:无限逼近定存利率

苏先生是老 "病号",家里总是在银行存折里放上 2 万元以备不时之需,加上儿女给的 3 万多元,林林总总差不多以活期方式留存了 6 万元在账户里。

过了春，犯病的几率小了，苏先生的 6 万元活期"闲"钱也可以动一动了。

怎么动，让苏先生颇伤脑筋。苏太太的意思是 3 万元存 6 个月定期，另外 3 万元还放在活期里，这样既有应急资金，也能享受定期的利率。苏先生听罢，又琢磨出了个"进化版"——将 6 万元分别存成活期、3 个月和 6 个月定期，用"三分法"结合定活期优势。

具体来说，就是将这 6 万元分成 1 万元活期、3 万元 3 个月定期和 2 万元 6 个月定期组合配置。1 万元活期可以随时取出，以备苏先生随时上医院的费用，而将其余的 5 万元分 3 个月和 6 个月定存，一方面加速资金的流动性，另一方面则能尽最大限度享受利息收益。

6 个月定存的利率是 1.98%。方案一：如果将 6 万元存成 6 个月定存的话，半年利息是 $60000×1.98\%/12×6=594$ 元，但这样存的缺点是手头没有现金。

方案二：如果 1 万元存成活期(6 个月)，5 万元存成 6 个月定期的话，利息收益则是 $10000×0.36\%/2+50000×1.98\%/12×6=513$ 元。

方案三：如果 1 万元存成活期，5 万元存成 3 个月定期，6 个月内就存了两次，则投资收益为 $10000×0.36\%/12×6+50000×1.71\%/12×3+50000×(1+1.71\%/12×3)×1.71\%/12×3=446$ 元。

方案四：如果 1 万元存活期，2 万元存 3 个月定期两次，加上 3 万元 6 个月定期的话，投资收益为 $10000×0.36\%/2+20000×1.71\%/12×3+(20000+20000×1.71\%/12×3)×1.71\%/12×3+30000×1.98\%/2=486$ 元。

四种方案比较后，从资金流动性和利息最大化来看，方案四的办法最优。

货基替代活期：最高利差可达 3 倍

从收益和流动性角度看，货币基金可在一定程度上作为活期储蓄的替代产品。目前货币基金基本上全部能跑赢活期存款，少数还能跑赢银行一年期的定存。在收益高于活期存款的同时，货币基金本身几乎零成本的投资特点也适合普通人将其作为活期储蓄替代产品。

货币基金和我们普通认知的股票型基金不同，它没有认购费、申购费和赎回费，管理费也比股票型基金低，几乎没有投资成本。而且大部分货币基金的投资门槛仅为 1000 元。不过美中不足的是，货币基金在赎回时可能实行"T+2"或者"T+1"天到账，在流动性上比活期储蓄差一点。

如果按照货币基金 7 日年化收益率 1% 来计算，6 万元投资 7 天的收益是 $60000×1\%/365×7=11.5$ 元，而 7 天的活期存款收益为 4.14 元。二者利息相差将近 3 倍。

不过需要提醒的是，在具体投资的时候，7 日年化收益率是动态的。它有"预计收益"的概念,代表的只是基金最近 7 天的盈利情况,并不说明 7 天之前和未来的收益水平。

购买货币基金的时候还要关心第二个指标——每万份基金单位收益,这个指标反映的是投资人每天获得的真实收益。比如嘉实货币基金 5 月 20 日每万份基金单位收益为 0.2031,也即当天每 10000 份嘉实货币基金 B 实际收益为 0.2031 元。

需要注意的是,每只货币基金的交易方式不同,有的基金每周三集中交易,因此周三收益最高,有的基金周二集中交易,因此周二收益最高。

超短期银行理财产品:替代活期的"新黑马"

活期存款最大的优点就是"T+0"的变现能力。

而近期越来越多的银行推出了短期、超短期理财产品,争取在流动性上向活期看齐。

银行推出的超短期理财产品投资期限一般是 7 天、21 天、1 个月。他们多数挂钩货币和债券市场、票据收益固定。超短期银行理财产品不仅运作周期短,有的甚至能够提供"T+0"的申购、赎回机制。投资者在购买产品后,可在任何一个工作日申购和赎回,且即时生效,资金实时到账,流动性更胜货币基金。

随着产品的丰富、收益率的稳定、流动性的加强,银行超短期理财产品大有取代货币市场基金成为最主流现金管理工具的趋势。不过在具体购买的时候,需要仔细阅读产品协议书,明确收益风险。

短期银行理财产品的"三看"

第一,不同银行同类型产品年化收益率不同。因此,在选择前投资者最好多比较,做到"货比三家"。

第二,如果投资者对资金流动性要求很高,还要看清楚购买的产品期限以及资金到账时间差。留意产品的申购、赎回费率,提防相关费率侵蚀收益。

第三,仔细看清产品说明。运作周期短的产品在一个运作周期结束后,银行会自动为客户投资下一个周期。如果在运作期间央行突然宣布降息,产品收益也会跟着降息幅度调低。因此,投资者需要经常关注银行公布的信息。

货币基金 Vs 活期存款

货币基金活期存款 1 天通知存款 7 天通知存款。

投资成本:1000 元无 5 万元以上 5 万元以上。

资金流动性:赎回"T+1 或 2"随存随取需要提前约定需要提前约定。

收益:绝大部分高过 0.36% 0.81% 1.35%。

折旧存储法:为更新家电做准备

高先生是某企业的高级会计师,平日里除了企业的财会分析,他还把这些金融概念用到了自己的家庭资产中,尤其是固定资产的累计折旧。

高先生认为,家用电器也存在折旧的问题,比如一台电脑,买回家的时候是 5000 元,用了一年可能就值 4000 元了,用五年基本就要淘汰了,这样每年摊薄下来的费用就是 1000 元。类似的,冰箱的价格是 2400 元,但使用的时间可以达到 10 年,那么每年的使用费用其实是 240 元。由于家用电器都存在更新换代的问题,高先生认为,如果不做好财务上的规划,就有可能遭遇家电报废时没有钱买新家电的情况,不妨为这些物品存一笔折旧费,于是在银行设立一个"定期一本通"存款账户,当家庭需添置价值较高的耐用品时,可以根据物品的大致使用年限,将费用平摊到每个月。这样,当这些物品需要更换时,账户内的折旧基金便能派上用场。

现在,每当要添置一样新家电,就可以直接从"小金库"里取出事先准备好的专项资金,不必再为临时的大笔支出而头疼了。

具体来看,高先生有电脑一台,每年折旧费是 1000 元;电视机一台,每年折旧费 600 元;冰箱一台,每年折旧费 240 元;空调两台,每年折旧费 600 元;热水器一台,每年折旧费费 100 元;而最贵的莫过于汽车,每年折旧费用达到 1.5 万元。高先生计算后发现,每年这些家电的折旧费用总额达到了 17540 元,而摊薄到每个月后达到了 1461 元。

由于不同家电价值不同、更新换代的周期不同,高先生细心地对未来的现金流支出做了分析,而自己每买一件新的家电或贵重的消耗品都会补充储蓄。

具体操作上,高先生采用的是零存整取的方法,他每个月向账户内存入 1500 元,一年之后,本息总额就达到了 1500×12×1.0171=18307 元,这样比 17540 元的标准又高出了近百元。高先生认为,这种折旧存储法的好处就在于养成良好的理财观念,做到每一笔支出、每一笔收入都有规划、有准备,在不知不觉中实现财务自由。

递进存储法:子女教育金储备优选

倪先生去年喜得贵女,宝宝虽然未满周岁,他却想得很远大。他算了一笔细账,当年他就读大学的时候,学费 2400 元一年,十年之后普遍涨到了 1 万元,综合考虑学费涨幅和通货膨胀的因素,等到女儿就读大学时,学费至少 5 万元一年。

对于这样的目标,该怎样设计储蓄计划呢?

倪先生在咨询了专家之后,决定采用"递进存储法",这种储蓄方法能使储蓄到期额保持等量平衡,既能应对储蓄对利率的调整,又可获取最高五年期存款的高利息，最适宜工薪家庭为子女积累教育基金。

倪先生目前手中有 12 万元现金，在专家的建议下，用 3 万元开设了一张一年期存单，用 3 万元开设一张两年期存单，用 3 万元开设一张三年期存单，又用 3 万元开设一张四年期存单(即三年期加一年期)。一年后，他就可以用到期的 3 万元加利息，再去开设一张五年期存单，以后每年如此，五年后手中所持有的存单全部为五年期，只是每张存单的到期年限不同，依次相差一年。

由于最大程度地使用了五年期存款的利率，这种储蓄方式在收益上往往要高于其他存款，而且考虑到在长达十多年的时间里，难免会遇到手头紧、急需钱的情况，这种储蓄方式可使倪先生每年都有到期的现金流，可以做到增值、取用两不误，倪先生也就不会为应急情况的发生而太过紧张，很适合对有长期打算的钱进行储蓄。

倪先生在选择该种储蓄方式时，也经过了仔细地计算。他将 12 万元等分为四笔，先分别存一年期、两年期、三年期和四年期，每笔钱到账后则连本带息一起存为五年期定存。

计算后他发现，在储蓄的第 14 个年头，他就能如期获得 50400 元，在孩子就读大学前一年准备好首年的学费。以后每年，他还能分别获得 52041 元、54215 元和 55856 元作为后三年的学费。总的来说，投入的成本为 12 万元，而最终获得了 21.25 万元的本息，实现了最初的设想。

连月存储法：12 张存单月月有到期

所谓连月存储法，就是每月存入一定的钱款，所有存单都是一年期，但到期日分别相差一个月，也称 12 张存单法。这类投资方式较适合工薪阶层，因为包含着资产配置的概念，一方面工资月月发，另一方面月月都有到期的存单，可以每月进行一次储蓄和投资的选择机会，对家庭资产进行微调。

去年年初时老陈设计将 15 万元资金留在股市中，而每个月根据市场行情作出判断，该加大股市投资，还是该更多地转移到银行中，一年下来，老陈每月都在银行存入了 1 万元，到今年年初时，已经累积了 12 张存单，而股市资金也减少到了 2 万元。

老陈认为，这种方法帮他部分地躲过了股市下跌带来的损失，也防止自己在头脑过热的时候过度投资。今年年初开始，老陈预感到了股市上扬的信号，并且每月都减少了银行储蓄的额度，上半年到期的存单，他选择将大部分钱重新转移到了股市，而每月的新存单则变成了 5000 元。

通过逐渐转移的方法，老陈的 12 万元储蓄变成了 12.27 万元，加上股市中的 2 万元。老陈认为，至少减少了 6 万元的损失。

在牛市中，这种储蓄方法可能收益过少，但依照老陈对风险二字的深刻理解,对于老百姓而言,重要的不是获得最高的收益,而是获得有保障的收益,通过储蓄实现合理的资产配置比。

存单四分法:只动用最小额的那份

所谓存单四分法,即把存单存成四张,是一种将现金分割成多份分别进行储蓄的方法,当然,可以分为四张,也可以分成更多。

小王每月收入6000元,除了日常开销确定支出的2000元外,剩余的4000元则分成四张等额存单进行储蓄,储蓄时间均为一年。这样一来,假如有购物冲动要支取1000元,只要动用1000元的存单便可以了,避免了动用"大"存单时的整体利息损失。

为了限制自己的购物,小王决定在下个月发工资时做进一步的调整,将下个月的4000元存为两张500元、一张1000元和一张2000元,把支取现金的主要区间进行细化。假设支取的现金在500元以内或者10001500元区间,就只需要动用500元存单或1000元存单,比前一种分割方法更细化,能让更多的现金用于获取利息收入。

目前一年期定期存款利率为2.25%,而活期存款利率仅为0.36%,两者之间有较大差异。

以小王的情况为例,假设4000元的现金采用两张500元、一张1000元、一张2000元的四张存单,都以一年期定期存款存入,并且只有一张500元的存单在六个月时被动用,那么总共获得的利息为3500×2.25%+500×0.36%/2=78.75+0.9=79.65元。从计算过程来看,3500元定期存款产生的利息为78.75元,而500元被支取的部分存了半年产生了0.9元的利息。

假设同样的支取方式,未采用存单四分法,那么总共获得的利息仅为3500×0.36%+500×0.36%/2=12.6+0.9=13.5元。四分法产生的利息79.65元是它的5.9倍。

不过,值得注意的是,采用存单四分法储蓄之所以利息高出一筹,主要是因为有节制的消费。每月支取的金额越少,四分法的优势就越明显。如果赚多少花多少,那么再好的存款方法都无法实现储蓄的目的。

存本存息法:日日利滚利

老周选择了一种听上去最划算的储蓄方法,这是一种使定期"存本取息"效果达到最好,且与"零存整取"储种结合使用,产生"利滚利"的效果的储蓄方法。

老周将8万元闲钱放在7天通知存款存折A中,每个月取出利息,并将利息存入零存整取的存折B中,以后每个月都做一次存取动作。这样不仅本金部分得到了利息,而且产生的利息还能继续获得收益,可谓是"驴打滚"式的储蓄方法,让家里的一笔钱,取得了两份利息,长期坚持之后,便会带来丰厚回报。这种储蓄方法不妨碍 8 万元本金的支取,可以应对老伴可能发生的入院需要。

老周的本金为 8 万元,由于 7 天通知存款利率为 1.35%,因此一个月之后,老周张获得的收益为 80000×1.35%/360×7×4=84 元。而根据零存整取一年期 1.71%的利率,每月取出来的 84 元利息,在一年后将会获得本息为 84×12×1.0171=1025.24 元。

因此老周在基本不影响随时支取本金的前提下,依然获得了每年 1025 元的利息。而相比较之下,如果将 8 万元全部放在活期账户,则每年的利息仅为 80000×0.36%=288 元。两种储蓄方法之间的利息差异达到 1025.24288=737.24元。

定期定额赎回:工资卡挂钩贷基

对于以子女教育、个人养老等长期理财规划为投资目标的投资者来说,可考虑采取定期定额赎回的方式。每月定期申购 200 元、退休时每月定期赎回1000 元自备部分养老金。

马先生每个月 8 日要支付女儿幼儿园学费,每个月 23 日要支付房贷,每个月月头交给父母 3000 元的生活费,马先生工资发放日一般在 10 日,家庭收入和支出的间隔太长,马先生经常忘记付款。投资基金后马先生知道了基金投资中可以选择定期定额赎回,决定将工资卡和房贷两个账户捆绑一下。

这样做的好处,一是家里现金比较少,银行卡里现金也比较少,用钱时有计划,容易节约开支;二是钱放在货币基金中收益比银行活期存款利息高,时间长了,累计的收益也不小;三是还款方便,不用自己操心,省去了不少打理时间。

家庭储蓄 3 不宜

1.储蓄存款不宜集中开 1 张存单。1 张存单金额太大,不仅不安全,如一旦遭遇急用,需提前支取其中的一部分,会因此损失一部分利息,办起来也不如分散开几张存单方便与实惠。

2.储蓄存单不宜和有效身份证件放在一起。储蓄存单要与身份证、印章等分开保管,以防被盗用后犯罪分子支取。

3.储蓄存款不宜选择太长的期限。一些人喜欢选择 3 年或 5 年期的定期储蓄存款,认为这样利率高。因为目前正处于低息时代,如果选择存期过长,存期内利率调高就会导致减少利息收益。

第十七节 黄金投资学问

炒黄金如何操作?

炒黄金和炒股票之间的区别:

1.交易时间的不同:股票是每天 4 个小时的交易,黄金是全天 24 小时交易。白天可以上班晚上可以操作,不影响也不耽误正常的工作。

2.综合风险的不同:股票存在人为炒作,企业发布假消息以及可以操控等因素,使得风险较大,而黄金是全球买卖,无法操控,没有人为炒作大大降低了风险因素。

3.灵活性的不同:股票是当天买要第二天才能卖也就是 T+1 交易,而且只能涨才能赚钱,跌了就被套亏钱,而黄金是随时买随时可以卖也就是 T+0 交易,可以买涨也能买跌也可以同时买涨买跌,是双向选择。

4.操作分析的不同:买一支股票要分析它的基本面和技术面,以及公司的财务状况,行业地位,分析 K 线图,还要在一堆股票中筛选,还要关注国内的政策,行业的信息,公司的季报和年报等等,而黄金只要分析一根 K 线图和关注国际上的政策新闻基本就可以了。

5.收益上的不同:股票的收益是很可观,但承担的风险也是很大的,股票是以大博大的原理, 只有资金量大收益才大, 而黄金是以小博大, 杠杆的原理,资金最大限度可放大到 1060 倍,收益绝对不会亚于股票,操作得当甚至还要大于股票。

6.未来发展的不同:国家在严格控制股市的增长速度,行业的一些小小的负面消息以及国家的一点小小举措都会对其造成影响,而黄金是现在国家极力在扶持的,也正处于发展阶段,将来必定会象现在的股市一样火爆,现在进入是个很好的时机, 国家就算出台重大举措也不会对其造成什么影响, 因为这是全球性的交易。

黄金投资要量力而行不要盲目

从当前的黄金国际市场走势来看,目前黄金仍运行在一个上升趋势中,在这个趋势前提下,居民个人投资黄金产品是有效抵御通胀,资产保值增值的较好选择。在黄金投资品种选择上,建议投资者要根据自身的风险承受能力、投资经验和资产配置等因素来挑选适合自己的黄金投资品种。现货黄金投资一直是投资者们最喜欢的投资产品之一,它不仅是能对抗通货的膨胀和货币的增值,而且是低投入,高收益的投资产品,是黄金投资的首选。

在股市、基金、楼市之外,老百姓要通过哪些渠道才能较好抗通胀、防止手中财富缩水?近期,黄金作为被公认的抗通胀利器,再次成为市场关注的"明星"。

投资黄金在某些方面风险要小很多,但这并不意味着持有黄金完全没有风险。与其他的投资方式一样,黄金投资同样也是风险与回报并存,不同买入的时间段以及不同的黄金品种都可能导致投资者本金和收益的损失,因此,即便是投资黄金这样相对稳定的品种,投资者最好也能通过专业的理财机构进行必要的了解。

投资者如果打算进入黄金理财的领域,那么最好提前认真地进行知识储备,在专业理财师的帮助下,将资产合理分配,从而通过投资黄金来实现自己家庭资产的风险分散和保值。

第六章 找到适合自己的理财方法

家庭理财是一个漫长的过程，购房、婚嫁、购车、保障、教育、养老等诸多的目标，都要借助理财顺利实现。因此，人们希望理财的各种安排都是正确的。"一招不慎，满盘皆输"的结局，是人们不愿发生的。正所谓，正确的想法指引正确的行动，如何使自己的想法趋于正确呢？

投资策略因年龄而异 选择适合的理财方式

不到40岁

如果你不到40岁，你就算幸运的。你有两项优势。首先，如果你有足够时间的话，时间能治疗伤痛。股市最终将复苏并实现增长。其次，通过早早地攒钱（你现在应该正在这样做），你会获得"滚雪球"式的好处，早期的收益就是建立在这个基础上的。

你还应该长远地看待投资地点。预计未来几年的很多增长将来自海外，特别是新兴市场。新兴市场基金比专注于日本或西欧这类发达经济体的海外基金的波动性更大。这种波动性代表了这类基金中存在的风险。不过，作为一名较年轻的投资者，你应该拥有多一些的风险敞口，原因是长远来看，更大的风险往往意味着更高的回报。

此外，鉴于你长线投资的战略，股价的下跌是一个机会。像巴菲特这样出色的长线投资者认为，即使是在最近主要股指反弹之后，美国股价仍相对较低。

对于较年轻的人来说，最佳的投资目标是精选的股票共同基金。一些人（特别是较年轻的投资者）因2008年的教训而矫枉过正，远远避开了股市。

40岁—55岁

一旦进入这个年龄段，你就开始从年轻时代的激进立场转向更为深思熟虑的立场。与此同时，由于你很可能正处于赚钱的巅峰状态，这个年龄段也是一个非常重要的攒钱期。

在这个时期，你应该尽可能多地投资相关退休计划，同时开发其他投资的途径。你还要避免这个年龄段的投资者在经济低迷时期常犯的两类错误。

首先,人们通过减少储蓄额和投资额对市场的低迷作出反应。其次,他们开始在没有充分理由的情况下改变策略。所有这些都锁定了损失,阻止了复苏的机会。

为了在这样的关键时期提高存款额,这个年龄段的客户设置自动存款计划,直接将部分工资转到嘉信理财或富达投资等机构的投资账户中,从中可以投资股票共同基金。人们需要在他们的退休账户之外另行存钱。自动计划实际上很简单,适合于大多数人。

55 岁以上

随着你距退休年龄越来越近,你希望这些年来积攒的资金能够保值。问题是,其中的许多资金在过去两年市场的下行中都已经损失了。在这种情况下重要的是认清你目前的状况,不要再去想你 2007 年时的情况。这部分人首先关注的是退休安全。一个策略是,想想你每年所需的最低收入是多少,然后看看有没有低成本的年金,可以承诺终生支付至少这个数目。

这样一种策略意味着你在远离未来的股市收益,但你得到了保障,知道只要你还活着,就能有一笔固定的收入。

年金可以扮演非常重要的角色,因为许多年金都会保障收入。有了这些保障,你其他的资产多冒点风险就更容易。但你得有所付出才能获得这些保障,而且必须密切关注。

考虑到股市仍处于相对低的水平,而且一些人还需要重建以前的投资组合,因此一些咨询师建议调整投资组合的成分,通过低成本股市指数共同基金来实现更高的股市敞口。应当从审慎和常识的立场出发来选择投资组织,尤其是退休人员。

第一节　月光族如何学会理财

月光族家庭的理财规划

不少月光族家庭都是花钱如流水,花完会后悔,其实要想改变月光族家庭的现状,想储蓄,想好好计划好自己的理财规划,做一个懂生活的人,其实这主要都是一个消费习惯的问题,月光族理财首先要养成良好的习惯,定期定额申购一些基金等……

记录财务情况

能够衡量就必然能够了解,能够了解就必然能够改变。如果没有持续的、有条理的、准确的记录,理财计划是不可能实现的。因此,在开始理财计划之初,详细记录自己的收支状况是十分必要的。一份好的记录可以使您和您的家庭:

1.衡量所处的经济地位———这是制定一份合理的理财计划的基础。

2.有效改变现在的理财行为。

3.衡量接近目标所取得的进步。

特别需要注意的是,做好财务记录,还必须建立一个档案,这样就可以知道自己的收入情况、净资产、花销以及负债。

明确价值观和经济目标

了解自己的价值观,可以确立经济目标,使之清楚、明确、真实、并具有一定的可行性。缺少了明确的目标和方向,便无法做出正确的预算;没有足够的理由约束自己,也就不能达到你所期望的 2 年、20 年甚至是 40 年后的目标。

确定净资产

一旦经济记录做好了,那么算出净资产就很容易了——这也是大多数理财专家计算财富的方式。为什么一定要算出净资产呢?因为只有清楚每年的净资产,才会掌握自己又朝目标前进了多少。

了解收入及花销

很少有人清楚自己的钱是怎么花掉的,甚至不清楚自己到底有多少收入。没有这些基本信息,就很难制定预算,并以此合理安排钱财的使用,搞不清楚什么地方该花钱,也就不能在花费上做出合理的改变。

制定预算,并参照实施

财富并不是指挣了多少,而是指还有多少。听起来,做预算不但枯燥、烦琐,而且好像太做作了,但是通过预算可以在日常花费的点滴中发现到大笔款项的去向。并且,一份具体的预算,对我们实现理财目标很有好处。

削减开销

很多人在刚开始时都抱怨拿不出更多的钱去投资,从而实现其经济目标。其实目标并不是依靠大笔的投入才能实现。削减开支,节省每一块钱,因为即使很小数目的投资,也可能会带来不小的财富,例如:每个月都多存 100 元钱,结果如何呢?如果 24 岁时就开始投资,并且可以拿到 10% 的年利润,34 岁时,就有了 20,000 元钱。投资时间越长,复利的作用就越明显。随着时间的推移,储蓄和投资带来的利润更是显而易见。所以开始得越早,存得越多,利润就越是成倍增长。

不再月光家庭的 5 种方法

年轻人总是觉得自己好不容易大学毕业了,总觉得应该好好补偿一下自己,对于社会上流行的东西都是乐此不疲,所以大都成了月光族。于是,当年轻人谈到理财这个话题的时候,大都说一声:我无财可理。难道真的是无财可理么?很多同学刚毕业收入也在 4000 以上,为何毕业三年过去,却发现居住的房子越来越小(为了省钱,搬到便宜的房子里住),而且手中也没有积蓄,月前潇洒,月中恐慌,月末狼狈,实在是让人为之一叹。而在相同条件下之下,一些同学总算是攒下了笔小钱,如何做到的呢?

方法与步骤

买一份储蓄性的保险

因为白领们年纪都不大,每月拿出 200 多元,为自己提供了一份有分红的储蓄型重大疾病保险,并且附加上重大伤害。这样,若是不幸出事,至少不会成为自己那个偏远山城里家人的负担(我们都是北漂),而且也能保证自己好不容易辛苦打下的江山不会一下子就被疾病或意外打垮。如果很幸运一辈子都没事,那么也可以老的时候给自己花或是留给后人。

记流水账

确定自己每个月的资金流向,现在北京、上海、深圳等地的白领都流行加入账族进行网络在线记账,加入账族已经成为一种时尚。记两个月以后,做一个严格的审视,将那些没有必要、并且不会降低他们生活水平的消费拿掉,或是选择替代品。毕竟,人的欲望是无止境的,如果不能让他们知道什么是必需的,而什么不是必需的,那么理财所必需的闲余资金又从何而来呢?

从自己的钱包掏钱出来

如果在购物或是消费的时候,若是对方找给了你一张五元的钞票,你就会假设这张钱不存在,拿出来放在另一个口袋里,回家后放入一个盒子收好。等到攒到 100 元就在方便的时候带去银行存起来。另外,这个银行一定不是在你工作地点或是家的附近,并且千万不要办卡。大家应该都确定自己的自制力如何吧?信用卡都能刷爆,何况自己的钱了?

多在自己家中做饭,不要总在外面吃

公平地看待信用卡

有人认为信用卡是完全的负债,不值得拥有;有人则认为信用卡能让自己得到自己现在的收入所得不到的东西, 全然不顾今后的生活。甚至有人将信用卡作为提现的工具,浑然不惧提现以后的手续费和今后的利息。建议:能刷卡的时候一定是刷卡,但不去购买任何计划外的东西,只是购买必须购买的东西,尽量不提现,还要全额还款,而不是还最低还款额。

第二节 新婚小家的理财行为

婚后理财必修课

结婚,既是两个独立生命体的结合,又是两种独立理财记录的合并。每一对就要步入婚姻殿堂的恋人们,即将面临的已不再是花前月下浪漫的约会,而是一生的约定,以及约定之后琐碎的日常生活。如何共同心往一处使,钱往一处花,让家庭财富得到快速积累,都是婚后家庭理财的必修课。

家庭理财就是把家庭的收入和支出进行合理的计划安排和使用。当组织成一个家庭的时候,理财规划就变复杂了,孩子的养育费、父母的赡养费、家庭的日常开支、自己将来的养老费、各种家庭保障等等。在进行规划之前,先整理一下家庭财产,有多少存款、多少投资、多少负债、多少固定资产、多少流动现金,然后再进行理财规划。

如一个刚刚组成的家庭,年收入为5万,丈夫年收入3万元,妻子年收入2万元,每月固定支出1200元左右。一套价值20万元的住房,10万元房贷,活期存款3万元,家庭没有任何保险保障,一年后准备要一个宝宝,这样的家庭该如何理财呢?

这个家庭的理财目标:10年内把贷款还清,储备教育费用,夫妻养老。

一、投资规划

该家庭的支出还算合理,但是由于还有10万元的房贷,每个月房贷支出1100元,那么月支出合计2300元左右,占收入的46%,因此要实现家庭的其他目标必须靠强制储蓄。

首先,为了保证家庭生活不受突然变动的影响,家庭理财中必须留出一部分应急金存入活期账户,应急金大约为家庭月支出的3~6倍。如果夫妻二人收入稳定,还可以考虑将存款用于金融投资,可以购买一些风险相对小的股票型基金,或者进行短期人民币理财产品,工行发行的人民币理财产品"稳得利"以收益高,风险低的特点,成为家庭理财必不可少的好帮手。随着家庭资产的不断增加,投资的金融产品也可以不断丰富,存款有一些,股票买一些,黄金也要储备一些,因为不同金融品种的风险不一样,有时可以相互抵消。

二、教育规划

要为孩子建立教育基金,为了让孩子的成长和教育更加有保障,必须把教育规划纳入理财规划。可以通过基金定投的方式为小孩准备教育基金。基金选择上，以规模较大的基金公司为主，做到"专款专用"，不到特殊时刻绝不动这笔钱。

三、保险规划

尽管疾病和死亡一般是我们不愿意提及的话题，但是这些风险又是切实存在的，一旦发生，不仅会严重影响家庭心理状态，而且会对家庭的财务状况造成不同程度的冲击，所以绝对是"可不言但不可不理"的。因为夫妻二人收入相差不大，因此两人都要购买保险，如购买人寿保险，这既是为家人负责，也可以为养老做准备。保额以年收入的5~10倍再加上家庭的负债和贷款，保费支出不超过家庭一个月的薪资所得。

另外，家庭理财中银行卡的使用必不可少，家庭账户尽量统一在一家银行，这样做的最大好处是便于管理，也可以享受银行的贵宾服务。家庭用卡采用一张借记卡和一张贷记卡模式。借记卡就是"理财卡"，可以承担家庭大部分的理财和结算功能。代记卡也就是信用卡，该卡专门拿来刷卡消费，这样做的好处是，你刷卡消费动用的是自己的免息透支额度，可以借款消费不付息。

新婚家庭理财 7 要点

要点 1：尊重对方消费习惯，掌握正确的消费理财观

刚结婚的小夫妻，由于过去的家庭背景和生活习惯不同，在未来共同的生活中，不仅要在生活习惯上磨合好，也要在理财习惯上磨合好。同时，新婚夫妻家庭财富还处在积累期，生活上应尽量避免讲排场比阔气、盲目消费等不良习惯。所以，掌握正确的理财习惯，尤为重要。

要点 2：知己知彼，方能宏观掌控

在进行家庭理财之前，新婚夫妇们须先把自己的财务搞清楚，比如每月的收入支出，家庭资产负债，以及未来家庭开支计划。并养成记账的好习惯，这样不仅对自己的未来收支一目了然，更重要的是找到问题，并及时调整合理规划。

要点 3：理财目标明确，消费支出排后

每个家庭都会有自己的目标，而作为新婚小夫妻来说，彼此协商制订较为明确的财务目标非常必要。比如买房买车、旅游、家庭建设、什么时候要孩子等，为了保证这些计划的顺利实施，我们需要尽早规划，全面规划。

过去我们个人的习惯是收入支出=储蓄投资，未来我们就应该修改为收入储蓄投资=支出。这样才能逐步为家庭的未来做充足的储备。

要点 4：建立家庭紧急现金备用金

实际生活中我们难免会遇到一些突发事件,所以家庭紧急现金备用金就是必须要考虑的事情了。以家庭3至6个月所需的正常生活开支为限,具体的储备工具可以选用活期存款来准备1个月生活开支,另外的备用金可以选用定期存款和货币型基金等流动型较高的金融工具。当然,如果有个可以透支消费的信用卡,紧急时候,也可以作为消费使用。

要点5:重新规划未来的投资策略

新婚夫妻根据家庭的生活理财目标,重新评价过去两人的投资品种、风险程度、收益率、流动性等,看看是否需要作出相应的调整或建立新的互补方案,使家庭的利益最大化。年轻夫妻可以选择风险承受能力稍强的金融理财产品,在承担高风险的同时,用时间来换取高收益。

按投资的风险偏好风格分有3种。

1.成长型:风险高,潜在的收益也高,适合风险承受能力强的投资者,产品主要有:房产、激进型股票、股票型基金、外汇、黄金。

2.稳健型:风险适中,收益适中,适合风险承受能力中等的投资者,产品包括,稳健表现的股票,混合配置型基金。

3.保守型:追求本金安全,固定收益,适合保守,风险承受能力较弱的投资者,具体产品有债券型基金、货币型基金、国债等。

要点6:配置合适的保险保障

保险是现代生活重要的避险工具。先整理下夫妻已经购买的保险,然后再做出相应调整的方案。具体保险额度,可以参考保险中的双十法则,也就是用家庭年收入的十分之一,来保障年收入的十倍。从对保险的需求着手,优先顺序是意外险和健康险,然后是定期寿险,再其次是终身寿险。在保险具体操作上,逐渐增加配偶作为自己的保险收益人。

要点7:基金定额定投很流行

基金是最适合一般非专业投资者的理财产品,而基金定期定额又是最值得推崇的长期稳健投资工具。不仅摊低成本,最重要的是帮我们养成积少成多、强行储蓄的良好习惯。分红方式可以选红利再投资,根据家庭未来的理财目标和风险偏好,选择刚才我们提到的三种不同类型的基金或者基金组合。

新婚家庭尽早投资定投基金

26岁的邱小姐结婚不久,收入中上水平,不过同时有40多万元的房贷和借款,存款不多,今年还要收房,需交一大笔钱,明年打算添一个宝宝,花钱的地方也不少。理财师建议邱小姐尽早开始进行投资。结合邱小姐的年龄和收入状况,可以考虑进行稳健偏进取的投资,通过不同性质金融产品的组合来实现,考虑到定期投资是分散投资风险的方式,对于邱小姐来说,最方便的定期投资方式就是参与基金定期定额投资。

初步诊断

邱小姐夫妻二人年收入 14 万元,年度支出 85400 元,年度结余 54600 元,年度结余比例 38%,属于合理的范围之内。不过其中衣食费部分的数额有些不太合理,和信用卡贷款或者消费信贷的金额也有些差异。邱小姐每月房贷支出 3800 元,占月收入的 34.5%,属于合理范围的上限,可以考虑开源节流来提高偿债能力。

流动资产方面,仅有现金及活期存款 3 万元,也就意味着,邱小姐夫妇持续稳定的收入是日后偿债的基础。月支出 6400 元,流动性比例 4.7,即现金和活期存款可以支付 4.7 个月的生活费支出。资产方面,住房这样的固定资产占比过高,资产规模受房地产市场的影响较大。第三套房将于 2009 年 8 月交房,如果用于出租,可以带来一些租金收入,有可能提高家庭的结余比例。

保险方面,邱小姐的保障比较全面,在社会保险之外,单位投保了医疗保险和重大疾病医疗基金, 不过如果其中的医疗基金属于报销额度的话, 可能会受到用药范围的限制。邱小姐为先生投保了养老保险。我们假设先生单位有社会保险,在这种情况下,先生的人寿和健康方面都没有额外的保障。

邱小姐家有 46 万元的房贷和借款,而他们未来的收入是还债的重要来源, 所以他们需要购买相匹配额度的人寿保险和意外保险, 以保障未来获取收入的能力,减少因意外事件的发生而使贷款对家庭经济产生的不利影响。

理财目标

邱小姐家的理财目标可以分为短中期三类。

短期目标可以分为两个, 一个是准备第三套房子收房时需要缴纳的费用和装修费用,二是准备一些育儿资金。

中期目标是偿还债务,同时积累家庭的金融资产。

长期目标是为孩子的教育费用以及自己的养老等准备资金。

投资规划

1.保留 3 万元的备用现金

建议邱小姐家保留 3 万元左右的备用现金,以应对日常的不时之需,可以采用银行存款和货币市场基金相结合的方式, 在保持资金的流动性的前提下提高收益率。

2.购买货币市场基金积累收房费用

建议邱小姐近期将每月资金结余积累起来,购买货币市场基金,以准备收房需要支出的各种费用和装修费用。每个月的结余平均为 5000 元,到收房时约可以积累 3 万元。如果不足以支付相关费用,除了动用备用现金之外,恐怕还需要借款。这也说明邱小姐在购房时对收房费用准备不足。如果资金不足,装修可以稍微延迟几个月,相应也可能损失几个月的租金收入。

3.补充家庭保险方案

邱小姐家现有的保险的保额和保障范围是不足的,建议给家人补充商业保险,重点是健康、意外、寿险这样的保障型险种。这些保障与已有的保险不冲突。两个人保额合计要大于贷款余额加三到五年的生活费。根据两个人的收入,按比例分配保额,收入高的人保额高。保险期限至少要覆盖整个还贷期。结合邱小姐家的具体情况,可以考虑将保额定为邱小姐 20 万元,先生 50 万元。

4.准备育儿资金

建议邱小姐将收房后的结余的一部分以购买货币市场基金的方式积累下来,以准备育儿资金。可能支出的费用包括营养品、保姆费、服装等,这些项目虽小,加起来也需要准备 1 万 2 万元。

5.尽早开始投资

在资金满足收房和育儿的需要之后,建议邱小姐尽早开始进行投资。结合邱小姐的年龄和收入状况,可以考虑进行稳健偏进取型的投资,通过不同性质金融产品的组合来实现。

定期投资是分散投资风险的方式,对于大众来说,最方便的定期投资方式就是参与基金定期定额投资,每个月用固定数额的资金申购基金,基金组合可以考虑平衡型基金和指数型基金相结合,两者的比例可以考虑 2:1 或者 1:1。通过长期的定期投资来积累资金,在未来经济走势出现较大波动时,也要顺势进行调整。

随着年龄的增长,可以考虑降低指数型基金的比例,增加平衡型资金的比例,或者增加债券性基金投资。

以邱小姐家的资金结余状况,这笔投资足以积累起孩子的教育费用和夫妻二人的养老费用。

第三节　人到中年理财更具特色

中年人如何理财

人到中年,有了多年的专业经验积累和财富积累,正处于人生创造财富的最好时机。同时,大部分人都已成家立业,上有老下有小,还要供房供车,是人生负重登高的阶段。处在人生这一阶段的你,在持续推进自己财富增长的同时,拥有一份属于自己家庭的科学的理财规划,显得十分重要。

在选择投资理财产品时,要注重投资产品的搭配组合,不能太单一。一般家庭从中年以后开始,比如40岁以后,应该慢慢加大一个很重要的资产类别——债券基金。而选择债券基金的配制比例则是与家庭理财人的年龄、健康状况、未来支出等因素相关。如果在正常的市场波动环境下,债券基金占家庭理财投资支出的比例建议为20%。

人到中年,许多人还处在归还住房抵押贷款的过程中。因此,在购买住房申请抵押贷款时要格外小心,不要贪图过于奢侈的房子,以免被住房债务所拖累。现在适当控制抵押贷款,就能为养老金账户多增添一份储蓄。

中年时段还有一项最重要的支出就是子女的教育基金。此段时间子女基本上正处在高中、大学求学时段,考研、出国留学继续深造,都需要较大的资金缺口,且弹性较小,需要及早做好教育资金的筹划,以备子女未来求学之需。根据需要每月拿出一定的工资数额进行基金定投,逐渐积累,积少成多。

中年人处于事业高峰期,家庭养老规划应该增加风险防范类型的保险。做一些商业保险,用5到10年的时间,给自己和配偶存一笔养老金,确定到退休的时候,能够获得更优越的物质保障。

您和您的配偶还可根据工资收入的4%左右来购买重大疾病保险,可以附加住院保险、意外伤害保险等品种,为自己健康做好一份保险备份,因为国家统筹的医疗保险只能报销60%左右,最高大约在80%,而且还有最大上限金额限制,其余资金只能依靠自己自行消化。如果存在较大金额的医疗费用发生,国家养老保险承担之外的费用,你所购买的重大疾病保险就发挥了保障替代作用。同样,随着时间发展,未来医疗护理的成本会越来越高,人力护理也是最贵的。所以现在有的保险公司推出的医疗护理险是非常适合家庭需要的,并且这种保险也是越早购买受益越多,费用也会比较低。中年人家庭通过购买这类保险,在年老以后可以享受医疗护理相关的服务。

第四节　三代同堂的理财事项

三代同堂　三要做到

对于"421"家庭来说,最重要的就是整合家族资源,通过全体成员的团结协作,发挥家庭合力,共同克服各种困难。在具体理财实践中可要做到以下几点。

要保障当先

对于没有医疗保障或保障不完善的4位老者,作为子女,理应为他们购置基本医疗保险、意外伤害保险等。考虑到买医疗保险有一定的年龄要求,最好能赶在保险公司规定的截止年龄之前办好,而且越早越好;夫妻作为家庭财富的主要创造者,除了基本的社保,还需要增加商业医疗保险、定期寿险、失能保险,以增强家庭的抗风险能力;为小孩子购置以分红为主、附带保障功能的理财型保险,为将来的大额支出做好准备。保险在关键时刻能够雪中送炭,为家庭送上几十倍甚至数百倍的保障。

要准备好备用金

这就需要通过合理的理财方式。一是在把家庭3至6个月的支出留出作为备用金的基础上,适当考虑偏重于家庭资产的流动性。五年期的定期存款通过数次加息,年收益率已经高达5.25%,未来还有上升的预期,可以将现金类资产的30%分批投入,需要时可以提前支取,保证流动性和收益性,以弥补备用金在极端情况下的不足。二是夫妻双方要申请信用卡,利用透支和紧急取现功能作为突发状况下的准备金,可以立竿见影解决燃眉之急。三是在将来现金流宽松的情况下,优先归还住房贷款,减少财务支出,并在结清贷款后抵押申请综合授信,必要的时候提高家庭财务杠杆。

要合力理财

结合家庭实际经济水平合理筹划购房、育儿、养老的理财目标,发挥资产的最高性价比。家庭可在量入为出的基础上适当增加债务,应对现金流支付不足的问题。年轻人在首次就业时,就要充分考虑到在大城市里拼搏的辛苦,如果压力确实过大,可以考虑回家乡发展,这样既可以让孩子健康成长,又可以照顾好父母,也不失为一良策。两对老人可以轮流来照顾小孩子,减少请保姆的花费,又可以让小孩子受到更好的教育。此外,很重要的一点是,健康是最大的财富,除了被动的保险之外,要进行定期体检,年轻人更要在工作之余多抽出时间进行健身活动。家和万事兴,小两口的生活目标明确了,步调一致了,团结一家人安心地发展事业,创造更多的收入,争取早日实现财务自由。

第五节 婚前如何有多的积蓄

婚前该有多少积蓄,其实与您结婚前恋爱需要多少支出及结婚需要花费多少关系甚大，如果你不打算要求您的父母家人成为您结婚费用的唯一来源或主要来源的话。

婚前理财需从守财做起

从学校毕业后，小黄在某公司担任文职类工作，月收入仅 2800 元，但是他所信奉的是"今朝有酒今朝醉"，为了未知的明天省钱对他而言丝毫没有吸引力。

然而随着物价的上涨，钱总是不经意间就流走了，小黄有了女朋友后更是如此，在外面下趟馆子、看场电影、再逛逛街，一个礼拜动辄就是几百元的开支。于是他成了一名典型的"月光族"。

小黄自己倒是没觉得他有多么铺张浪费，很多开支在他看来属于必需的范畴。刚刚开始工作的那几个月，他常常半个月就提前花完了一个月的工资。后半个月通过信用卡透支未来一个月的工资过活，对于他来说已经成了家常便饭。

直到去年，小黄和女友决定在近两年完婚，虽然小黄的父母已经为他结婚买了一套房子，但是因为地理位置比较偏，小黄的女友希望婚后能够买一辆车，而且他们还计划要孩子。如此一算，尽可能地省钱与理财就成了当务之急。

小黄以前以为理财是有钱人的事情，从来没想过他这个穷人也得理财，他女友曾告诉他，从简单的节约开始做起。为此，小黄的女友主动提出以后少在外面吃饭、少买东西。

为了省钱，小黄开始培养自己记账的习惯，他发现这一点非常有助于控制他的开支，能防止钱"不知不觉流走"。他给自己制定了一个简单的目标，就是每月至少争取节约出 800 元至 1000 元。

小黄的这种省钱方式用一个词来形容就叫"聚沙成塔"：如果一个人从 30 岁开始，每月存 500 元，按照现在的银行存款利率，进行合理的存储，到 60 岁时，大概可以有 40 万元；就算只存 10 年，存到 40 岁，也有 21 万元；存 20 年，存到 50 岁，大约有 32 万元。这么一算真的让人咋舌！

小黄意识到如果他和他的女友能尽力做好"节流"和储蓄工作，就意味着他和他的女友以后可以靠自己省出来的这笔钱舒舒服服地养老，而这仅需要他平时一点点毅力就可以做到。

为此目的，小黄去银行专门开了账户，每个月工资发下来的第一件事情就是先存掉 500 元，为了防止以后有突发事件发生，他将存款分成了三个月期、六个月期和一年期三种，这样就可以保证在有意外需求出现时，随时有到期的资金可以供他支取。

至于是否炒股，小黄和他女友尚未考虑。不过。他打算每月拿出 200 元做基金定投算是做一次尝试，他期望能争取获得比银行存款更高的收益率。

第六节 白领的理财

白领家庭理财 目标要明确

白领家庭上要考虑老人的赡养保障,下要为孩子将来良好的前途铺路,又要考虑自身的生活品质与事业发展,因此白领家庭如何直面"汉堡包"式生存成为当下热门话题。

林先生夫妇均为企业高管,家庭每月税后收入 4 万元,两个儿子,均 8 岁,小学二年级,赡养两位老人。夫妻两人都有三险一金,林太太拥有重大疾病险年缴保费为 1.2 万元。支出方面,目前其自住房每月房贷支出约 7000 元,日常生活开销每月共需 15000 左右。现有活期存款 10 万元,股票 20 万元,基金 30 万元。去年购买投资用住房一套, 贷款期限 20 年, 房屋贷款的余额为 50 万元,月供约 3000 元,已将该房出租,房租年收入 6 万元。

家庭理财目标:

1.年底给父母购买 80 平方米、价值约 100 万元的住房一套。

2.两子在中国念到高中毕业后,到国外念大学及硕士。

3.为家庭配置保险,同时,林先生希望和太太退休后,有个富足的晚年生活。

家庭财务状况分析:

目前,林先生一家正处于家庭成长期,事业步入高峰,生活基本定型,支出平稳。主要面临子女教育与赡养老人的压力,保障需求达到高峰。从资金流动和家庭资产分析方面看, 属于高资产家庭, 但投资品种主要以保值性资产为主,配置比例过于保守。家庭理财收入偏低,说明以现有财富创造新财富的能力严重不足;保险配置不当,该家庭即将处于经济负担最重的时期,而保障却没有跟上;支出金额较大,开源不忘节流方可家业常青。

理财规划建议:

1.备用金理财收益可期

按照林先生一家的情况, 建议将活期存款的 10 万元作为紧急备用金,可用于购买货币型基金、通知存款或者银行短期类保本固定收益类理财产品，备用金也可获得相应的投资收益。

2.老人购房

根据林先生家庭目前经济状况,购买老人房时,建议将股票、基金类资产变现,同时以优先申请住房公积金贷款再申请商业贷款的方式实现。

3.坚持基金定投和保险期交,实现子女教育

虽然林先生家庭目前的收入颇丰，但是未来两个孩子国外读书的费用确实是笔不小的开支。建议从现在开始,以每月1500~2000元的基金定投金额为教育进行强制储蓄，之后可根据家庭资产结余适当增加投资金额;另外年末时，根据资产净值可以选择配置适用于教育方面的期交保险,为孩子将来的教育做好多重保障。

4.保险规划刻不容缓

考虑到该家庭的结构为上有老人赡养、下有两个儿子还正在读书且有让其兄弟二人出国留学的打算，还要为赡养的父母购买房屋，因此林先生一家马上就将处于经济压力最重的一段时期，同时林先生是家庭收入的主要来源,是整个家庭的支柱,因此保障的主要对象应该是林先生,建议其根据资金状况按照定期寿险、医疗险、意外险、与终身寿险的顺序往下配置,增加保险金额以使保障齐全，为家庭和家人构筑一道坚固的防火墙。从进一步完善保障需求的角度考虑，可根据家庭保险支出的预算，增加林太太一定保额的终身寿险。

5.理财任重而道远。

仅通过社保就想达到高品质的老年生活是不现实的,要想老年生活富足、自由就必须要增加其他的养老储备,比如增加企业年金或自己补充年金保险等方式;保险规划中的寿险也是补充养老需求的有效途径;同时要加强理财意识,在流动资金量较小时,以定投的方式累积资金;资金富足时按照高风险、中等风险、低风险来适当配置家庭资产。

中国白领家庭理财7大困扰

1.不健康的消费。

消费不健康代表着家庭的消费支出过多,可能导致没有更多的资金用于投资,实现家庭资产的有效增值。一般情况下,消费支出应是家庭收入的50%左右为合理。这些客户最好将每月的费用分为基本生活开销，必要生活费用和额外生活费用三个项目,养成记账的好习惯,这样有助于理顺家庭的财务开支,减少不必要的开销,做到节流,以积累更多的资金用于资产增值。另外过度节约消费支出,影响生活幸福,也是不可取的。

2.家庭保障能力不达标率。

据统计数据显示,家庭保障能力诊断中的保费诊断处于正常范围的仅有418人,占比19.82%;家庭无保障的有1691人,占比80.18%。保额诊断诊断正常有25人,占1.19%;有2084人此项指标不正常,占98.81%。

由于没有意识到保险给未来家庭生活的好处,很多年轻人选择不投保或即使投保也仅仅是极少量的,难以有效地规避风险。家庭保障也是家庭理财常见误区之一。但是保费的支付购买也要根据家庭成员的具体情况量体裁衣,并不是保险投放得越多越好,也应避免重复投保和保费花费过大的问题,以免造成家庭支出压力过大。

3.财务自由

财务自由的概念是指,即使你不去工作,只靠投资所得的收益就可以应付日常支出。统计数据显示,有373人此项诊断健康,占比17.69%;有1736人此项诊断不健康,占比82.31%。该项指标是客户很难达标的,除非客户拥有丰富的投资理财专业知识,故投资者亟需通过专业的理财指导实现自己的财务自由。

4.投资比率不协调

据统计有投资比率不达标率为68.99%。这项诊断不健康说明这些客户家庭的投资比率较低,投资并不是每个家庭都能达到健康水平的,由于知识层次、时间所限,很多人不能或不愿进行投资。但是投资能带来较高的回报,提升家庭财富增值的能力,将闲置资产根据自己的风险偏好投资于不同的金融理财产品中,可以增加资产未来持续盈利的能力,利于实现自己的理财目标。一般来说,二十五岁以上的人士,应该使这一比例保持在50%以上的水平,比如说投资到股票、基金、债券、古董收藏、房地产,等等,应该占50%以上。也就是说收入的50%来源于资本收入,这样就能实现财务健康,达到最后理想的财务自由的境界。

5.收入构成不达标率56.61%

由于收入构成过于单一,尤其是其中的工资收入占比过大,一旦收入来源中断,家庭会因为没有资金来源陷入瘫痪状态。建议尝试通过各种途径获得兼职收入、租金收入等其他收入分散自己的家庭收入来源,以增强抗风险能力。

6.资产负债状况处于不正常范围的家庭占11.24%

这说明家庭负债比例过高,超过家庭的承担能力,家庭财务正处于亚健康的状态。即使这样可以维持现在的生活，但是如果再想贷款买辆车或者房子就会有问题了。因为，当负债比例过高，每个月需要付出的利息费用就会相应地上升，直接影响到每个月的现金流出，进而侵蚀家庭的资产；而过高的负债还会在家庭财务发生紧急情况的时候（例如失业、较大额度的医疗费用支出），带来很大负担，甚至造成家庭财务的"资不抵债"。当无法偿还过高的债务时，则可能导致家庭财务危机的发生。建议通过偿还全部或部分贷款的方式，降低目前家庭的负债水平。

7.房产持有不达标。

由于家庭资产中房产比例过高，家庭资产结构失衡，若利率上调、房产下跌的话，家庭资产面临严重缩水风险，财务也会出现一定的危机，需引起警觉。此外，由于房产属于固定资产，比例过高将影响家庭资产的流动性，不利于家庭资产的增值。

此外白领家庭理财中还有食物支出、偿付能力、盈余状况、储蓄投资能力等方面，也不容忽视。

第七节　金领的理财

"金领"家庭如何理财

37岁的小朱和34岁的小李都是一家外资企业的高级主管，家庭年收入大概在40万元左右，儿子今年9岁。他们目前购有一套120平方米的住房，还有7万元贷款未还。目前，夫妇俩有购车想法，现在看好了一辆30万元的车。小朱刚刚开始读MBA，每年学费大概要10万元以上。现在投入股市的资金约为15万元。有存款28万元，每月用于补贴双方父母约3000元，每月还贷加家庭开销在5000元左右，孩子教育费用1年在1万元左右，夫妇俩想在孩子上大学后换一套更大的复式住宅，接双方父母一起住。

就收入看，夫妇俩的家庭收入颇高，但目前的投资状况存在一定的误区。比如虽然盈利能力较高、家庭收入稳定，但他们人近中年，孩子正在上学，短期内不可能工作。夫妇俩是家庭收入的主要来源，一旦出现风险，将对孩子的大学教育及正常的家庭生活造成影响。

所以保障保险是两人务必要增加的理财计划。另外，在银行有存款28万元，同时在银行剩余7万元房屋按揭贷款没有还。而房贷利率从明年开始调整后，有望进一步加剧。对于即将就读的MBA，大部分MBA学院都提供分期付清学费的优惠政策，且免除分期的利息。由于家庭还要买轿车,车贷的利息也不低,因此建议将现有的资金用于购车,而选择分期支付学费。至于换房计划,应该将注意力转向首付房款的积累。

投资建议:

保险计划:夫妇俩都应该购买保险,保障方面除定期寿险、健康险、意外险外,还可考虑失业保险。同时,还可为双方父母投保医疗保险,为儿子投保意外伤害险。需要注意的是,由于孩子、老人的保险费率较高,在家庭主要收入得到保证的情况下,不必将大量的资金用于投保小孩或老人。根据朱从然家庭的收入情况看,一家的保费支出可以在 3000 元左右。

投资计划:根据目前的股市行情,建议将股市资金转出,投资于股票类开放式基金,投资额以 10 万元较宜。并将结余资金中的 15 万元继续增加投资。

这样计算下来,到孩子上大学的时候,按照年收益率 10% 计算,届时可积累购房基金 60 万元,足以缴纳房屋的首付款、装修、家具等费用。由于银行的汽车贷款利率大于房子的按揭贷款利率,也大于学费利率,所以建议夫妇俩选择一次性付清购车的钱,在一年后,选择提前归还房子剩余的 7 万元贷款,分期支付 MBA 的学费。

金领家庭如何高收益"过冬"?

何先生今年 30 岁,一月前跳槽进入银行从事基建工作,工作稳定;女儿有脐带血医保,住院可报 50% 左右,不过到目前为止没有用到过。

每月何先生一家日常支出在 2000~3000 元左右,何先生的车子月支出 2000 元,何太太打算年底买车;买衣服或首饰的支出月平均为 2000 元吧。

资产配置:

1.买了一套商铺,300W 左右一次性付款,前三年租金抵了房钱,目前是银行在租,租期 10 年,二年后每年有 1820W 的租金;

2.买了一套单身公寓,主要是为女儿读书买的(划学区用的),一次性付款 20 万,一年后交房,精装修,地段较好交房后就可出租,租金每年为 1.5 万;

3.基金净值+股票净值约 5 万元;

4.住宅:一套排屋,买时 100 万目前约 150 万,贷款还清;一套 200 平方住宅,买时 22 万目前 60 万左右,打算出售,还没买掉;

5.汽车一辆:马六,买时 27 万(全部搞好),现在约 8 万左右(开了三年);

6.现在定期约 80 万左右,活期 6 万,20 万建行的理财产品。40 万借款,说好去年年底还的,目前没有还的可能性。

存在问题

1.保险：没提大人的保险,如果只给孩子购买了商业保险的话,明显在家庭风险保障上是有缺陷的。永远记住孩子最可靠的保障是大人,所以家庭的保险一定要先保大人。爱孩子和给孩子买保险是两回事。可参考我以前另一个案例里对小孩保险的分析。

2.消费控制：每月正常支出7000元,即使把2万元孝敬老人的支出平摊到每个月,也不过8700不到,距离你们的月平均收入2万多还有1.2万的节余,实际节约是5000元。"属于赚的多,用的也快",反映出来的是随意性消费占了较大比例。如果从现在开始加强控制,相信几年后会有明显区别。

3.资产结构：总资产大约680万。但是,其中房产价值总计530万,占总资产的76.9%,是个比较高的比例。过多的房产比重,在房子价格随市场变动时会承受较大心理压力,整个家庭资产帐面变动比较大,应该有足够的其他种类资产在配置上起到平衡作用。

4.投资：现有投资资产占总资产的15.2%,远低于通常的推荐值(>50%)。80万全部做定期存款,安全有余,收益性不强,利率低于CIP,目前实际是在缩水中的。对30几岁的家庭来说,过分保守了些。银行理财产品没说具体名称不好评论,提醒慎重选择此类产品。收益难以预计,有流动性的限制。

5.规划：未来女儿的教育费用、自己的健康和养老费用怎么来,够不够？该有个长久的打算, 对自己全部家当做个体检, 对未来生活有个全面的定量的规划。老人们都知道,过日子眼光要放长远。尤其在现在全球经济不稳定的情况下,应该有些紧迫感,趁年轻,身体好,挣钱能力好的时候,尽量把未来安排好。

风险总会在没有防御的情况下爆发为灾难, 机会会在人们看不到的情况下悄悄溜走。有没有规划,也许不是马上就过上不同的生活,但是几年下来区别就明显了。规划越早越好。如果二十几岁的小家庭没有规划的意识,日子照常过,一晃就到三十几岁,虽然失去些机会还不晚,四五十岁规划自己的生活算是亡羊补牢,到了六七十岁能够规划的空间已经不大了。

第八节 每月薪酬的管理学问

如何做好家庭薪酬理财规划

不管您对自己目前的工资性收入是否满意, 如果您想让明天的生活比目前美好一些,那就从现在做起,给自己的薪酬做个理财规划吧!通过理财来确保自己的资产保值增值,从而达到规避风险、积累财富的目的。

有的理财专家认为薪酬理财规划应坚持"3、3、3、1 法则",即每月的收入应分成 4 部分,日常开销、投资、还贷各占 30%,家庭保险支出占 10%。也有的理财专家认为薪酬理财应坚持"1、2、7 法则",即每月收入的 10%用于购买保险,20%用于投资积累,70%用于消费。此外,也有理财专家提出过"1、2、3、4 法则"等等。其实,家庭(含单身家庭)消费额度应占月收入的多少,自然不能一概而论,而应因人而异、因家庭成员的多少而变,但重要的是一定要拿出一定比例的收入用于保险支出和投资积累!做到消费、积累和保障,中、长期理财目标和当前消费水准的和谐统一。

怎样才能做到这一点呢?首先,应根据自己和家庭的月度工资收入、季度绩效考核兑现、半年奖金发放、年终各项补贴到账等各种薪酬收入情况,来制定出一套符合自己家庭实际的薪酬理财规划。

1.每月坚持定期定额投资

这是薪酬理财规划的重点,必须做到和做好。所谓做到,就是每月工资到手后第一项工作就是拿出一定数额的工资去投资(或曰储蓄);所谓做好,就是一定要强迫自己的投资规划要长期坚持下去,决不能半途而废,无论出现什么理由。就目前而言,适合工薪阶层的定期定额投资的产品一种是基金定期定额投资,这种投资方式适合家庭积累购房首付款、子女大学教育金、以及家庭养老金等;另一种是 12 张存单法,即每月开立一张一年期定期存单,一年后将本息连同新追加的资金一起存一张更大金额的一年期定期存单,这种投资方式适合家庭积累家庭日常用品的添置和更新。有条件的家庭不妨将两种投资方式结合起来。

2.用保险来转嫁家庭可能出现的家庭财务风险

保险虽然不是一种很好的投资产品,但它确实是一种很好的家庭理财产品,家庭理财不能不规划保险,尽管购买保险是一件令人不愉快的事情。您如果感到自己的薪酬收入较低,而日常开支的金额又比较大,那就选择低保费、高保额、保单没有现金价值的定期保险;如果您感到自己的薪水比较高,除了日常开销外还有一定的资金节余,除了选择定期保险外,还可考虑购买储蓄型或投资型的保单具有现金价值的两全险或投连险。谈到购买保险的技巧,建议采用趸缴方式缴纳保费。如果您有半年奖,那缴费的时间就选在 6 月份以后;如果您所在的单位每年中秋节都发放一笔福利,那缴费的时间也可定在 10 月左右,如果您的单位只有到年终才发放奖金福利等,那缴费时间就选择在 1 月份。这样的安排能避免因保险缴费而影响到正常的日常开销。

3.借助信用卡和银行短期理财产品做好家庭现金管理

理财专家往往会建议家庭平时要保留 3~6 月的现金（或活期储蓄）作为家庭应急备用金。如果您的家庭每月日常开销约 2000 元左右，那么，应急备用金应在 8000~12000 元之间。专家的建议并没有错，但是，如果只让这笔资金躺在银行账户上吃那 0.72% 活期利息，不能不说是一种损失。既能达到应急，又能增加收入的办法是规划好家庭的现金管理。用自己活期账户的资金去购买短期银行理财产品或货币基金来达到现金增值保值的目的，这些理财产品的收益目前一般都能达到 2% 以上，有的甚至超过定期一年的储蓄利率。在做好现金理财规划的同时办理一张信用卡，如果急需现金，可先用信用卡透支。目前一般信用卡的透支额度可达 20000 元，基本能满足一般家庭的应急需要。等到当日或次日赎回短期银行理财产品或货币基金后，再把透支资金还上。总之，平时自己的活期账户上的资金达到一定程度后，如果不准备立即消费到，那就去购买现金类理财产品，以求获得相对较高的收益。

当然，家庭的薪酬理财规划还应该和家庭的其他理财规划相结合，如：购房、投资等。当自己薪酬账户的资金积累到一定程度后，当年终奖到账后，对这些"大笔"资金也应该有一个较好的消费、投资等理财规划。这样做自己的家庭理财规划才显得完美、圆满。

第七章 会花钱才会省钱

如今的时代,曾经有钱却过着简朴过日子的人却大多觉得很后悔,原来具备了买房能力的人,因为"省钱",并没有购置房产,到现在无力购房的人不在少数。所以,懂得花钱,并花对钱对一味节省要重要许多倍。

第一节 如何使货币最优化,过有品质的生活

用花钱的方式省钱

第一,抓大放小,健康是金。

一定要记住,健康是最大的资本,没有健康什么都没有了,有损健康的钱一定不能省,有益健康的钱一定要舍得化。

第二,消化库存,即需即供。

经常整理一下家里的东西,看看还有什么可以用的东西尽快拿出来用,看看冰箱里还有什么放了很久的东西没有拿出来吃 (当然是还没有变质的东西),需要什么东西提前预算,买东西要少买多次,尽量避免买回的东西浪费扔掉。

第三,电子产品,尽快处理。

贬值最快的东西就是电子类产品,购买的时候一定不要赶时髦买最贵的,一般买的功能够用就行。买回来也不要舍不得用,一定要尽快将它投入使用。一旦发现没有用了,就要尽快卖掉,否则仍都仍不掉。

第四,巧用网络,省钱省心。

大家讲的大部分都是网络上可以购物,却不知道网络上卖东西也是很厉害啊。一些二手网站可以将没有用的东西换成钱,甚至可以换成其他有用的东西。网上充话费既方便快捷,又省钱。网上买东西的好处更是不用说了,经常上网的朋友肯定是知道的比我清楚。

第五,沟通交流,互惠互利。

经常和朋友交流也可以省钱。虽然会有一些人情支出,却会换回很多省钱的好经验。比如,要生孩子的可以和已经有孩子的朋友交流,可以得到很多育儿经验,得到很多小孩子的衣服,少走很多弯路,省很多钱。还有就是和朋友共享一些物品,交流一些大件(如汽车、房子)等的购买经验,可以大大的省钱啊。

第六,节能环保,耐用省钱。

购买东西的时候,节能环保的东西可能稍微贵一点,可是长远来看,确是大大的省钱啊。尤其是耐用品,不易维修的东西,特别明显。据说美国的百万富翁买东西的时候都是遵循这个原则的。

第七,用卡省钱,提高品质。

各种消费卡、电影卡、打折卡,有很多人不在意,随手扔掉了。其实很多时候这些卡都会省钱的。我们可以在消费前有预算,提前购买相应的卡,然后再去消费,这样就可以既不掉面子又省钱了。

巧刷信用卡省钱攒钱

买房毕竟是大投资,需要有足够的资金支持,白领李云就凭借自己的聪明才智,玩转信用卡,为自己省钱赚钱,在前不久终于顺利买到了工作以来的第一套房。

信用卡账单来记账

李云是一家外企的销售代表,工作繁忙,消费大,根本没有时间精力记账。不过,她很快就找到了比记账更方便的管理花费方法——利用信用卡的消费账单掌握自己的消费情况。

信用卡账单不仅可以记下消费的金额,还能告诉李云是在什么时间、什么地点、花在什么方面上。这样李云每个月只要看银行的账目表,就可以对一个月的消费有清楚的了解,知道较大金额的支出都用在哪些方面。这样在下个月就可以引起注意,自己控制一下。

正是这样,李云渐渐清楚自己平时的花销情况,并加以改善,坚持一段时间下来,她每个月的支出要比原先能节省下一二千元。

帮忙购物来赚钱

持双币种信用卡消费在国外用美元消费是无需支付手续费的。所以李云无论是出境旅游还是出差,能刷卡的一律刷卡,这样不仅可以节省异地提取现金的手续费,还可以免去在国外消费导致现金汇兑的损失。

由于工作需要,常常去国外出差的李云深谙此道,而且她还利用自己的双币种信用卡做起了代购,常常在国外帮他人购物。很多时候,朋友们作为回礼会经常买些礼品送李云,或者直接付些小费。如果有些礼物实在用不到,李云就会把它们都挂到网上,连同李云从国外带的一些小东西一起销售,这些都是小本生意,但也能小赚一把。

享受无本免息巧投资

李云最喜欢信用卡的"无本免利息"。她把自己工资的三分之二投资股票基金和理财产品,三分之一机动使用,而日常消费就是尽量依靠刷卡。为此,她办理了两张免息期最长的,还款日期错开的信用卡,这样万一一时因为手头紧无法现金还款,也可以从另一张卡当中提现还款。

由于平时刷卡次数多了,李云的积分自然不少,而在这方面她也是无所不用其极。"李云的一张卡是与航空公司合作,积分可以转换飞行里程,只要累积到相应的里程就可以享受到免费机票。"

李云对于信用卡的精明运用和这样的日积月累,她终于存够了钱贷款买下了一套小户房。

第二节 开源节流的新内涵

开源增收三途径

房价物价飞涨,生活的经济成本压力迅速上升,工资却像老牛拉车一样慢吞吞地前行,即使有小幅度增长,也是不痛不痒。对于一个家庭来说,决定生活质量的一个重要因素就是经济基础,只要想办法提高收入,降低经济风险,才能让家人过上富足的生活。通过一些方法途径进行开源增收和理财,就能提高家庭收入,过上富裕的生活。

途径一:盘活银行卡,让死钱变活钱,达到钱生钱的目的。

银行卡包括工资卡和信用卡,对于工薪阶层来说,工资和奖金基本都是直接打到工资卡上,而主人基本不会去打理这些钱财,只有在需要钱用的时候才去取钱用。实际上这种对工资卡的处理方式并不合理,钱放在工资卡里面只享受活期利率,收益很低,而采取约定转存的方式则可以获得更高的利率收入,别小看了这些收入,如果你的工资卡资金较多,并且长期约定转存的话,不仅不影响资金的使用,还会获得更高的收益。至于平时消费,则可以选择动用信用卡,信用卡还账可以和工资卡绑定,免去还账的麻烦,通过信用卡的使用一方面可以周转开资金,将钱投资更好的收益的地方;另一方面可以获得积分,提高信用资质,增加未来可以动用的信贷额度。

途径二:在做好主业的前提下,努力拓展兼职或副业。

主业是安身立命的经济基础,自然不可荒废,若是为了副业而荒废主业,那就是本末倒置,得不偿失,因此在做好主业的前提下,再去拓展副业。现在社会兼职的机会多,选择那些跟自己的特长和技能相符的,并不影响工作的兼职机会,则可以充分将空余的时间利用起来,虽然可能会降低一些生活的舒适度,但是却能够给家庭增加不少的收入。通过这种灵活的工作方式来增加家庭收入,则可以直接提升家庭经济实力,让家庭经济压力更小,生活更轻松。

途径三:主动投资,不要过于保守理财。

很多家庭的主要理财方式就是储蓄,不论有多少钱都是放在银行里存起来,实际上在物价飞涨的今天,从银行获得的利率收益远远低于货币贬值幅度,也就是你的钱放在银行里其价值是不断亏损的。最好的方法就是在自己熟悉的领域去投资,或许是不动产投资,或许是投入到亲友的厂里,或许是搞收藏投资,反正不要让钱躺在银行里面贬值。擅长投资的家庭才会逐步走向富裕,只会储蓄的人会慢慢被时代淘汰,尤其是在中国目前的经济状态下,通货膨胀预期加剧,储蓄就意味着钱放在银行里遭受损失,既然如此,还不如拿出来投资,这样才是明智之举。

五条金律让挣钱成为习惯!

每逢股市大跌或大涨,总能听到很多投资者的哀叹,不是抱怨没有逢低补仓,就是后悔没有高位卖出。年复一年,日复一日,总也踩不到市场脚步的投资者,只能顺势而为,结果就是追涨杀跌所带来的财富缩水。为什么我总是赔?挣钱真的有那么难吗?一年之计在于春,2008年的春天,如果你能养成如下的理财习惯,也就意味着在不久的将来,挣钱定会成为你生活中的惯常之事!

学习,学习,再学习

谈到学习投资理财知识,在2006年之前,对很多人还是一个非常陌生的概念。随着这两年大牛市的深入,越来越多的普通人开始认识到投资理财的重要性,观念上也从原先对理财的抗拒转变为接受,更有甚者到了盲目追捧的地步。

许多年轻的白领阶层都具备了投资理财的观念,但是对于投资理财,还处于一知半解的状态中,常常是听某个朋友一说哪只股票或基金好,便将自己挣来的辛苦钱倾囊投入。其实，无论你是因为工作繁忙，还是从未接触过投资理财知识，这种将钱寄希望于他人的态度是万万不可取的。挑选投资理财产品，就像去商场买衣服一样，首先要从琳琅满目的商品中挑选出适合自己的，所谓"量体裁衣"，而后还要讲讲品牌，看看质量，选选服务，万一有哪项不过关，你还要承担退换货甚至白白浪费钱财的风险。

巴菲特就他自身的经历总结：最好的投资就是学习、读书，总结经验、教训，充实自己的头脑，增长自己的学问，培养自己的眼光。

在对近两年牛市的收益回顾中，赚钱最多的是那些通过学习，认识到投资理财的优势，从而较早进入市场的人。如果没有一点理财知识，比如不知道什么是基金，不了解如何读年报，又怎么能抓住这两年牛市的机遇？而即便这种机会再来 100 次，也依然会一再错过。所以，光有理财意识还远远不够，学习理财知识是进入市场的前提，也是避免无谓风险，获得丰厚回报的必要条件。

总结，总结，再总结

在动荡不安的股市中，每一次交易无论是成功还是失败，都值得投资者们用来分析和总结。寻找上涨的动力，探求失败的原因。如果能够坚持记录每一次交易的心得，再配合投资理财知识的不断学习，就能在实战中避免犯同样的错误，长期积累下去，随着所犯错误的减少，成功也必然成为大概率事件。

股神巴菲特就在他近 60 余年的投资生涯中，总结出很多珍贵的投资经验。如永远保住本金、别被收益蒙骗、重视未来业绩、坚持投资能对竞争者构成巨大"屏障"的公司、把鸡蛋放在不同的篮子里、坚持长期投资等等，事实证明，这些经验使他购买的股票在 30 年间上涨了 2000 倍，而标准普尔 500 家指数内的股票平均才上涨了近 50 倍。多年来，在《福布斯》一年一度的全球富豪榜上，巴菲特一直稳居前三名。

永远保住本金

巴菲特有三大投资原则：第一，保住本金；第二，保住本金；第三，谨记第一条和第二条。

本金是种子，没有种子便无法播种，更无法收获。

在投资中，从来没有人不犯错误。错误来临时，多数人都会抱着止跌起稳的心态，认为总有一天自己的投资产品能够成为"黑马股"。然而现实却事与愿违，血本无归的故事就此上演。

美国超级投机家乔治索罗斯说过：如果你自以为是成功的，那么你将会丧失使你成功的过程。一个人必须愿意承认错误，接受痛苦。如果犯了错误不承认，不愿意接受痛苦，甚至不再感到错误的痛苦，那么你就会再犯错误，就会失去继续赢的优势。如果在交易中一旦发觉自己有错误，决不要固执己见，将错就错,应该刻不容缓地完全改变自己的运作方向。

"留得青山在,不怕没柴烧"的道理人人都懂,然而真正能在赔钱时勇敢割肉的投资者却寥寥无几。当市场张开血盆大口时,永远都不会给你第二次选择的机会。在投资前设定止损线、严格遵守投资纪律、将风险控制在可以控制的范围、永远保住本金是每一个投资者需要谨记的。

投资要趁早

投资要趁早,因为今天的一块钱不等于明年的一块钱。按照公式计算,今天的 100 元, 在通胀率为 4% 的情况下, 相当于 10 年后的多少钱呢? 答案是 148 元, 也就是说 10 年后的 148 元才相当于今天的 100 元。

投资要趁早,还因为复利效应会使早投资的你轻松获得更多的收益。以每年 10% 的收益来举例说明:在 21~28 岁, 8 年的时间里每月投资 500 元, 共投入 4.8 万元, 65 岁的复利回报为 256 万元; 在 29 岁~65 岁, 37 年里每月投资 500 元, 共投入 22.2 万元, 65 岁时的复利回报为 195 万元。因为晚 8 年投资, 虽然多投入 17.4 万元, 并且花了一辈子时间追赶, 结果还是没有追上, 收益却少了 61 万元。

坚持长期投资

巴菲特说:如果可能,我愿意一辈子持有下去。

长期投资的说法虽然由来已久, 但是每逢股市波动, 从赎回或减仓数量上, 都可以暴露出多数投资者仍然很容易受到市场、消息或从众心理、波段操作的影响,轻易抛弃自己精心挑选的股票或基金等其他理财产品。

假设你现在有 10000 元, 年收益率 15%, 那么, 连续 20 年, 总金额达到 163665.37 元; 连续 30 年, 总金额达到 662117.72 元; 连续 40 年, 总金额高达 2678635.46 元。也就是说一个 25 岁的上班族, 投资 10000 元, 每年收益 15%, 到 65 岁时, 就能成为百万富翁。而更加显而易见的是"复利的 72 法则", 即用 72% 去除以每年的回报率, 得到的数字就是总金额翻一番所需的年数。用上面的例子来说明一下, 72% 除以 15%, 就是 4.8 年。也就是说 10000 元, 在 5 年后就翻番变成了 20000 元。

从某种意义上说, 长期投资是一种对自己的肯定。你是否可以抛开一切, 忠诚于自己的选择, 坚持于自己的判断。要知道, 股神巴菲特为"吉列"苦等 16 年,最终才迎来超过 800% 的高额回报。因为他坚信一个很简单的道理,每天一早醒来全世界会有 25 亿的男人要刮胡子。

第三节 量入为出与节俭

我们为什么要"抠门"

如今房价飞速上涨,物价也是紧随其后,但是个人工资的涨幅却是小之又小,不"抠"我们自己心里不安。

"新贫"早已经过时了,而"饮食男女"也变得不再吃香,如今已经到了该成家立业、赡养父母、养育下一代的年纪,再大手大脚就叫不负责任;我们从"一人吃饱全家不饿",再到考虑一个家庭的现在将来;我们从只知道吃喝玩乐,到需要买房、结婚、投资、充电、留学……因此,成熟的标志则是从:"只会花钱"到"学会如何更好地花钱"。

我们必须要学会"抠门"

1.就算是银行的升息幅度再小,我们也要坚持存款,不断地从薪水中拨出部分款项,5、10 都可以,但是记住一定要存;除此之外,如果有投资股票外汇等行为,那么就请你量力而行;

2.即便你的专业是考古或者是小提琴都应该要学会理财。假如实在不行,就要去考虑从网上下载功能齐全的理财软件,它会帮助你的钱每天、每周、每月流向哪里,同时列出详细的预算与支出;

3.就算是房价再贵,前景再不明朗,如果连续 6 个月每月的置衫费超过自己薪水的一半,而且还没有自己的房产的你也要考虑买房,不然的话你的房子会被衣服、鞋子一平米一平米地吞掉;

4.记住只保留一张信用卡,欠账每月绝对还清;

5.一定要养成去超市大宗购物前研究每月超市特价表的好习惯,假如正符合你的需要,那么上面的特价品通常都是最值得购买的:

6.多读一些有关家居维修的知识、投资理财这样的"实用手册"。当然最好就是从图书馆借阅,或者从网上下载;

7.凡消费一定都要养成索要、保留发票的习惯,并且检查、核对所有的收据,看一看商家到底有没有多收费,同时在就餐和在超市大批量购物的时候也要特别注意;

8.学会寻找坐"顺风车"或载"顺风人"上下班的机会,为自己节省下停车费、汽油费、保险费以及找停车位的时间。

日常省钱 7 要素

省钱,并不意味着降低生活质量,它是一种生活态度!省钱并不会使你变成一个守财奴,锱铢必较,甚至一毛不拔。因为在你踏入 25 岁之后,你就需要开始设计自己的将来,为自己的以后规划。省钱是一种负责的生活态度,不仅仅是为你自己。

1.学会只买生活必需品

如今家里的生活用品变得越来越多,而用于生活用品的开支也随之越来越大,如果你想节省开支就必须尽量减少那些可有可无的用品的开支,只买生活必需品。同时在你购买之前,你还是应该先想一想你是不是真的需要。比如,或许你会很高兴地以六折的价钱买一件高档的晚礼服,穿上它你如同电影明星,但是在买之前你也要考虑好:你是否有机会穿上它。

2.尽量减少"物超所值"的消费

其实,有些交年费的活动看上去十分得划算,但事实上你很少能够用到这些服务。例如你花 500 元就能在全年使用健身中心的所有器材。有的时候你或许会为此动心,觉得自己去一次就得几十元,一年能去十次就不亏了,最终花了 500 元办了证,可是在一年之内没去几次,算下来比每次单独买票还要贵;公园的年票也同样是如此,办的时候觉得很划算,年底一看没去几次,一算还不如买门票便宜;还有手机话费套餐,原本短信费可以 20 元包 300 条,如果不包月则就要 0.1 元一条,你如果一个月只发 100 条,不包月的话就只要 10 元,若包月则要 20 元,那样也就太不划算了。

3.学会打时间差

事实上,打时间差也就是利用时间对冲,这也是最基本的省钱招数。商家利用时间差进行销售,消费者如果能够利用好时间差就可以省一笔,比如反季节购买,在夏季买冬季的衣服就能够为自己便宜不少钱。还有"黄金周"出游,这是因为全国人民都挤在了一起,耗时耗力还必须要支付更贵的门票,经常让人苦不堪言的话,而改变的方式也就十分简单,可以利用自己的带薪休假,将假期推迟 12 个礼拜,看到的风景当然就会不一样!而买折扣机票选择早晚时段的乘客相对较少,也是相对地优惠,至于到 KTV 去享受几小时的折扣欢唱,或者到高档餐厅喝下午茶,换季买衣服,也同样是切切实实地节省金钱的好办法。

4.学会打"批发"牌

通常,商品的价格都会有出厂价、批发价和零售价,同一个商品有不同的价格主要是由销售规模所决定的,规模能够产生一定的效益,其实也就正所谓"薄利多销",因此当你的需求量较大的时候自然地就能获得低价格。对于那些长期储存而且不会变质的物品,最好是能够一次多购点,比如卫生纸、洗衣粉等。大宗消费假如可以联系到多个人一起购买会省得更多,比如买车、买房、装修、买家电等。

5.不要一味要求最好

不求最好事实上就是一个有效的节俭策略,但是前提是不能够降低生活质量的。在保证生活质量的前提下适当牺牲一点舒适度,可以节省几张钞票也未尝不可。例如KTV,在晚上的黄金时段一般价格都很高,假如你能够牺牲一下早上睡懒觉的时间,和朋友们在清晨赶到KTV,价格就会变得非常低,酣畅淋漓之后就能为你省了不少的钞票。

再比如说拼装电脑和品牌电脑,品牌电脑的系统配置好、售后服务好,但是价格偏高。而如果自己拼装机子除了多花一些精力组装外,一样用着非常地舒服,还能给自己省下不少钱。

6.时间、精力能够换来金钱

事实上,理财是辛苦活,当然也就需要花费一定的时间和精力。例如收集广告也就是既劳神又费力的活,有的时候还需要广泛动员,号召自己的家人参与进来,超市的优惠卡、报纸上的折扣广告、折扣券以及在网上下载打印肯德基麦当劳各种各样的优惠券。其实所有的这一切都需要来专门收纳,不是有心人非常难做到。但是你如果无心的话,不了解价格行情,进了超市就买,这样就要白搭进去很多钱,会吃很多亏的。

7.要学会利用先进科技工具

其实所讲的先进科技工具就是网络。网络上的信息传播非常地快,所以它也是很多人可以用来消费省钱的工具。例如在网络上可以迅速的聚集网友来组团,也可以在最短的时间内知道某种商品的最低价格。其实现在还有很多网络上的业务都处于推广的阶段通常会有一定的优惠,例如电子银行的业务促销,既有时代特征又有实际优惠,用某银行的"速汇通"进行电话银行划转汇款费用八折、网上银行划转费用六折,所以说科技含量越高越合算。

第四节 购物小窍门

超市购物攻略

攻略一：一件商品分两次付款

吴先生一直想买一套床上用品，听说一家店店庆，他兴冲冲地赶到商场，打算购买早已看中的某品牌商品。但是，来到商店，吴先生却有些烦恼，因为这次的店庆活动是满 100 送 60,60 元是 B 券。吴先生打算购买的床上用品要价 1488 元，返 B 券 840 元。如果想把这 840 元都花出去，那么就要再买 1680 元左右的商品。可是，吴先生在商场里转了半天，也没有找到想买的东西。放弃这次购物良机吗？吴先生突然灵机一动，计上心头。

吴先生的策略：他找到售货员，要求把这套价值 1480 元的商品先开出部分小票，去收款台换得返券用来付剩下的货款。但是到底是先开 600 元还是先开 700 元小票合算？吴先生进行了精密的计算：用 600 元将得到返券 360 元，这件商品还剩 880 元款未付，吴先生用 360 元返券再添上 520 元就可以付清账款。这样，这件原价 1480 元商品，共花了吴先生 1120 元，等于打了个 76 折。吴先生第二次花出的 520 元还可得到 300 元返券。也可以请售货员先开出 700 元，得到返券 420 元，这样只需再添 390 元，一共花 1090 元就可以买到这件商品。使用这种方式付款，还有 30 元的 B 券节余，再加上 390 元换得的 180 元返券，一共可得 210 元返券。这样一比较，还是先开 600 元小票合算。而剩下的 300 元返券，数量不多，去不再返券的超市或者化妆品柜台消化掉就很容易了。

攻略二：直接打折

同样是满 100 送 60，李小姐看中了一款 800 多元的名牌皮包。这款商品将返券 480 元，也就是李小姐还要购买 960 元的商品，才能把 B 券都花出去，李小姐犯了愁，她实在厌恶没完没了的返券活动。怎么办？她掏出计算机核算了一下，得出这种返券方式近乎打了一个 75 折，于是她询问售货小姐，是否可以直接打个 75 折。售货小姐有些犹豫，但是这款皮包自上市以来销售的不是很好，最终同意就直接按 75 折出售这款皮包。李小姐美滋滋地拿着皮包离开了。

陈先生也在店庆活动中看中了一套 2000 多元的西装，和李小姐一样不愿接受1000 多元的返券，他也要求售货小姐直接打个 75 折出售。由于这款西装卖得不错，销售小姐只肯打个 8 折，两人一番讨价还价，最终西装以 79 折出售。陈先生觉得这样也挺值。

但是,这种直接打折法使用起来很受限制:必须是在商厦店中店柜台,销售小姐才有权给顾客直接打折,如果是商厦自己的柜台,销售小姐肯定会告诉你:只能返券不能打折。

攻略三:先开好所有小票再计算最佳付钱方式

钱小姐趁商厦有满 100 送 30 元 A 券的活动给孩子买东西。一进商厦,她就发现一向很少打折的玩具也参加这次的返券活动,她立刻买了一款早就看中的玩具,价值 349 元。付完款,她才想起 49 元的余款没有得到返券。她又看中一款价值 159 元的玩具,这回她决定要凑个 200 元整,可是 41 元钱的商品很难找,最终她转了又转买了一条并不需要的 49 元的儿童裙。钱小姐共得返券 150 元,最后,她买了一把一直想买的遮阳伞。

回家的路上,钱小姐发现自己算计不周,其实她真正想买的商品是 349 元和 159 元的玩具,以及那把遮阳伞。其实她可以先买那两样玩具,共花 508 元,就可得返券 150 元去买那把遮阳伞。根本无需买 49 元的儿童裙,现在这条裙子送给谁呢?

吃一堑,长一智。这回商厦满 100 送 60。钱小姐详细掌握情况,有部分商品进行 5 折的限时抢购。她在限时抢购中,挑了一套原价 600 元现价 300 元的内衣和一条原价 480 元现价 240 元的裤子。开了小票后,她并未急着付钱。她又挑了一套价值 890 元的名牌套装,为了凑齐 900 元,她买了一件 20 多元的小商品。这样 910 多元共返券 540 元,正好用在限时抢购的 540 货款上。这样,钱小姐花了 910 多元买了近 2000 元的商品,真可谓大获全胜。

好东西在后面

最新款和最新鲜的商品总是会靠后放置,这样就可以给卖不掉老大难多点机会,不然的话超市里的滞销商品和不够新鲜的东西将永远留守。所以,你一定要往货架的后几排多摸摸。

弯腰低头法则

千万别以为便宜就在眼前,恰恰相反,商家的策略是把价钱较贵的商品放在顾客眼睛正好能看到的高度。想要买得更实惠,首先要弯下腰往下看看,因为价钱上更有竞争力的同类产品就在那里。

拨开冰柜的表层

方便的各类冷冻速食在超市里颇受欢迎,但是买的时候动作可别太迅速,要知道,在开放的冷冻柜中,最上层的货品其实已经有点融化,挑选拿堆在下面几层的比较好。

拒绝包装纸诱惑

在明亮的超市环境中买菜比在脏乱的菜市场里感觉要好很多，不少年轻女性更是青睐用玻璃包得漂漂亮亮的果蔬产品。但是，包装好的时蔬和水果常常有不易察觉的压伤，其实很快就会腐烂。

打折商品仔细瞧

因打折而特别贴上的黄色醒目标价签实在是太诱人了，看都没看仔细先拿下再说，提醒你特别要当心；下对着标价签的货品未必是牌子上注明打折的东西，仔细核对你看中的产品，包括包装的尺寸。

加量不加价的误会

一大桶的果仁牛奶冰淇淋肯定比两小桶的来得划算，但是并不是所有商品都符合这个规律。摆在流动车里的特大包往往价格更高。如果你的数学还行，不妨心算一下每升或是每斤的单价到底是多少钱。

不用购物车更快捷

为什么货架间的过道都那么狭窄？答案是，故意这样设计，好让你停留更多时间，不知不觉买下更多东西。如果你去超市只为拿果酱涂面包，你就不要去推购物车。这样你就能快速地穿梭期间，只买想好的东西。

列个购物清单

你的冰箱里是不是常常会出现吃不掉只好扔了的食品？那可得好好检讨一下了，事先列张购物清单会很有帮助。在家里的时候头脑最清醒，冷静地考虑好，哪些是你真正需要的，到时候只要严格执行就行了。

第五节　自助游：既省钱又玩得开心

自助游省钱30招

1.淡季出行，是省钱的基础。

2.路线设计合理，少走重复路，省下的是大钱。

3.包车时，要先和司机讲好如果你要中途载别的乘客，价格就要便宜一些。

4.不乘飞机，乘火车。有时乘火车比乘汽车可以省更多的钱。买火车票，如果有非空调车，可以买非空调车的车票，这样可以节省1半的钱，但当然车况会差一些。买机票前多打几个电话，并在电话中讲价。

5.在城市内多乘公交车。

6.打的或包车时问清楚，司机是否是你要去的目的地的，如果是则可以便宜些。

因为反正他最后也要回去。如果碰上别人包的车返回时,则可以有更大的还价空间。因为一般司机都把会把回程的油钱算在包单程的人身上,就是说已经有人帮你把油钱出了。

7.关于交通路线选择,有时不坐直达车,中转一下可以省不少钱。此方法的要点:适当中转;多种交通工具结合;多看地图,多看铁路运营线路和公路线路,动脑筋。

8.住宿先看房间,再讨价还价。

9.如果是独行者,没有单人间的情况下,不想与陌生人同住,也不用包下整个房间。可以要求旅馆在其他房间都安排满了人后再安排到你的房间。

10.住没有热水淋浴的旅馆,到外面的浴室洗淋浴能省钱。

11.在长途汽车站外上车,有时会比在站内上车便宜。但也不一定。另外中途上车可以讲价。

12.火车提速后,有很多趟夕发朝至的列车,最适合自助旅游一族。在火车上住宿一晚,早上到达目的地,精神饱满地投入游程。车费宿费二合一,真是省钱妙招。

13.如果是早上到,不要马上去找住宿,因为这时候很多房间可能还没退房。而且背着包去不好还价,可以先把包存在火车站,先去玩,边玩边留意有没有合适的宾馆,黄昏时候再去看房,还价。而且这个时候如果还没有人住,可以以较底的价格住下。

14.吃当地特产如海鲜时,可以到海鲜批发市场或农贸市场买,然后拿到餐馆加工。但应先了解餐馆的一般加工价格。如果吃低档海鲜就没有必要了。

15.吃饭时,问清餐巾纸要不要钱,可以不要餐巾纸,用自己带的。

16.独行者吃饭吃想省钱,而北方菜分量一般比较多。你可以提出一个你的价钱,让餐馆按照你的价钱出分量。这样可以在不浪费的情况下省钱。当然,实际单价会高一些。

17.多讲价,无论食,住,行,购都压一下价。有时看起来不能讲价的地方其实还是可以还价的。

18.不要在有旅行团在场的情况下购物。

19.不要在中介带领下去住店,因为他要收回扣会更贵。

20.即使感觉物价便宜,在消费时也不要说"这东西真便宜",否则你在消费其他东西的时候,会得到更贵的价格。

21.从富裕地区来的游客,进行消费时,不要说自己的来源地区。因为旅游商贩往往会按照你来自的地区的富裕程度来开价。

22.2~4人组合是最省钱的。

23.有些地方自己看,看不出什么名堂,特别是古代建筑,但请个导游肯定要付出讲解费。怎么办?蹭听。旅行团队肯定有导游讲解,你完全可以做一个旁听者。若怕一直跟着一个队会有些碍眼,不好意思,你可以听完这个人的讲解,到下一处听另一个人讲。听完各处的介绍,再细细游览一遍。

24.在预订车票时可以拿到免费的时刻表,还可以在星级酒店拿到免费地图,可以省下买地图的钱。

25.最好自己带个比较小的水杯,这样就省去买饮料、矿泉水的钱了。喝完了,可以在吃饭的地方要点开水,装满。候车室一般都有免费的开水,也可以在这里用自己的杯子打水。

26.如果是学生,一定要带学生证,很多景点有学生票,可以省大笔钱。如果是研究生最好是借个本科生证,因为很多地方研究生不能半票。

27.随身带全国通用的 IC 卡,打电话方便,避免被宰。当然,现在有 3 毛钱的公用电话,比 IC 卡便宜,这样的时候就可以不用 IC 卡打了。

28.住房时,问清楚包不包早餐,市话费含不含在里面。如果含,就用房间的电话打。如果不是免费的,就不要用房间的电话打,因为都比外面贵很多。

29.出发前多看网上攻略,各处消费价格都列出了,这样不怕挨宰。

30.在大中型城市中转时,可以选择洗浴中心作为晚上下榻的地点,还可在疲惫的旅途中修整一下,尤其是在东北三省,洗浴中心很多。

第六节 家装省钱多多

家装 5 步曲

1.制订方案,选择档次:高档、中档、低档;

2.规划设计,合理布置:提供需摆放的物品清单;

3.了解行情,掌握价格:大致了解材料价格;

4.签订合同,相互约束:避免投诉;

5.对照合同,验收工程:发现问题,及时解决。

家庭装修省钱指南

如何才能既省钱又能把房子装修的漂亮,这恐怕是大多数家庭成员的愿望。

如何才能做到这些呢？

第一，墙基层处理（走电线后的墙体弥补，墙缝隙处理，保温层间隙弹性腻子，建筑门洞修补，对于特殊需要位置的整体挂布，的确良就行，丝格布更好）每平米 3 元。小提示：如果您的基层相当的好，这部分钱可以省下。这一部分在装修的报价中是看不到的，一般情况下会做到墙体涂料中，或者墙面基体修补中，一般的标明方式：墙体找平修补，以实际发生量计算。但是对于一般做过电子开槽或者内墙保温等方式下，都要整体施工。

第二，墙体涂料粉刷墙衬加富亚六合一植物漆，每平米 27 元。小提示：如果您使用底漆模式，那么可以使用 821，如果不是，那么尽可能不要使用 821 腻子，因为容易起泡脱落，颗粒大，墙体尺寸一般是按地面积乘以 3.5 为墙体面积，但是一般会多一些，所以乘 3 就可以了，不过为了准确还是以现场情况处理。

挑选涂料的基本办法：打开盖后，真正环保的乳胶漆应该是水性无毒无味，一段时间后，正品乳胶漆的表面会形成很厚的有弹性的氧化膜，不易裂，用木棍将乳胶漆拌匀，再用木棍挑起来，优质乳胶漆往下流时会成扇面形。用手指摸，正品乳胶漆应该手感光滑、细腻。在选购时要看一下成分，优质涂料的成分应是共聚树脂或纯丙烯酸树脂。别忘了看产品的保质期。

第三，地砖每平米大约为 95 元（包括踢脚线，600×600 普能精工玻化砖，如果您要选择一些知名品牌恐怕要贵一些。辅料为 325.5 普通水泥、白水泥、中砂、108 胶），因为会出现裁砖，破损等，所以地砖面积应该加 3%~8%。

瓷砖挑选的简单方法：从包装箱中任意取出一片，看表面是否平整、完好，釉面应均匀、光亮、无斑点、缺釉、磕碰现象，四周边缘规整。釉面不光亮、发涩、或有气泡都属质量问题。再取出一片砖，两片对齐，中间缝隙越小越好。如果是图案砖必须用四片才能拼凑出一个完整图案来，还应看好砖的图案是否衔接、清晰。把这些砖一块挨一块竖起来，比较砖的尺寸是否一致，小砖偏差允许在正负 1 毫米，大砖允许在正负 2 毫米。

第四，木地板使用仿实木每平米大约 89 元，如果要与地面找平，可以使用自流平水泥或者地宝，每平米大约加 10 元，总价每平米 99 元。地板报损加 8%~10%。

第五，厨房卫生间墙地砖每平米大约 75 元，报损与地面可以相同（墙面用普通工艺镶贴各种瓷片每平方米需普通水泥 11 公斤、中砂 33 公斤、石灰膏 2 公斤。柱面上用普通工艺镶贴各种瓷片需普通水泥 13 公斤、中砂 27 公斤、石灰膏 3 公斤。）挑选方式可以参考地砖的方式。

第六，卫生间设备每套大约 2500 元（坐便器、洗手盆、龙头、洗浴套件、镜子、纸盒、皂盒、毛巾杆、托盘、地漏、浴霸）。小提示：现在市场有一些比较便宜的卫具，但是质量相当的差，所以建议不要使用太便宜的。

第七，厨房橱柜每延米大约 900 元（水晶板、亚克力、烤漆等，但是不包括品牌，还有龙头、水池）。

第八，吊顶每平米大约 50 元。

第九，阳台墙地砖每平米 60 元，需要注意尽可能不要使用胶霸粘贴，因为味道过重。

第十，阳台衣架巧太太每套 230 元，安装人员单收 10 元，总价为 240 元，记得索要保修凭据，因为这些东西是由厂家保修的。

第十一，套装门建议使用复合实木会结实一些，每套大约 950 元（包括百乐门锁，加厚合页，门吸）。小提示：如果不是因为资金问题建议不要使用贴面门的密度板门了，不太结实，如果一定要使用可以使用三套合页，也可以保持比较好的使用。

第十二，卫生间门建议使用微分子结构，可以很好的起到防水性，每套大约 850 元（配件与其它的相同）。

第十三，卫生间防水每平米 19 元。

第十四，电力改造大约 3500 元，包括供电线路，电线管、万能角铁（30×30，40×40）膨胀螺栓 M8、镀锌管接头、锁紧螺母、接线盒、塑料护口、铁壳软管、管卡子、圆钢条 φ6~φ8mm、电焊条、镀锌铁丝、铝条、圆锯片（砂轮片）、机油 20#、照明 2.5mm2 铜芯双包电线、BVV2×2.5mm2、BVV2×1.5mm2（开关）、空调等设备 4~6mm2 铜芯电线、BVV2×4mm2、进户线不小于 10mm2、弯曲系数 1.6、黑胶布 2 卷/100m、穿电线用 24# 细铁丝、0.2kg/100m、照明电路，灯具、电器控制箱、开关盒、插座、安全保护开关、双眼单插座、三眼单插座、双插座、空调机插座、插座板。品牌建议使用松本电工、国际电工 TCL、百胜电工、奇胜电工、西门子只是容易出现假货，对于不太了解市场的业主要谨慎。小提示：一般开关工作电流 10A，1.5 匹以上空调选用 15A 插座，1.5 匹以下空调选用 10A 插座，安装高度不低于 2.2m。插座回路漏电开关额定电流 16A20A，照明回路断路器 10A16A，空调回路 16A25A，总开关带漏电型 32A40A。开关离地 1m，插座离地 3050mm

第十五，水路改造大约 2000 元（浴盆存水弯 Dg50，镀锌钢管 Dg15、Dg20、Dg25，镀锌弯头 Dg15、Dg20、Dg25，橡胶板，水管封口胶带，机油，镀锌管箍 Dg15，木螺钉 L32~50mm，大便器存水弯 Dg100，镀锌活接头 Dg15、Dg25，管卡子，大便器胶皮碗，螺纹截止阀门 J11T16Dg15，水箱进水嘴 Dg15，铸铁下水管 Dg50，存水弯 S 型 Dg50，供水管，水阀，各种弯头，排水铸铁管，地漏。损耗量

5%)

第十六,灯具大约为 3000 元(镜前灯、客厅大灯、卧室灯等)一般中小型公司是不收安装费的,因为这部分钱已经在电力改造中。

第十七,垃圾清运 200 元,这个问题很多人都提到过,一般的装修公司并不管运走垃圾,如果不是只是放在门外的话,那么没必要给,一定要装修公司给运走,对于业主来说找车等事情都麻烦,而装修公司太容易了。

第十八,清洁费 200 元,很多的装修公司现在会与一些做卫生的有联系,价格大约从 150300 元不等,打扫的不错,业主再亲手打扫也就容易多了。

第十九,管理费 1500 元。一般的装修公司在管理费上只写明一般日常性管理,这是很含糊的说法,一定要在合同中标明都有什么样的细节管理,如果做不到就扣他们钱。

第二十,环境治理 800 元,买个全家健康不亏。

这里所提供的是一个基础报价,相对的价格还是合理的,但是为了防止造价中的差距,所以强调为基础报价,但是就算是套用的一种预算方式,可根据您的尺寸做相应的调整,所有的价格与市场的波动有很大关系,地区不同价格也会有所不同,而且如果您找到的是一家一级资质的装修公司,那么会比这个价格更高一些。

第七节 看病求医识误区

看病的误区

假如你生病了,是否需要看医生?应该去哪里看病呢?大医院设备较多,医生见识多、经验多,但大医院病人多,挂号难,排队长,住院也难,门诊患者多,医生要看的患者多,花在每个患者身上的时间也就少,有时很难让每个患者满意,患者花的额外时间多,不如上社区。

误区一:看病都上大医院

并不是所有疾病都要上大医院,如果是急性发病,如"感冒",或偶尔发生的"拉肚子",我们可以到社区服务站就医,或自己买些简单的药就可以解决问题,像取药,简单的化验复查随访,健康咨询,健康保健都可以到就近的社区医疗服务站。对于诊断不明,病情危重的疾病要到就近的综合性大医院的门诊急诊就医。有时需要住院治疗。如果诊断明确或病情较复杂,不是危急症患者或者病情相对稳定,你就可以选择相对对口的医院,如在北京,神经外科就可以选北京的天坛医院,烧伤选积水坛,心脏外科选阜外,眼睛五官选同仁等。全国各地有许多医院,可以依据当地医院的特色而选择。异地求医,现在网上都可以查到当地医院的具体情况,有何专业、专长,可以电话预约。

误区二:过分相信广告

报纸上说的就是正确的吗?报纸是"纸",不要当文件看,不要过分相信广告。例如有许多宣传特设治疗的综合医院,真正有特色医院病床较紧张,住院成问题。有时医院选对了,不一定就能住在特色科室。但住院后可以会诊确定治疗方案也可以达到效果。现在有些老的医院虽然名气上去了,但其基础设施可能没有某些小医院好,这是许多历史原因造成的,我们是看病,不是住旅馆,能治病是首要前提。正如"山不在高,有仙则灵"。但要去正规医院,不要道听途说,相信游医,看好一个医院的特色和综合实力非常重要。像医学院的附属医院,政府机构的医院,军队医院都是较可靠的医院,要警惕有人打着大医院的幌子行医行为,如科室转包出租的,去这些医院就医要慎重。

误区三:有医学实习生的医院不愿让学生看病

有的教学医院,患者担心是实习医生看病,其实有资质带学生的医院,你应该放心,学生是没有资格给你看病的,每个学生后面都有一个能力较强的老师,学生看的较细,都要经过老师把关,可能给你的就医时间要长,有更多的机会讲解你的病情。如果不是急诊,让学生先看,老师再看不失是个好的方法,老师怕学生出错,会更加仔细认真冷静。

误区四:女患者看病不愿意找男医生

这里是指患者看妇科、乳腺等疾病不愿意让男医生看病。其实,医生在医院时间长了,已没有男女性别的概念,而是当作研究的工作在做,没有你想象的尴尬。你大可不必紧张,相反,态度会更好些,妇科患者反映最多的是妇科医生态度生硬。有些手术,由于生理的差异,男医生体力会更好些。有些患者担心自己的隐私会被人知道,其实医生关心的是疾病的诊治,对你的其他事不会关心,也没有精力关心,即使知道你的事,也只是论事不论人,现在医院也强调保护患者的隐私,有许多措施。检查患者要有爱伤观念,不管你是做什么的,都会给你提供最大的保护措施。有些事关系到疾病的诊断,告诉医生没有什么可以顾及的。

误区五:大夫越老越好

其实医学发展更新很快,人的精力体力都有限,并不是越老越好,不然医生就不需退休了。对疑难病的诊断,老大夫见多识广,可以在有一定检查资料后去看老大夫有帮助。对于治疗,特别是带有手术性质的治疗找中年的大夫较好,有些新的方法他们接受能力快,体力也好,也有较多的经验。